Eberhard Rössler   Die schnellen Unterseeboote von Hellmuth Walter

Eberhard Rössler

Die schnellen Unterseeboote von Hellmuth Walter

Bernard & Graefe
in der Mönch Verlagsgesellschaft mbH, Bonn

Bildnachweis
Die Zahlen beziehen sich auf die Seiten, auf denen die Bilder abgedruckt sind, ggf. mit den Zusätzen oben (o), unten (u), mitte (m), links (l) und rechts (r).
Smlg Bibliothek für Zeitgeschichte 86; Smlg. Cloots 76, 104, 111; Dressler 75o; Smlg. Deutsches Schiffahrtsmuseum Bremerhafen 118, 125, 143-146; Smlg Greger130; Herzog 39u; Historisches Archiv Krupp 60, 63, 123o; HSVA 116; Illies 59, 61u; Kistenich 80; Kruska/Fröhler (Walterwerk GmbH & Co KG) 18, 20, 23, 25, 26o, 27, 29-32, 35; Smlg. Lindberg 87, 122, 123u; MWM 46; Richter 26u; Smlg Royal Navy Submarine Museum 88, 113; Smlg Selinger 24; Vickers-Armstrong 126; Waas 6.
Die übrigen Bilder stammen aus der Smlg. des Verfassers. Sofern nicht besonders vermerkt, wurden die Zeichnungen vom Verfasser nach amtlichen Vorlagen angefertigt oder wesentlich überarbeitet und verkleinert wiedergegeben.

Titelbild: Nach einem Bild aus der Smlg Kruska
Rückseite: Gernhard

Satz, Herstellung und Layout: Autor
Druck und Bindung: Media Cologne Kommunikationsmedien GmbH, Hürth

ISBN 978-3-7637-6285-9

Inhaltsverzeichnis

Dr.-Ing. E.h. Heinrich Waas

Heinrich Waas am 11. März 1942.

Heinrich Waas wurde am 14. Januar 1906 in Mainz geboren. Nach seiner Schulausbildung studierte er Maschinenbau an der TH Darmstadt und schloß sein Studium 1929 mit der Prüfung zum Diplom-Ingenieur ab. Anschließend war er bei der Deutschen Lufthansa und als Hauptassistent in der Abteilung Mechanik am Heinrich Hertz Institut für Schwingungsforschung in Berlin tätig. Dabei gelang ihm die Konstruktion eines Schwingungsmeßgerätes, das zum Erfolg der damals sehr bedeutsamen Meßfahrt der SAN FRANCISCO unter der Leitung der Professoren Horn und Schnadel beitrug. Außerdem führte Waas Schwingungsmessungen auf den neuen Panzerschiffen der Reichsmarine durch.

1934 heiratete er Gerda Heerhaber, mit der er sechs Kinder und von ihnen 13 Enkel hatte. Im gleichen Jahr begann er seine Laufbahn als Marinebaubeamter, zuerst als Wissenschaftlicher Hilfsarbeiter in der Maschinenbauabteilung K II des Marinekonstruktionsamtes in Berlin. Er wurde hier relativ schnell der Fachmann für Schwingungsvorgänge bei Antriebsmotoren. 1937 veröffentlichte er Berechnungsmethoden zur Schwingungsunterdrückung dieser Maschinen durch federnde Aufstellung. 1939 stand er als Marinebaurat dem Referat K II Wh (Große Dieselmotoren für Schlachtschiffe, Kreuzer und Zerstörer) vor. 1940 übernahm er das Referat W IIo, in dem der Sonderantrieb Walter-Turbine bearbeitet wurde. Er vertrat dadurch die Entwicklung der neuen U-Boote mit Walter-Antrieb im OKM. So war er auch Referent für die Walter-U-Boote bei der großen Besprechung über die U-Bootkriegsführung am 28. September 1942 in der Reichskanzlei vor Hitler.

Bei der Neuordnung der Marinerüstung im Sommer 1943 wurde Waas, der inzwischen zum Marineoberbaurat ernannt worden war, auf Grund seiner großen Erfahrungen mit den Walter-U-Booten in die Schiffbaukommission berufen. Hier hielt er bereits bei der 2. Sitzung am 17. August 1943 einen Vortrag über "Grundsätze für Überprüfung von Entwicklungsaufgaben im Kriegsschiffbau". Er interessierte sich für das gesamte Spektrum der Neuentwicklungen im

Kriegsschiffbau". Er interessierte sich für das gesamte Spektrum der Neuentwicklungen im Marinebereich und legte eine Reihe von Vorschlägen vor, u.a. über die Zusammenarbeit der neuen U-Boote mit der Luftwaffe. Er wurde mit dem Kriegsverdienstkreuz 1. Klasse ausgezeichnet.
Bei Kriegsende war Waas mit dem K-Amt in Eckernförde. Hier schrieb er am 29. Juli 1945 seine "Gedanken zur Weiterentwicklung der U-Bootwaffe" auf. In einem Anhang gab er eine Übersicht über "Einige Geräte, die für die U-Boote typbestimmend sein werden" und nannte "Einige wichtige Lehren dieses Krieges aus dem Gebiet der Technik".
Nach seiner Entlassung aus dem Wehrdienst stellte sich Waas der Verkehrsverwaltung in Westdeutschland zur Verfügung. Er war hier als Referent für die Forschung mitverantwortlich und wurde nach Gründung der Bundesrepublik Deutschland als Referent in das Bundesverkehrsministerium berufen. Seine wichtigste Aufgabe war die Schwingungs- und Lärmbekämpfung auf Schiffen. 1956 wurde auf Grund seiner Vorschläge erstmals ein Bugstrahlruder auf dem Tonnenleger WALTER KÖRTE verwirklicht. Auf Grund seiner Verdienste bei der Erforschung der Motorenschwingungen erhielt Heinrich Waas 1960 von der TH Hannover den Ehrendoktortitel.
1962 übernahm er als Ministerialdirigent die Abteilung T V im Bundesministerium der Verteidigung und war hier zuständig bei der Überwindung der Stahlkrise beim U-Bootbau und für die Vorbereitung und den Bau der neuen U-Boote der Klasse 206.
Mit dem Erreichen der Altersgrenze schied Dr. Waas 1971 aus dem Staatsdienst aus, war jedoch weiterhin wissenschaftlich tätig. Nach der von ihm entwickelten Thyssen-Waas-Vorschiffsgestaltung für Eisbrecher wurde 1987 der sowjetische Eisbrecher MUDYUG umgebaut, der dann das Waas-Prinzip zur Erzeugung einer eisfreien Rinne demonstrieren konnte.
Am 2. April 1991 starb Dr. Waas im Kreise seiner Familie.

Vorwort

Vor 40 Jahren veröffentlichte der Verfasser in Zusammenarbeit mit Emil Kruska, dem langjährigen vertrauten Mitarbeiter von Hellmuth Walter, erstmalig ein Buch über die Walter-U-Boote.
Über dieses von der Kriegsmarine streng gehütete Geheimnis war auch nach dem Krieg nur wenig bekannt geworden. Der größte Teil vorhandener Unterlagen war bei Kriegende vernichtet worden. Was den Siegermächten in die Hände fiel, wurde von ihnen wieder als 'geheim' eingestuft, da die hochmodernen Walter-U-Boote anfangs eine große Bedeutung für ihre Marinerüstung besaßen. Erst nachdem sowohl bei ihnen als auch bei der neuen Marine der Bundesrepublik Deutschland kein Interesse mehr an dem Walter-Antrieb für U-Boote bestand, da bei den großen Seemächten die Atomkraft eine geeignetere luftunabhängige Energiequelle darstellte und die Staaten mit kleineren U-Bootstreitkräften den geräuschloseren Elektroantrieb bevorzugten, wurden nach und nach die noch vorhandenen Dokumente über die Walter-U-Boote zugänglich. Auch die sogenannten Zeitzeugen wurden gesprächiger und ergänzten mit ihren Erinnerungen die schriftlichen Unterlagen. Der Autor mußte aber bereits damals die Erfahrung machen, daß die Erinnerungen an die sehr gedrängten Ereignisse der Kriegszeit nicht sehr zuverlässig und manipulierbar waren. So entstanden z.B. in der Presse recht abenteuerliche Darstellungen über die Walter-Entwicklung. Insbesondere Zeitangaben, numerische Aussagen und Motivationen stellten sich später an Hand inzwischen aufgefundener Akten als sehr ungenau oder sogar falsch heraus.
Mit Hilfe der in deutschen und ausländischen Archiven einsehbar gewordenen, jedoch meist sehr ungeordneten Unterlagen hat der Verfasser dann durch Veröffentlichungen in Fachzeitschriften und Spezialabhandlungen über die verschiedenen Aspekte der Walter-U-Boote, insbesondere ihrer Erprobungen berichtet. Sehr detaillierte Angaben und Zeichnungen über den Walter-Antrieb und die zugehörigen Walter-U-Boote finden sich in den vom Verfasser z. T. mit Fritz Köhl verfaßten Broschüren „Uboottyp XVII" und „Die großen Walter-U-Boote Typ XVIII und Typ XXVI". Eine zusammenfassende Buchveröffentlichung gab es jedoch nicht. Das soll jetzt in der vorliegenden Dokumentation nachgeholt werden, wobei auch weitere Einzelheiten, die dem Verfasser erst jetzt zugänglich gemacht wurden, aufgenommen worden sind. In diesem Zusammenhang dankt der Verfasser besonders Herrn Cloots, Herrn Fröhler (Walterwerk GmbH & Co KG), Herrn Prof. Dr. Scholl (Deutsches Schiffahrtsmuseum) und Prof. Dr. Ritterhoff (HDW) für die Genehmigung der Auswertung von Archivbeständen.

Das vorliegende Buch stellt in ähnlicher Weise, wie es der Verfasser bereits bei den deutschen U-Boottypen XXI, XXIII und den U-Booten der Deutschen Marine ausgeführt hat, eine Entwicklungs- und Baugeschichte mit Angabe von Eigenschaften und Erprobungsergebnissen der behandelten U-Boottypen dar, diesmal über die nach den Ideen von Hellmuth Walter und z.T. von ihm verwirklichten 'Unterwasser-Schnellboote'. Es ist bemerkenswert, daß die deutsche Marine, die ihren Schnellbooten eine so große Bedeutung zumaß, an kleinen Unterwasser-Schnellbooten, die nur mit dem Walter-Turbinenantrieb zu realisieren sind, nicht im gleichen Maße interessiert war.
Die Verwendung des von Hellmuth Walter für seinen Antrieb benutzten Wasserstoffperoxids als Energieträger und Sauerstoffspender, hat auch heute in der mehr ökologisch orientierten Welt eine erhebliche Bedeutung. Jedoch soll hier aber auch auf die Risiken im Umgang mit hochkonzentriertem Wasserstoffperoxid, wie uns die Katastrophe im russischen Atom-U-Boot KURSK zeigte, hingewiesen werden.

Berlin, im Frühjahr 2009 — Eberhard Rössler

1. Von der Idee zur Wirklichkeit - Die Anfänge

Anfang 1933 war von dem Ingenieur Hellmuth Walter konzentriertes Wasserstoffperoxid (H_2O_2) als Sauerstoffträger für einen außenluftunabhängigen Verbrennungsmotor vorgeschlagen worden. Wasserstoffperoxid in etwa 30-40%er Konzentration wurde damals in größerem Umfang von den Elektro-chemischen Werken München (EWM) erzeugt. Im März 1933 wandte sich Walter an den Begründer und Präsident von EWM, den Ingenieur Albert Pietzsch, mit der Bitte um Überlassung von Angaben über H_2O_2 und dessen Liefermöglichkeit.
In der Anlage zu einem weiteren Schreiben an Pietzsch vom 27. Juli 1933 stellte Walter sich und sein Vorhaben vor:

In den Jahren 1925 – 1930 [1.11.25 – 30.9.30] habe ich im Reichswehrministerium – Heereswaffenamt – das inzwischen eingeführte Feuerleitgerät "Pschorr" für die Luftabwehrartillerie samt den zugehörigen Hilfsgeräten bis zur Frontbrauchbarkeit technisch durchgebildet. Anschließend bin ich zur Marine [als freier Mitarbeiter der Konstruktionsabteilung] übergewechselt, dort beauftragt worden, die Gasturbine nach meinen Ideen zu entwickeln. Konstruktions- und Versuchsarbeiten wurden schrittweise in Angriff genommen und zwar wurde das schwierigste, nämlich das Verdichterproblem, zuerst angefaßt und befriedigend durch Schaffung einer völlig neuartigen Maschine (Drehkolbenverdichter) gelöst. Die Materialfrage (Schaufelmaterial für hohe Temperaturen) spielt keine entscheidende Rolle, da der zur Anwendung kommende thermodynamische Kreisprozeß die Anwendung zulässiger Temperaturen gestattet. Es ist deshalb mit einem Fehlschlag unter keinen Umständen zu rechnen. Ein Werturteil ergibt sich von selbst daraus, daß sich die Marineleitung nach dem Gelingen der ersten Versuche und nach gründlicher Prüfung der ganzen Materie entschlossen hat, einen vollständigen Gasturbinensatz in Auftrag zu geben. Der bisherige Aufwand für Versuch und Konstruktion beträgt mehr als RM 500.000.- ...
Eine weitere wichtige Aufgabe, die der Lösung harrt, und die ich jetzt in Angriff nehmen möchte, ist die Entwicklung eines Unterwasserschiffsantriebes durch Verbrennungskraftmaschine. Die Marineleitung hat bereits einen entsprechenden Versuchsvorschlag in Händen. [Schreiben von Walter an den Chef der Marineleitung vom 5.7. und 13.7.1933.]
Es ist eine bekannte Tatsache, daß die Verwendbarkeit von Unterseebooten in aktiver Zusammenarbeit mit großen Überwasserschiffen etwa in dem Sinne von Torpedobooten, infolge der geringen Unterwasser-Geschwindigkeit der ersteren stark beschränkt ist. Weiterhin ist es bekannt, daß es schnellfahrenden, mit modernen Horchgeräten ausgerüsteten Fahrzeugen ein Leichtes ist, langsam fahrendes Boot einzupeilen und mit Wasserbomben anzugreifen, so daß es fast nur dem Zufall überlassen bleibt, ob das U-Boot vernichtet wird oder nicht.
Zweck meiner Vorschläge ist es, durch Steigerung der Unterwassergeschwindigkeit auf etwa 25-30 kn die gegenüber Kriegsschiffen bisher stark passiven Eigenschaften der Unterseebootswaffe abzuschwächen und sie darüber hinaus zu einer Angriffswaffe erster Ordnung zu machen.

Über den weiteren Fortgang der Zusammenarbeit von Walter mit EWM und seine Bemühungen, den Seekriegsexperten der Reichsmarine, Admiral Groos, für seine Ideen zu gewinnen, berichtete Walter am 24. August 1933 an Oberbaurat Brandes von der Konstruktionsabteilung:

...Die Elektro-chemischen Werke in München haben sich mit großer Energie an die ihnen gestellte Aufgabe herangemacht. Es ist ihnen gelungen, bereits nach so kurzer Zeit 70%es H_2O_2 fabrikationsmäßig herzustellen. Die Eigenschaften dieser Lösung sind vollkommen einwandfrei, jedenfalls nicht schlechter als die einer 30-40%en handelsüblichen Ware und jedenfalls solange als sie nicht mit einem Katalysator in Verbindung kommt. Diese Frage ist jedoch für 30-40%e Lösungen seit Jahren in zufriedenstellender Weise gelöst, und es sind bereits Vorarbeiten getroffen worden, nach denen man

annehmen muß, daß die Lagerung auch für kriegstechnische Zwecke keine Schwierigkeiten mehr machen wird. Für die Behälter käme in erster Linie V2A-Stahlblech in Frage mit einem besonderen Innenanstrich oder einer Auskleidung, welche aber nicht unbedingt nötig sind.
Ein Zusatzapparat [Zersetzer], welcher dazu dient, den Sauerstoff aus der Verbindung freizumachen, ist in den letzten Wochen bereits fertig entwickelt worden, allerdings noch nicht für so große Mengen, wie sie bei einem Motorenversuch in Frage kämen. Der Apparat besteht aus einem Behälter aus V2A-Stahlblech, welcher mit einer Kühlschlange zur Temperaturregelung versehen ist. In diesen Behälter fließt ein ständiger Strom H_2O_2 *. Durch ständigen Zusatz eines Katalysators (Soda und Kaliumpermanganatlösung), dessen Gewicht gegenüber dem Gewicht der zu zersetzenden* H_2O_2*-Menge keine Rolle spielt, wird der Sauerstoff in ständigem Strom frei, während das Lösungswasser selbst einfach abfließt.*
Damit wäre die chemische Seite der Angelegenheit meines Erachtens befriedigend und schneller als erwartet gelöst, so daß also jetzt der Motorenversuch beginnen könnte.
Die Rücksprache mit Herrn Admiral Groos, die ich mir als eine rein persönliche Erkundung über militärische Fragen in der fraglichen Angelegenheit vorgestellt hatte, wurde dadurch auf ein etwas anderes Gleis geschoben, daß Herr Admiral Groos einen Offizier und einen Herrn von der Konstruktionsabteilung ... zugezogen hatte. Das Ergebnis war in großen Zügen, daß militärisch die höhere Geschwindigkeit unter allen Umständen erwünscht sei, auch dann, wenn der mitzunehmende Wasserstoffsuperoxyd-Vorrat so groß wird, daß dadurch der Aktionsradius des Bootes im Vergleich mit den bisherigen Booten sehr stark beschränkt wird. ...

Während Walter bereits an dem Entwurf eines Unterwasser-Schnellbootes mit dem von ihm vorgeschlagenen Antrieb arbeitete, wurde von Vertretern der Marineleitung die Mitführung von H_2O_2 und daraus die Sauerstoffgewinnung auf Schiffen diskutiert. Insbesondere wurde nach den Auswirkungen des Zusammenkommens von H_2O_2 mit Brennstoff oder Seewasser bei Beschädigungen der Behälter gefragt.
Am 5. Oktober 1933 legte Walter einen ersten Entwurf für ein Untersee-Schnellboot (US-Boot) von 300 m^3 Überwasserverdrängung vor. Es hatte eine Fischform und sollte von zwei übereinander versetzt angeordneten Dieselmotoren von je 2400 PS Leistung im Luftbetrieb, die auf zwei in einem Düsenkanal angeordnete Propeller wirkten, angetrieben werden. Ein ausfahrbarer Luftschacht sollte eine sichere Luftzufuhr des auch bei Überwasserfahrt überspülten Bootes sicherstellen. Unter Wasser sollten die Dieselmotoren im Abgaskreislaufbetrieb mit Sauerstoffzuführung aus zersetztem H_2O_2 betrieben werden, wobei die Leistung der Motoren auf insgesamt 7500 PS und die max. Geschwindigkeit auf 30 kn steigen sollten. Im Abgaskreislauf befand sich ein Abgaskühler mit Wassereinspritzung. Hier wurde der Wasserdampf niedergeschlagen und aus dem Boot gepumpt. Das überschüssige CO_2 entfernte ein CO_2-Kompressor. Mit einem Vorrat von 36 t Brennstoff und 74 t H_2O_2 wurde mit einem ↑-Fahrbereich von 2500 sm/15kn und einen ↓-Fahrbereich von 500 sm/15 kn gerechnet.

Die Reaktion der Marineleitung auf diesen Vorschlag war zurückhaltend, jedoch freundlich. Vor einer Stellungnahme wollte man die EWM-Erprobungen der Stabilität und Zersetzung von H_2O_2 abwarten.

Am 27. Dezember 1933 erhielt dann Walter vom Chef der Marineleitung folgendes Schreiben:

Die letzte Besichtigung der von den Elektro-chemischen Werken, München, entworfenen Versuchs-Apparaturen für Sauerstoffentwicklung und Kohlensäureabsorption durch einen Marinevertreter hat ergeben, daß die Grundlagen für die endgültige Bemessung der Hilfsapparatur soweit geklärt sind, daß an ihre konstruktive Einzeldurchbildung gegangen werden kann. Unter Bezugnahme auf Ihre Besprechungen bei der Konstruktionsabteilung anläßlich Ihres letzten Besuches vom 14. Dezember in Berlin erteile ich Ihnen hiermit den Auftrag, in Zusammenarbeit mit den Elektro-chemischen Werken, München, einen Studienentwurf für ein Boot von 300-400 t Verdrängung auszuarbeiten mit etwa nachstehenden Leistungen: ↓ Höchstgeschwindigkeit: 24 kn;. Fahrbereich für Marschfahrt von 15 kn: ↑ 2000 sm, ↓ 400-500 sm.

Der Entwurf soll in Einvernehmen mit den hiesigen Stellen sowohl für Dampfbetrieb als auch für Motorenantrieb durchgearbeitet werden, wobei die Abmessungen und Gewichte der Haupt- und Hilfsmaschinenanlage sowie der gesamten Hilfsapparatur so genau wie möglich zu ermitteln und einzusetzen sind.
Ich bitte, mir einen Voranschlag für diese Ihnen voraussichtlich für den Entwurf entstehenden Kosten sowie eine Aufstellung der Ihnen bei der Bearbeitung des Vorprojektes bisher erwachsenen Auslagen einzureichen.

Walter begann nun sofort damit, einen Entwurf für ein US-Boot mit Dampfbetrieb in dem gewünschten Umfang zu erstellen. Auf ein US-Boot mit Motorbetrieb ging er nur kurz ein, da ja ein derartiger Entwurf durch sein 'Vorprojekt' vom 5. Oktober schon vorlag. Bereits am 21. Februar 1934 hatte Walter die umfangreiche Ausarbeitung eines Studienprojektes für ein Untersee-Schnellboot abgeschlossen. Es sah wieder einen fischähnlichen Rumpf mit einem kleinen Aufbau und einem ausfahrbaren Luftmast vor, jedoch diesmal mit einem Dampfturbinenantrieb. In seinem Angebot darüber führte Walter u.a. aus:

Studienprojekt für ein Untersee-Schnellboot

Das angewandte Verfahren ist grundsätzlich schon in früheren Eingaben behandelt worden, so daß im folgenden nur noch auf die spezielle Berechnung und Konstruktion eingegangen werden braucht.
Es wurde untersucht:
Ia Dampfantrieb bei einem Bootskörper von sogen. Semmelquerschnitt,
Ib Dampfantrieb bei einem Bootskörper mit kreisrundem Querschnitt,
II Motorenantrieb.
Das Projekt Ia wurde eingehend durchgearbeitet. Eine vergleichende Wertung der übrigen Projekte folgt am Schluß dieser Abhandlung.
Aus der Untersuchung ergab sich ein Boot von folgenden Haupt-Konstruktions- und –Betriebsdaten:

Länge ü.a.	42,5 m	Verdrängung ausgetaucht	423 m^3
Größte Breite	3,9 m	Verdrängung untergetaucht	459 m^3
Größter Durchmesser des Druckkörpers	3,1 m	Differenz 36 m^3	entspr. 8,5 %
Größte Höhe bei eingefahrenem Turm	7,4 m	Treibölvorrat	50,0 t
Größte Höhe bei ausgefahrenem Turm	10,8 m	H_2O_2-Vorrat	88,0 t

Maschinenhöchstleistung bei Luftbetrieb 3200/3450 WPS (Leistung ohne und mit
Maschinenhöchstleistung bei H_2O_2-Betrieb 10400/11200 WPS Hilfskessel)
Leistung bei 20 kn ausgetaucht 2750 WPS
Leistung bei 20 kn untergetaucht 3200 WPS
Höchstgeschwindigkeit ausgetaucht bei Luftbetrieb 21,5 kn
Höchstgeschwindigkeit ausgetaucht bei H_2O_2-Betrieb 30,0 kn
Höchstgeschwindigkeit untergetaucht bei H_2O_2-Betrieb 28,0 kn
Fahrbereich bei 12,5 kn 2000 sm, davon untergetaucht 360 sm (bei 28 kn 91 sm)
Fahrbereich bei 20 kn 900 sm, davon untergetaucht 180 sm

Beschreibung

Der Bootskörper besteht aus zwei von x = 40,3 bis x = 11,0 durchlaufenden, sich überschneidenden Druckkörpern von kreisförmigem Querschnitt.
Durch die seitlich angebauten Tauch- und Brennstofftanks sowie durch das durchflutete Kopfstück und durch das elliptische, druckfeste Schwanzstück erhält der gesamte Körper fischförmige Gestalt. An Ausbauten sind vorhanden: Senkrechte und waagerechte Stabilisierungsflächen mit Seiten- und Tiefenruder, Propeller und Düse sowie ein Decksaufbau zur Aufnahme des Turmkopfes und des Auspuffrohres. Im ganzen ergibt sich ein vollkommen glatter Körper ohne scharf vorspringende Kanten. Der Turm ist zusammen mit dem Abgasschacht auf 3,5 m ausfahrbar.. Damit ergibt sich eine größte Höhe der Sehschlitze über den Wasserspiegel von 5,2 m. Das Ansaugen der Verbrennungsluft erfolgt durch den Kopf des Beobachtungsturmes, welcher organisch mit dem Kopf des Abgasschachtes verbunden ist. Für die Abscheidung des Spritzwassers ist Sorge getragen. Der Abgasschacht besteht aus drei Rohrstücken, welche teleskopartig im Decksaufbau zusammengeschoben werden. [Schnor-

chelprinzip] Das Sehrohr ist um 4,5 m auf eine Gesamthöhe von 11,7 m über Unterkante Kiel ausfahrbar. Es dürfte zweckmäßig sein, dasselbe mit einer teleskopartigen Schutzhülle von stromlinienförmigem Durchschnitt zu versehen, damit der Widerstand herabgesetzt wird.
Das Einstiegluk für die Besatzung ist vor dem Turm im Decksaufbau vorgesehen. Es dient gleichzeitig auch für die Einführung der Torpedos. Ein weiteres Luk könnte noch im Turmkopf angeordnet werden. Im übrigen sind im Decksaufbau noch der Trinkwasservorrat von 1 m^3, die Markierungsboje sowie zwei Tauchtanks von zusammen 15 m^3 untergebracht.
Der durchflutete Bugraum enthält einen Anker von 300 kg Gewicht, einen Schieber zum Abschluß der Torpedorohre und eine verstellbare Bugklappe nebst dem zugehörigen Antriebsgestänge. Der Bug ist als Umdrehungskörper ausgebildet. Das Heck besteht aus einem kreuzförmigen Steven, welcher auf einer konischen Stahlgußbüchse aufgeschweißt ist. Die letztere enthält das Stevenrohr.
Mit dem Kreuzsteven sind die waagerechten und senkrechten Stabilisierungsflächen verbunden, sowie ferner die Propellerdüse. Seiten- und Tiefenruder sind vor dem Propeller in die Stabilisierungsflächen eingebaut. Auch bei der Ausbildung des Hecks ist dafür gesorgt worden, daß alle vorspringenden Teile gegen das Festhaken von Tauen und Netzen weitgehend geschützt sind.

Die obere und untere Hälfte des Bootskörpers sind infolge der Eigenart der Konstruktion vollkommen voneinander getrennt. Die Raumverteilung wurde in der Weise durchgeführt, daß vor dem Turm die Schiffsführung, die Besatzung und die Torpedobewaffnung untergebracht sind, während hinter dem Turm die gesamte Maschinenanlage eingebaut ist. Andererseits befinden sich in der unteren Hälfte diejenigen Bootselemente, welche keine dauernde Überwachung erfordern, nämlich die H_2O_2-Tanks, der Reglertank, der Kessel, der Kondensator mit Kühlwasserpumpe, und schließlich die Katalysator-, Schmieröl- und Trimmtanks. Hierdurch ist die untere Hälfte des Bootes vielfach unterteilt. Dagegen besitzt die obere Hälfte nur ein Querschott in der Höhe des Turms. Gemäß Zeichnung W 5058 und dem zugehörigen Deckblatt W 5061 sind in der Zentrale untergebracht: ein FT-Raum, acht Spinde, eine Kochplatte und 6 Kojen. Die verfügbare Grundfläche und Raumhöhe dürfte den Anforderungen entsprechen. Das WC befindet sich im Hauptmaschinenraum. Der Einstieg zum Turm erfolgt in der unteren Bootshälfte durch einen Schacht, welcher von der Zentrale zugänglich ist.
In der Außenhülle sind die Tauch- und Brennstofftanks untergebracht.

Die Maschinenanlage wird, wie bereits bekannt, bei Überwasserfahrt mit Luft und bei Unterwasserfahrt mit Sauerstoff betrieben., welcher gebunden in Form von H_2O_2 mitgeführt wird. ...
Die Kesselanlage besteht aus zwei Haupt- und einen Hilfskessel. Die beiden Hauptkessel sind gemeinsam in einem druckfesten Gehäuse untergebracht und werden ebenso wie der für sich in einem druckfesten Gehäuse untergebrachte Hilfskessel mit einem Druck von bis 6 ata auf der Feuergasseite betrieben. Die Kessel sind nach dem Einrohr-System (Doble, Henschel, Sulzer) entworfen und für folgende Leistung berechnet:

1. Luftbetrieb:	Hauptkessel	2 x 7 t	Dampf/Std von 22 ata und 425°C
	Hilfskessel	1 t	Dampf/Std von 22 ata und 425°C
2. H_2O_2-Betrieb:	Hauptkessel	2 x 19 t	Dampf/Std von 58 ata und 425°C
	Hilfskessel	2,7 t	Dampf/Std von 58 ata und 425°C

Für die Ölfeuerung käme ein Ray-Brenner in Frage. Die Unterbringung eines solchen ist möglich. Die Turbo-Speisepumpen der Hauptkessel erfordern bei Luftbetrieb eine Leistung von 2 x 25 PS und bei H_2O_2-Betrieb entsprechend der größeren Menge und dem größeren Druck 2 x 145 PS.
Die entsprechenden Dampfverbräuche betragen:
1. 600 kg/Std bei 21 ata Anfangs-, 1,0 ata Gegendruck und 400°C: 12 kg/PS Std .
2. 2600 kg/Std bei 55 ata Anfangs-, 1,0 ata Gegendruck und 400°C: 9 kg/PS Std .

Der Abdampf der Turbo-Speisepumpen dient zur Vorwärmung des Speisewassers.
Die Hauptturbine ist zweigehäusig ausgeführt, jedoch arbeiten beide Turbinen auf die gleiche Welle. In jedem Gehäuse ist eine Vorwärts- und eine Rückwärts-Turbine enthalten. ....
1. Hauptfahrt (H_2O_2-Betrieb):
   Gesamtdampfmenge 38 t/Std; 55 ata; 400°C vor der Turbine.
   Leistung 10000 WPS; Drehzahl beider Turbinen 6000 U/Min.
   Kondensatordruck 0,07 ata.
   Dampfverbrauch bei einem Getriebewirkungsgrad von 98% 32,4 t/Std insgesamt ohne Hilfsmaschinenabdampf.

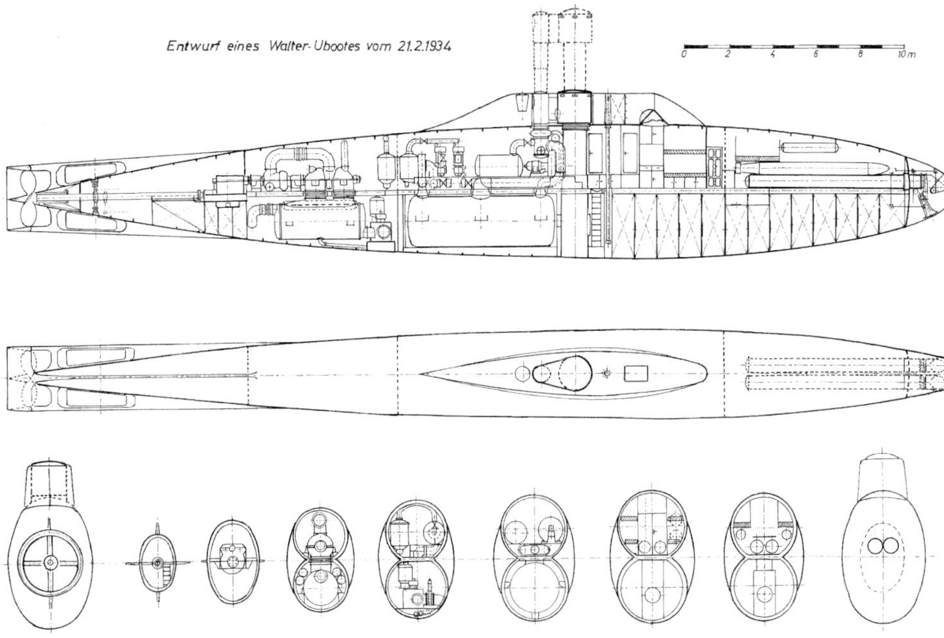

Beigefügte Zeichnung W 5058 des Unterwasser-Schnellbootes von Walter.

Schematische Darstellung W 5062 der Maschinenanlage des Unterwasser-Schnellbootes.

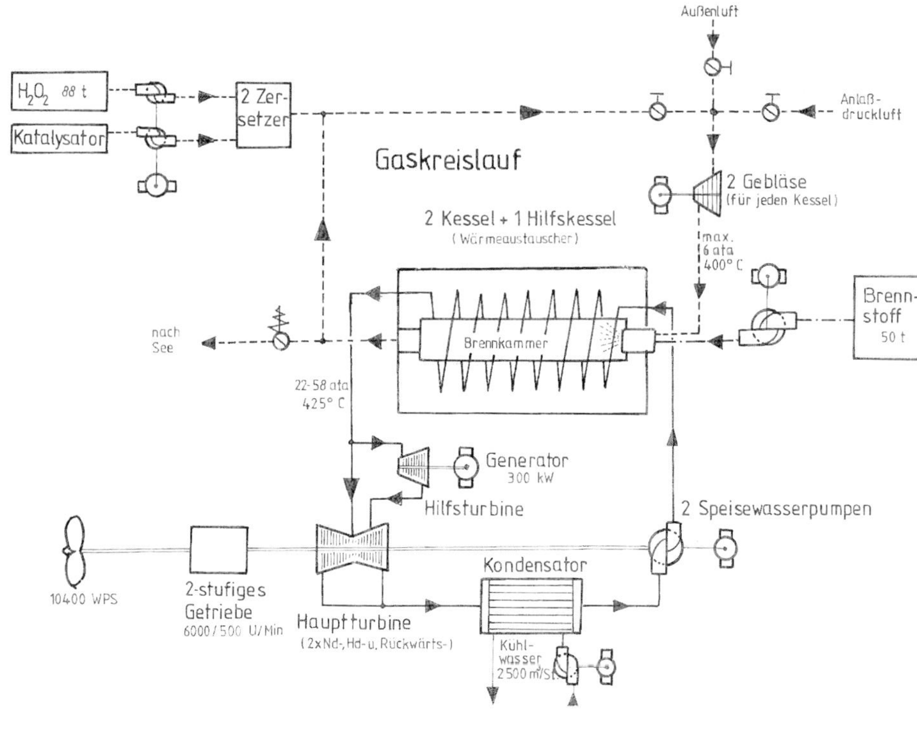

Auslegung:
Hd-Turbine: 1 x C_{II} 600 mm ∅, 5 x Gleichdr. 525 mm ∅; Schaufellängen 50–58 mm.
Druck hinter der Hd-Turbine 2,5 ata.
Nd-Turbine: Doppelstromtrommel, 1 Flügelstufe, 2 x 6 Stufen 570–650 mm ∅; Schaufellängen 50–160 mm.
Rw-Turbinen: Hd C_{II} 600 mm ∅, Druck hinter den Turbinen 2,75 ata.
Nd 2 x 650 mm ∅ Gleichdruckstufen, auf beiden Seiten der Nd-Vorwärts-Turbine.
Gesamtdampfmenge 23 t/Std; Leistung 2500 WPS.
Kondensator: 320 m^2; Kühlwassermenge: 2500 m^3/Std.

2. Gesamtdampfmenge 14 t/Std; 21 ata; 400°C vor der Turbine. Drehzahl 4000 U/Min; Leistung 3000 WPS; Kondensatordruck 0,04 ata.
Dampfverbrauch bei einem Gesamtwirkungsgrad von 97% 3,85 kg/WPS Std; D=11550 kg/Std für die Turbine allein.

Das Getriebe erhält zweifache Untersetzung, und zwar von 6000 auf 2000 und von 2000 auf 500 Umdr/Min.

....

Die Hilfsmaschinen werden mit Ausnahme der Turbo-Speisepumpen elektrisch betrieben. Die elektrische Energie wird mittels eines Turbogenerators von 300 kW Leistung erzeugt. Die Drehzahl derselben beträgt 6000/2000 U/Min.

Es folgen in dieser Ausarbeitung von Walter eine umfangreiche Berechnung der Hilfsmaschinen-Verbräuche, eine detaillierte Gewichtsrechnung sowie Entwurfszeichnungen. Zum Abschluß geht er auf 'besondere Fragen' ein, so die Mehrleistung der Maschinenanlage bei H_2O_2-Betrieb, die Frage, ob elliptischer oder kreisförmiger Bootsquerschnitt günstiger ist, das Fehlen der vorderen Tiefenruder, die Abmessungen des Propellers und die Raumkühlung. Zum Fahrbereich des US-Bootes führte er aus:

Bei Verwendung einer Lösung von 80% H_2O_2-Gehalt werden 9 kg H_2O_2 pro kg Gasöl verbraucht; insgesamt bei Hauptfahrt für 10000 WPS also 27,5 x 0,9 = 24,8 t/Std. Der vorhandene H_2O_2-Vorrat von 88 t reicht also bei Hauptfahrt und einer Wellenleistung von 10400 WPS einschließlich einer Sicherheit von 1,5% für eine Fahrtdauer von 3,5 Std. Der Heizölverbrauch beträgt hierbei 9,65 t. Der entsprechende Unterwasser-Aktionsradius beträgt damit 3,5 x 27,5 = 96 sm.
Bei Höchstleistung, d.h. bei zusätzlicher Inbetriebnahme des Hilfskessels beträgt die Fahrtdauer getaucht 3,25 Std, die Geschwindigkeit getaucht 28 kn und der Aktionsradius getaucht 91 sm.

....

Das US-Boot besaß zwei Torpedorohre. Die Maschinenanlage bestand aus der Sauerstofferzeugungsanlage (Zersetzer), einem Brenner, in dem Brennstoff mit durch Abgase verdünntem Sauerstoff verbrannt wurde, einem großen Dampfkessel und der Turbinenanlage. Von der Turbine wurde ein Propeller angetrieben, der wieder in einer Düse angeordnet war.
Am 15. Januar 1934 hatte EWM Walter mitgeteilt, daß für die Zersetzung von H_2O_2 ein Apparat mit einer Leistung von ca. 1000 ltr/Std zur Verfügung stände.

Es folgten mehrere Besprechungen über dieses Projekt, das von der Marine die Tarnbezeichnung MVB Typ V erhielt. Am 10. April 1934 wurde Walter vom Chef der Marineleitung dazu mitgeteilt:

Auf Grund der in Ihrer letzten Besprechung mit Oberbaurat Brandes und Baurat Bröking am 15.3.34 vorgelegten Unterlagen über das von Ihnen vorgeschlagene Bootsantriebsverfahren beabsichtige ich, mit der Entwicklung dieses Verfahrens zu beginnen. Ich ersuche Sie daher ergebenst, die Germaniawerft, Kiel, zur Ausarbeitung eines Angebotes über die zunächst in Aussicht genommene Versuchsanlage, bestehend aus Brennkammer mit Brenner, Gasumlaufleitung mit Gebläse und Sauerstofferzeugungsanlage, zu veranlassen. Gleichzeitig bitte ich Sie, Ihren Vorschlag über die Kohlensäure-Absorptionsanlage sobald wie möglich auszuarbeiten und mir vorzulegen. ...

Die von der Marineleitung genehmigte Versuchsanlage bei der Germaniawerft sollte mit Bestandteilen der dort von Walter entwickelten Gasturbine, die aber wegen unzureichendem Wirkungsgrad aufgegeben worden war, gebaut werden.

Inzwischen hatte Walter den Nutzen der Zersetzungsenergie bei hochprozentigem H_2O_2 (bei 80%er Ware 551 kcal/kg, wodurch das entstehende Sauerstoff-Wasserdampfgemisch bei einem Druck von 30 atü und eine Temperatur von 514°C erhält) für eine Vielzahl von Anwendungsmöglichkeiten erkannt. Der Wasserdampf konnte als Verdünnungsmittel bei der Verbrennung benutzt werden, wodurch die Zuführung von CO_2-Abgas dafür nicht mehr erforderlich war. Jedoch konnte auch ohne Verbrennung das heiße Gas-Dampfgemisch direkt für den Vortrieb oder den Antrieb einer Gasturbine genutzt werden. Damit ließen sich schnelle Unterwasserfahrzeuge, Torpedos, Schleudern, Raketen und Flugzeuge antreiben sowie Hilfsaggregate und Starthilfen bedienen. Walter wandte sich deshalb Ende 1934 mit entsprechenden Vorschlägen auch an die Torpedo- und Mineninspektion (T.M.I.), das Heereswaffenamt und das Reichsluftfahrtministerium.
Bei der Raketenentwicklung in der Abteilung WaPrw 1 des Heereswaffenamtes war ebenfalls H_2O_2 als Antriebsmittel in Erwägung gezogen worden. Für die Erprobungen der Antriebsstoffe benutzte man den kleinen 'Raketenofen' der Fa. Heylandt in Berlin-Britz. Im März 1934 wollte Dr. Wahmke auf dem Schießplatz Kummersdorf den Raketenofen mit einer Mischung aus konzentriertem H_2O_2 und Spiritus betreiben. Das Gemisch explodierte bei der Zündung. Der Prüfstand wurde zerstört. Dr. Wahmke und zwei Mitarbeiter kamen dabei ums Leben. Zweifellos hat diese Katastrophe die Abneigung verschiedener Stellen gegen einen Antrieb mit H_2O_2 -Treibstoff erhöht.

Am 3. Dezember 1934 schlug Walter in der Akte W 5167 fünf verschiedene Torpedoantriebe mit Hilfe von H_2O_2 vor. Es handelte sich um folgende Ausführungen:

1. In einem Zersetzungsbehälter entsteht ein Gas-Dampfgemisch von 20 atü und 450°C, das eine Torpedomaschine antreibt.
2. Vom Zersetzungsbehälter wird das Sauerstoff-Dampfgemisch zusammen mit Brennstoff einer Brennkammer zugeführt und hier gezündet. In einer Dampfschlange wird dadurch aus mitgeführtem Wasser hochgespannter Wasserdampf erzeugt. Damit wird dann eine Turbine (zweikränziges Curtisrad) angetrieben.
3. Das Abgas-Dampfgemisch des Zersetzers wird direkt zum Antrieb benutzt. (Raketenprinzip)

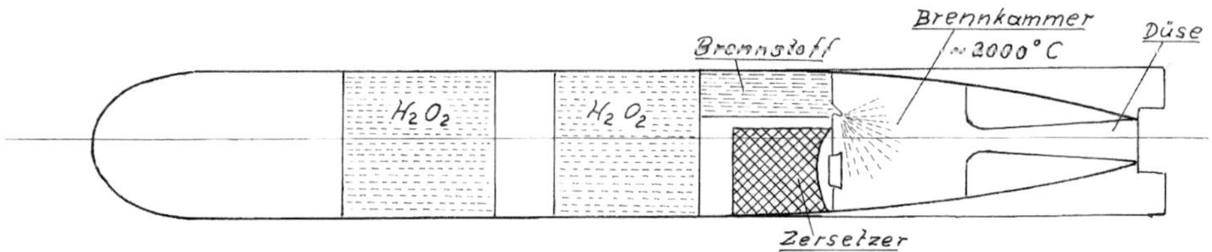

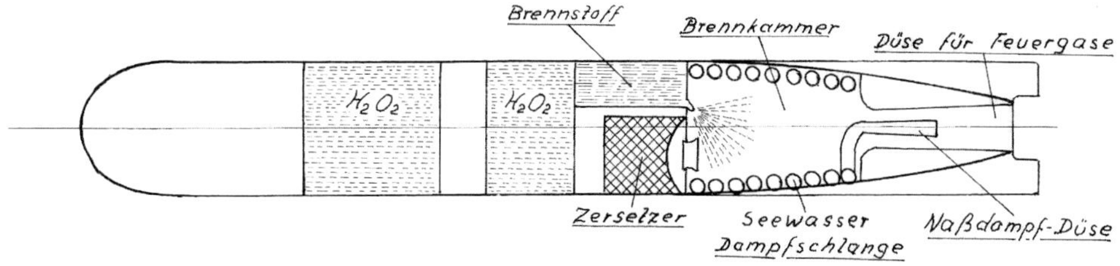

Erste Vorschläge (3.12.1934) für Walter-Torpedos mit Strahlantrieb. Beim zweiten Vorschlag arbeitet die Brennkammer auch als Dampfkessel. Der Schub wird von zwei Düsen bewirkt.

4. Das Abgas-Dampfgemisch des Zersetzers wird einer Brennkammer zugeführt und hier mit Brennstoff verbrannt. Die 2000°C heißen Abgase werden direkt zum Antrieb benutzt (Raketenprinzip).
5. Eine Kombination von 2. und 4., wobei die heißen Abgase und der erzeugte hochgespannte Wasserdampf in zwei Düsen für den Rückstoßantrieb benutzt werden.

Natürlich waren diese Vorschläge wenig ausgereift. Und so dauerte es noch vier Jahre, bis Walter der Torpedoinspektion, die an diesen Verfahren interessiert war und Einzelerprobungen durchführen ließ, ausgearbeitete Entwürfe für Torpedos mit Walter-Antrieben vorlegen konnte. (Vgl. die sehr detaillierten Ausführungen des Verfassers in „Die Torpedos der deutschen U-Boote", Hamburg 2005.)

Am 21. März 1935 wandte sich Walter an die Abteilung WaPrw 1 des Heereswaffenamtes mit der Feststellung, daß mit seinen Konstruktionen Raketen mit H_2O_2–Antrieb möglich sind. Nach einem Schriftwechsel darüber legte er am 6. April 1934 den 1. Entwurf einer Walter-Rakete vor. Es folgten Besprechungen und ein umfangreicher Briefwechsel um die Herstellung und Erprobung einer derartigen Rakete, in die sich auch das Reichswehrministerium einschaltete. Am 12. Dezember 1935 stellte WaPrw 1 fest, daß die Walter-Rakete fertig sei und noch vor Weihnachten vorgeführt werden könne. Jedoch erfolgte die Vorführung erst im Januar 1936 in Kiel. Bis Mitte 1936 konnte ein Schub von 1000 kp erreicht werden. Es sind dann aber keine Walter-Raketen vom Heereswaffenamt beschafft worden. Jedoch wurden für die Fernrakete A4 des Heereswaffenamtes eine H_2O_2-(T-Stoff)-Dampfanlage für den Antrieb der Treibstoffpumpe benutzt. Ferner diente die Walter-Rakete als Antrieb von A4-Modellen bei der Erprobung mit verschiedener Leitwerksformen im März 1939. Die A4-Modelle hatten eine Länge von 160 cm, einen Durchmesser von 20 cm und ein Leergewicht von 27 kg. Mit 20 kg H_2O_2.konnte das 120 kp-Triebwerk 15 s lang brennen.

Am 1. Juli 1935 hatte Hellmuth Walter in seiner kleinen Wohnung in Kiel, Niemannsweg 117, seine erste Firma, das Ingenieurbüro H. Walter GmbH eingerichtet. Dort arbeitete er gemeinsam mit dem Ingenieur Emil Kruska an den Entwürfen für die Anwendung des Walter-Verfahrens. Kruska war vorher bei der GW tätig gewesen und wurde zum engsten Mitarbeiter von Walter. Ende 1935 kam der ideenreiche Dipl.-Ing. Helmut Lensch dazu, der sich anfangs u.a. mit der Entwicklung von Staustrahltriebwerken beschäftigte und später Leiter der Abteilung Forschung im Walter-Werk wurde.
Die Erprobung der entwickelten Geräte konnte vorerst nur unter sehr primitiven Verhältnissen auf dem Gelände der Chemisch-Physikalischen Versuchsanstalt (CPVA) in Neumühl-Dietrichsdorf sowie bei der Germaniawerft erfolgen.

Am 23. September 1935 wurde vom Marinewaffenamt (MWa) im Protokoll einer Besprechung eine Übersicht über die Aktivitäten von Walter und seine Verbindungen zu Wehrmachtsdienststellen gegeben, in der es u.a. heißt:

Zu dem Bericht der T.M.I. vom 24.7.1935 samt Vertragsentwurf betr. Ingenieur Walter – Kiel hat am 20.9.1935 eine Besprechung im Marinewaffenamt stattgefunden, um nach Möglichkeit den gegebenen Tatbestand zu klären und die Gedankengänge für eine zusammenfassende Weiterbearbeitung der Angelegenheit zu finden.
An der Besprechung haben teilgenommen:
a) für das Marinewaffenamt (MWa) K.Kpt. Junker, Min.Rat Förster,
b) für das Marinekonstruktionsamt (K) Min.Rat Brandes, Dr. Piening,
c) für die T.M.I. Baurat Techow.

Ergebnis:
A.) Tatbestand:
Ingenieur Walter arbeitet für K gegen ein Monatsentgelt von RM 750.- an dem Ausbau der Verwertung von Auxilin [H_2O_2] als Antriebsmittel. Die Germaniawerft Kiel stellt unentgeltlich den benötigten Büroraum und die benötigten Hilfskräfte (Konstrukteure, Zeichner, Schreibkräfte) und fertigt gegen Entgelt (zu Lasten von K) die Versuchsgeräte pp. Nebenher hat Ingenieur Walter neuerdings ein Ingenieurbüro als eigene Firma eröffnet, hinter der als stille Teilhaber die Inhaber bzw. Mitinhaber der Elektro-chemischen Werke in Höllriegelskreuth bei München: Dr. Gustav Adolf und Ingenieur Pietzsch stehen sollen..
Letztere Firma ist Herstellerin des Auxilins. Sie liefert auch für die Entwicklung auf dem Torpedogebiet, die die Firma Walter mit der T.M.I. betreibt, die benötigten Zersetzer, während die für den gleichen Zweck benötigten Torpedokessel von Krupp über die Elektro-chemischen Werke geliefert werden, wo sie einer Weiterbearbeitung unterliegen.
Über die Zusammenarbeit zwischen Ingenieur Walter bzw. seiner Firma und dem Heereswaffenamt (WaPrw 1) bzw. auch dem Oberkommando der Luftwaffe ist nichts bekannt.
....

Die Verbindungen von Walter zu den Wehrmachtsdienststellen führten zu einem Vertrag mit dem Reichskriegsministerium (RKM) über die Ausnutzung der Patente des Ingenieurbüros Walter (IW) und die Förderung und Entwicklung von Verfahren und Einrichtungen zur Verwendung von Wasserstoffperoxid [Auxilin] für die Zwecke der Wehrmacht. In dem Vertragsentwurf vom 11. Januar 1936 wurde u.a. ausgeführt:

Für die Dauer der Entwicklung erhält das IW vom RKM eine Beihilfe von 750 RM im Monat, die zunächst bis Oktober 37 gezahlt wird, falls nicht bis dahin das IW aus Lizenzen und Gewinn ein genügendes Einkommen hat ... .
Das RKM gewährt dem IW zum 1.4.36 zur Einrichtung von Büroräumen, Beschaffung von Zeichenmaterial, Panzerschränken usw. einen Betriebsvorschuß in Höhe von 10000 RM, der von den zu entrichtenden Lizenzen später abgezogen wird. ...
Aufträge auf Entwicklung und Herstellung folgender Apparate zur Entwicklung der genannten Verfahren werden während der Laufzeit der entsprechenden Patente des IW vorzugsweise dem IW erteilt, soweit nicht bereits andere Bindungen in dieser Hinsicht bestehen:
a) bei Antrieben von Über- und Unterwasserschiffen mit den von IW entwickelten Gasdampf- und Auxilin-Turbinen: chem. technische Apparaturen umfassend Brennkammer, Zersetzer, Pumpen und zugehörige Leitungen, Regeleinrichtungen, Auxilintanks und Absorptionseinrichtungen.
b) bei Torpedoantrieben: Lagerkessel, Zersetzer, Fördereinrichtung für Auxilin sowie bei Rückstoßantrieben die Brenneinrichtungen und Ausstoßorgane.
c) mit Auxilin oder mit Auxilin und Brennstoffen betriebene Rückstoßgeschosse.
d) mit Auxilin oder mit Auxilin und Brennstoffen betriebene Lufttorpedos oder Fliegerbomben sofern dieselben mit Rückstoß betrieben werden.
e) mit Luft und Brennstoff nach dem Prinzip der Stau- und Rückstoßdüse betriebene Lufttorpedos oder Fliegerbomben.
f) die Vortriebseinrichtungen für bemannte Flugzeuge, sofern dieselben durch Rückstoß gemäß d) oder e) betrieben werden.
g) die Verwendung von Auxilin zur Förderung und Fortbewegung von Flüssigkeiten oder festen Körpern. ....

Das Reichsluftfahrtministerium interessierte sich stark für Walters Raketenantrieb und unterstützte die Entwicklung für Flugzeug- und Flugkörperantrieb großzügig. (Darüber ist an anderer Stelle, u.a. von Möller a.a.O., ausführlich berichtet worden.)
Bei dem ab 1935 erfolgten Neuaufbau der bisher nach den Bestimmungen des Versailler Vertrages verbotenen deutschen U-Bootwaffe spielten die U-Bootprojekte von Hellmuth Walter jedoch keine Rolle. In den U-Bootabteilungen des Konstruktionsamtes war dafür kein Referat zuständig, mit dem Projekt Typ V befaßte sich dort niemand. Die Walter-Entwicklungen wurden im Konstruktionsamt nur von Dr. Piening in einem Referat der Maschinenbauabteilung K II bearbeitet.

Die ständige Ausweitung der Aufgaben des Ingenieurbüros Walter erforderte eine Erweiterung der konstruktiven und praktischen Einrichtungen. Walter fand dafür einen geeigneten Platz auf dem Gelände des alten Gaswerkes in Kiel-Wik. Im Sommer 1936 zog das Ingenieurbüro dorthin um. Die stark expandierende Firma Walter, die nun als H. Walter Kommanditgesellschaft (HWK) geführt wurde, und der wachsende Mitarbeiterstab erforderten den Bau zusätzlicher Baracken auf dem Gelände. Auf die Dauer wurde jedoch die Errichtung eines eigenen Entwicklungs- und Herstellungswerkes immer notwendiger.

Nach der 1936 erfolgten Fertigstellung und Erprobung der jetzt nach dem direkten Walter-Verfahren betriebenen 4000 PS Turbinenanlage, bei dem das Abgas-Dampfgemisch direkt der Gasturbine zugeführt wurde, wandte sich Walter wieder der Konstruktion eines US- Bootes zu. Das 1938 bei der HWK entwickelte kleine U-Boot mit dem vereinfachten Zersetzer-Turbinenantrieb ohne Brennkammer wurde zwar von der Marine finanziert, jedoch ohne deren Mitwirkung konstruiert. Der erste Entwurf VB 60 hatte bei der Form noch eine starke Ähnlichkeit mit dem Projekt Typ V. Daraus entstand der etwas vergrößerte Entwurf V 80, der 1939 unter großer Geheimhaltung bei der Germaniawerft auf Helling V hinter Bretterwänden in Bau gegeben und im April 1940 fertiggestellt wurde.

Die 4000 PS-Turbinenanlage von Hellmuth Walter 1936 nach der Fertigstellung bei der Germaniawerft. Mitte vorn die Brennkammer, links daneben der Zersetzer und die Turbine. Rechts erkennt man den Einspritzkondensator und den CO_2-Verdichter.

1. Entwurf für ein US-Boot von H. Walter (Oktober 1933)

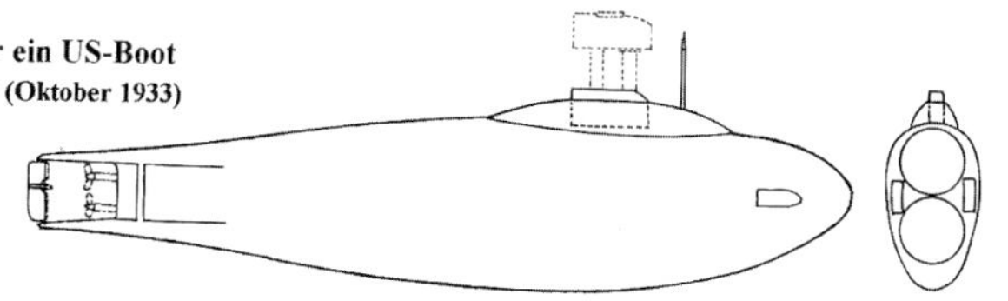

2. Entwurf für ein US-Boot von H. Walter (Februar 1934)

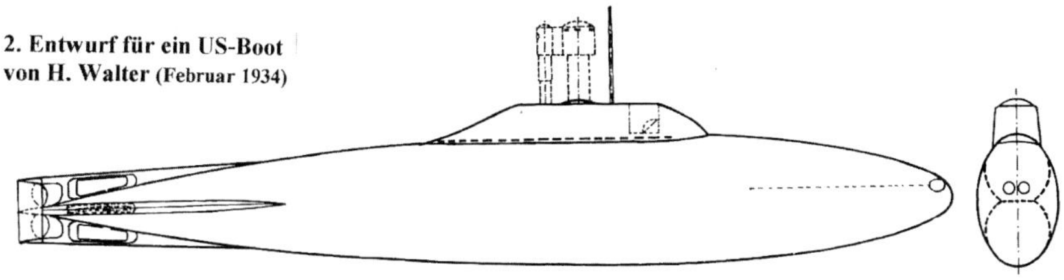

US-Boot-Entwurf VB 60 (Vorläufer von V 80 - 1938)

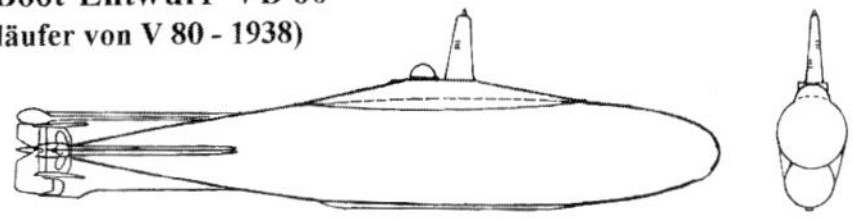

US-Boot V 80 (1939/40)

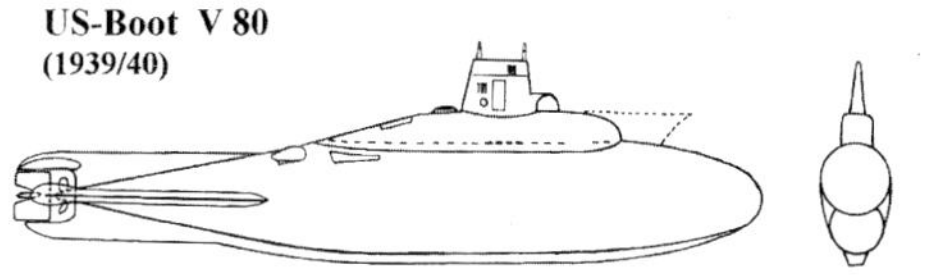

Die von H. Walter im Zeitraum 1933–1939 entworfenen US-Boote.

Im November 1938 wurde von der HWK auch ein ferngesteuertes Tragflächen-Sprengboot nach dem System Tietjens mit Raketenantrieb entworfen, das eine große Sprengladung tragen und von Torpedobooten per Funk gesteuert mit hoher Geschwindigkeit feindliche Schiffe angreifen sollte. Drei Vorschläge wurden vorgelegt:

1) *Gewicht 1000 kg; Länge 450 cm; ∅ 65 cm; Schub 80 kp; Laufstrecke 12000 m/ 54 kn; Antriebsart: Aurol [H_2O_2] ohne Brennstoff mit Luftförderung; Sprengladung 320 kg.*
2) *Gewicht 1500 kg; Länge 550 cm; ∅ 77 cm; Schub 120 kp; Laufstrecke 30000 m/54 kn; Antriebsart Aurol mit Brennstoff und Seewasserzusatz mit Pumpenförderung.*
3) *Gewicht 3000 kg; Länge 630 cm; ∅ 90 cm; Schub 250 kp; Laufstrecke 30000 m/54 kn; Antriebsart Aurol mit Brennstoff und Seewasserzusatz mit Pumpenförderung.*

Vorgesehene Sprengladung bei 2) 420 kg und bei 3) 1100 kg.

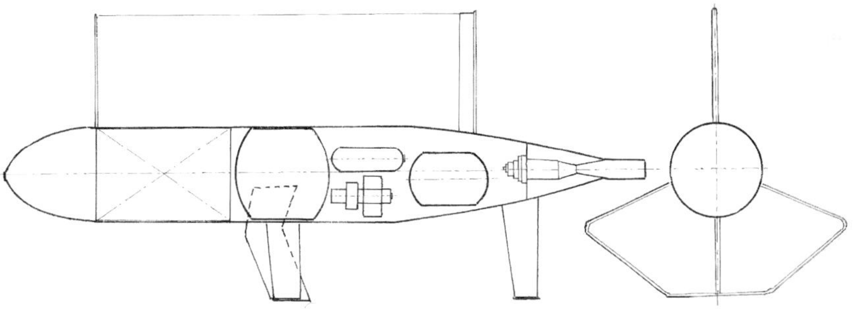

3000 kg Tragflächensprengboot mit Walter-Raketenantrieb.

Diese Sprengboot-Projekte der Firma Walter fanden jedoch keine Interessenten.

Walter und Dr .Piening vor der HWK-Arbeitsstätte im alten Gaswerk in Kiel-Wik.

Konstruktionsarbeit bei der Hellmuth Walter KG in Kiel Wik.

Über die Eigenschaften des von Walter für seine Antriebsanlagen benutzten T-Stoffes (hochkonzentriertes Wasserstoffperoxid, auch Auxilin, Aurol, Ingolin genannt) führte Dr. Piening in seiner Schrift "Grundlagen des Walter-Prozesses" am 2. Februar 1944 u.a. aus:

T-Stoff ist eine farblose Flüssigkeit, die schwachsauer reagiert. Er wirkt auf die menschliche Haut ätzend, zerfällt bei Anwesenheit geeigneter Katalysatoren, wobei Sauerstoff unter Wärmeentwicklung abgespalten wird, und kann hierbei brennbare Substanzen zur Entzündung bringen. Bei Mischung mit Kohlenwasserstoffen können starke Sprengstoffe entstehen. Der Stoff mischt sich mit Alkohol und Glyzerin in jedem Verhältnis. Eine stöchiometrische Mischung mit Alkohol hat eine größere Detonationswirkung als Nitroglyzerin.
Der T-Stoff wurde eingehenden Erprobungen hinsichtlich Beschußsicherheit und seinem Verhalten gegenüber Stoßwellen unterworfen. Das verwendete Produkt zeigte sich hierbei unempfindlich. Es gelang lediglich durch Einsatz starker Sprengkörper in großer Menge und bei starker Verdünnung den Stoff bei einer Konzentration über 86,5 % zu einer Beteiligung an der Reaktion zu bringen. (Hierbei wurde nicht direkt gemessen, sondern die Wirkung der Zerlegung des für den Versuch benutzten Eisenrohres beobachtet, so daß ein eindeutiges Maß für die Explosionswirkung bisher nicht festliegt).
Die Empfindlichkeit von T-Stoff bedingt eine vorsichtige Lagerung und Förderung. Als Material für Behälter, Pumpen und Rohrleitungen kommt V2A, V4A, die entsprechenden Stahlsorten wie z.B. Remanit und Reinaluminium (99,5%) in Frage. Die Oberflächen dieser Werkstoffe müssen glatt sein und durch ein besonderes Beizverfahren passiviert werden. VA wird zweckmäßig poliert verwendet, während Aluminium mit einer hautartigen Wachsschicht überzogen werden kann, um den Schutz gegen Angriff zu verbessern. Wegen ihrer rauhen Oberfläche scheiden Gußteile aus. Die Kunststoffe Vinidur, Mipolam, Oppanol, Hagelit u.a. können gleichfalls eingesetzt werden. Wegen ungleichförmiger Lieferung empfiehlt es sich, vorläufig vor Verwendung Proben dieser Stoffe im Labor hinsichtlich ihrer Beständigkeit gegen T-Stoff zu untersuchen.
Im Laufe der Zeit findet bei lagerndem T-Stoff in geringem Maße ein selbsttätiger Zerfall statt, der sich in Gasbildung äußert. Bei guter Lagerung beträgt die Abnahme der Konzentration etwa 0,3 % im Jahr. Sie kann bei Anwesenheit von Katalysatoren hohe Werte annehmen. Aus dieser Eigenschaft des T-Stoffes ergibt sich, daß stets für freien Gasaustritt gesorgt werden muß.
T-Stoff wird gegenwärtig in zwei Qualitäten geliefert:

a) <u>Spezialware</u>:	Konzentration	80 bis 81 %
	Abdampfrückstand	bis 50 mg/kg
	Glührückstand	20 mg/l
	Spez. Gewicht	1,345 kg/l
	Sauerstoffgehalt	0,377 kg/kg
	Zersetzungszahl	10 %
	Säuregehalt	100 mg/l
b) <u>Normalware</u>:	Konzentration	85 %
	Abdampfrückstand	5,5 g/l
	Glührückstand	3 g/l
	Spez. Gewicht	1,372 kg/l
	Zersetzungszahl	5 %
	Säuregehalt	0,5 g/l

Die Zersetzungszahl gibt die in einer 24 Stunden lang erhitzten Probe zerfallene Menge in Gewichtsprozenten an und ist somit ein Maß für die Stabilität des Stoffes.
Die Normalware ist demnach stabiler als die andere Ware und wird daher an Stellen verwendet, wo es auf gute Haltbarkeit und weniger auf Reinheit ankommt, während die Spezialware dort eingesetzt wird, wo ein möglichst geringer Abdampfrückstand erwünscht ist.
Durch Zumischung größerer Mengen von Stabilisatoren zur Spezialware gelang es, die Haltbarkeit erheblich zu erhöhen. Es wurden im Laboratoriumsversuch sogar Zersetzungszahlen von 0 % erreicht.
Der Gefrierpunkt beträgt für 80 % -24°C, für 85 % -15°C. Die Zähigkeit bei 20°C ist etwa 30 % größer als die von Wasser.

Die im T-Stoff enthaltenen Verunreinigungen bestehen vor allen Dingen in anorganischen Bestandteilen, wie: Kaliumpersulfat, Ammoniumsulfat, Natriumpyrophosphat, Schwefelsäure, Phosphorsäure,

Aluminiumsalze und Oxichinolin. Phosphorsäure, Natriumpyrophosphat und Oxichinolin werden bei der Fabrikation zur Stabilisierung, d.h. zur Verhinderung des Zerfalls, zugesetzt.

T-Stoff zerfällt nach folgender Gleichung: $2\ H_2O_2 = 2\ H_2O + O_2 + 690$ kcal/kg.
Die Reaktion ist also exotherm.
Aus der Gleichung ergibt sich: 1 kg T-Stoff 85 %ig enthält 0,600 kg H_2O und 0,4 kg O_2.
1 kg T-Stoff 80 %ig enthält 0,624 kg H_2O und 0,376 kg O_2.
Die frei werdende Wärme beträgt: bei 85 % 586 kcal/kg und bei 80 % 551 kcal/kg.
Durch die frei werdende Wärme wird die Temperatur des entstandenen Sauerstoff-Wasserdampfgemisches bei einem Druck von 30 atü und einer Temperatur der Flüssigkeit von 20°C auf folgende Werte gebracht: 85 % 630°C und 80 % 514°C.
Als Katalysatoren wirken organische und anorganische Stoffe. Von den letzteren sind besonders die Schwermetalle, wie Platin, Blei, Kupfer, Eisen(Rost) anzuführen. Technisch verwendet werden im Walter-Prozeß Kaliumpermanganat ($KMnO_2$), Natriumpermanganat ($NaMnO_2$), Kalziumpermanganat ($Ca(MnO_4)_2$) und Braunstein (MnO_2), der mit Zement oder Ton zu porösen Steinen verarbeitet wird. Durch Abscheiden der im T-Stoff enthaltenen Salze, die durch Abrieb und durch langsame Zersetzung des Braunsteins infolge der vorhandenen Säuren erfolgt, verlieren die Steine mit der Zeit ihre Wirksamkeit. Beim gegenwärtigen Stand der Entwicklung kann man mit 1 kg mindestens 1200 kg T-Stoff zersetzen.
Die von einem kg T-Stoff 80 % bei einem Druck von 30 atü und einer Temperatur von 514°C gebildete Gasdampfmenge beträgt 0,107 m^3. ...
Für den Verbrennungsprozeß [mit dem entstandenen Sauerstoff] wird ein synthetischer Treibstoff, das "Brabagöl", verwendet. Es wurde wegen seiner völligen Schwefelfreiheit gewählt, so daß infolgedessen bei der Verbrennung keine schweflige Säure bzw. Schwefelsäure gebildet wird, die auf Werkstoffe stark korrodierend wirkt. ...

Unten: Die Elektro-chemischen Werke München AG in Höllriegelkreuth bei München. Hier wurde nach dem Verfahren von Pietzsch der bei der Elektrolyse abgespaltene Sauerstoff am löslichen Ammoniumbisulfat angelagert, wobei Ammoniumpersulfat entstand. Durch Zugabe von Kaliumbisulfat erhielt man Kaliumpersulfat, das von der Lauge getrennt werden kann und dann durch Destillation mit Wasser Wasserstoffperoxid bildet.

Für die vielfältigen Anwendungen des Walter-Verfahrens war die Hellmuth Walter KG (HWK) ab 1937 stark expandiert, so daß die Errichtung eines großen Entwicklungswerkes und verschiedener Produktionsstätten notwendig wurden. Die Bauarbeiten für die große HWK-Arbeitsstätte in Kiel-Tannenberg begannen im Frühjahr 1939. Am 16. Dezember 1939 konnte dort das Richtfest gefeiert und Anfang 1941 die Arbeit aufgenommen werden. 1942 war das Werk fertig und bereits voll ausgelastet.

Das HWK-Werk in Kiel-Tannenberg nach der Fertigstellung. In dem einzeln stehenden Haus rechts oben wohnte Hellmuth Walter mit seiner Familie.

2. Das Rekord-Unterseeboot V80

Ein erster Entwurf für ein kleines Versuchs-U-Boot mit einem Walter-Antrieb war VB 60 mit 66,25 t Wasserverdrängung. Es wurde 1938 von HWK entworfen. Die Fertigkonstruktion sollte bis Mai 1939, die Herstellung bei der Germaniawerft (GW) bis September 1939 erfolgen. Gebaut wurde dann aber die Version V 80 (Arbeitsnummer 72506) mit 73,24 m^3 ↑-Verdrängung, einem vergrößerten ↑-Aufbau und etwas geändertem Flossenheck und Leitwerk., deren Form nach Widerstands- und Steuerungsversuchen mit dem VB 60-Modell im Windkanal der Luftfahrtforschungsanstalt in Braunschweig festgelegt worden war. Die Ruder wurden durch das Original-Doppelsteuer einer Ju 52 bedient. Als Antrieb war eine 2000 PS-Turbine vorgesehen, die von dem Sauerstoff-Wasserdampf-Gemisch von zersetztem T-Stoff (H_2O_2) angetrieben wurde und dem Boot eine maximale ↓-Geschwindigkeit von 28 kn ermöglichen sollte.

V80 nach der Fertigstellung auf der Helling V der Germaniawerft.

Aus Geheimhaltungsgründen wurde V 80 1939/40 mit der Bau-Nr. 597 auf der Helling V der GW hinter einer hohen Bretterwand gebaut. Hier wurde das fast fertige Boot am 17. April 1940 von Min.Dir. Brandes und Dr. Piening vom K-Amt besichtigt. Der Stapellauf erfolgte Ende April. V 80 wurde danach für die Restarbeiten zu seinem Liegeplatz in ein überdachtes Schwimmdock bei Kappeln überführt. Dieses Schwimmdock von 500 t und ca. 45 m Länge war speziell für das Walter-U-Boot gebaut worden. Als Tender und Mutterschiff für V 80 diente der am 15. Februar 1940 von der Kriegsmarine angekaufte Küstenfrachter JOHN REHDER (667 BRT, 58,1 m Länge), der für seine neue Aufgabe umgebaut wurde und später

JOHN REHDER neben dem überdachten Schwimmdock vor Kappeln.

den Namen POLYP erhielt. In seiner Luke 1 wurden acht Tanks für T-Stoff, in Luke 2 wurde eine Werkstatt eingebaut. An der Bugnase erhielt das Schiff ein schweres Hebegeschirr.

Da die Erprobung auf der offenen See wegen der Minengefahr nicht ratsam war, erfolgten die Versuchsfahrten auf der äußeren Schlei. Dabei begleitete V 80 das kleine Motorboot INGO (benannt nach Walters Sohn). Die INGO war für diesen Zweck bei der Fa. Matthiesen & Paulsen gebaut werden. Wegen der geringen Wassertiefe konnte hier nur mit einer Geschwindigkeit von max. 14 kn gefahren werden. Im Zeitraum von Anfang August 1940 bis Mitte November 1940 erfolgten etwa 20 Versuchsfahrten über Wasser und getaucht. Außerdem wurden notwendige Änderungen am Schiff, wie z.B. die Verlegung sämtlicher T-Stoff-Leitungen nach außenbord, durchgeführt.

Ende November 1940 wurde dann V 80 zusammen mit dem Schwimmdock und den Begleitschiffen nach Hela verlegt, wo von HWK eine Versuchsstation eingerichtet worden war. Im Dezember 1940 hatte V 80 hier die einzige größere Havarie. Als das Boot bei einer Erprobung in 12 m Tiefe auf Grund lag, gelangte plötzlich durch ein Entwässerungsrohr T-Stoff in die Zentrale, wo er zersetzt wurde und dann das Boot mit Dampf füllte. Nach dem schnellen Auftauchen sank das Boot wegen eines Fehlers im Druckluftsystem für das Ausblasen der Tauchzellen wieder auf den Grund. Jedoch konnte V 80 innerhalb von 24 Stunden von POLYP gehoben werden.
Nachdem die Fehler beseitigt waren, begannen 1941 die systematischen Erprobungen und Meilenfahrten von V 80, wobei die Geschwindigkeiten immer stärker gesteigert wurden. 1941 erfolgten 80 Über- und Unterwasserfahrten mit einer Gesamtbetriebszeit der Walter-Anlage von 124 Stunden und einem T-Stoffverbrauch von 453 t. Bei der 61. Versuchsfahrt wurde am 3. November 1941 in 10 m Wassertiefe bei 1330 WPS und 855 U/Min des Propellers eine Geschwindigkeit von 23,1 kn erreicht. Daraus ließ sich ableiten, daß bei voller Turbinenleistung (1875 WPS) max. 27 kn möglich waren.

V 80 bei Überwasserfahrt mit gut sichtbarer Abdampfschleppe.

Am 14. November 1941 besichtigten Großadmiral Raeder, der Chef des K-Amtes, Admiral Fuchs und Min.Dir. Brandes sowie weitere hochrangige Marineoffiziere im Beisein von Walter das Versuchsboot V 80.

Bis Ende 1942 wurden weitere 16 Versuchsfahrten mit insgesamt 33 Stunden Betriebszeit unternommen. In erster Linie ging es dabei um Funktionsmessungen und Erprobungen der automatischen Kurs- und Tiefensteuerungsanlagen von Askania und Siemens. Die eingebaute automatische Kurssteuerung von Askania ergab brauchbare Resultate bis zu 19 kn, die automatische Tiefensteuerung bis zu 15 kn. Bei höheren Geschwindigkeiten mußte das Boot mit der Hand gesteuert werden.

Die Gesamtansicht der automatischen Kurs- und Tiefensteuerung für V 80 auf dem Prüffeld der Askania im September 1940.

Am 8. Juli 1942 erreichte V 80 die höchste gemessene Unterwassergeschwindigkeit von 26,5 kn, was damals Weltrekord für U-Boote darstellte.

Ende 1942 war die Erprobung des Bootes abgeschlossen. Es hatten sich keine Probleme ergeben. Unterwasserfahrten mit 20 kn wurden als komfortable Routinevorgänge angesehen. Bei Erprobungen im flachen Wasser gab es zwar zweimal Grundberührungen, wobei bei hoher Geschwindigkeit ein Behälter mit T-Stofftanks aufgerissen wurde, ohne daß das Boot dabei in Gefahr geriet.

Hellmuth Walter im Kreise seiner V 80-Crew nach einer Versuchsfahrt. Oft saß er selbst am Steuer.

1943 wurden mit V 80 noch drei Vorführungsfahrten durchgeführt und das Boot anschließend stillgelegt. Vor der Räumung des Walter-Stützpunktes in Hela wurde V 80 am 29. März 1945 in der Danziger Bucht durch Sprengung vernichtet.

Hauptangaben V 80

↑-Verdr. 73,25 m^3	Gewichte: Leeres Schiff (mit Ballast)	48,319 t
↓-Verdr. 76,00 m^3	Zuladungen:	
↓-Form 85,50 m^3	Treibstoffbunker Spt.12-20	9,180 t
	Treibstoffbunker Spt.27-37	12,036 t
	Schmierölzelle Spt. 7-12	1,189 t
Länge 22,05 m	Restwasser Tauchzellen	0,120 t
Breite 2,10 m	Reserve (Regelzelle)	1,242 t
Seitenhöhe bis Deck 3,53 m	Besatzung	0,500 t
Tiefgang 3,20 m		73,216 t

Stabilität ↑-MG = 0,189 m	Tauchzelle 1 (hinten)	1,268 t
↓-FG = 0,240 m	Tauchzelle 2 (mitte)	0,861 t
	Tauchzelle 3 (vorn)	1,604 t
	Trimmzelle vorn und hinten je	0,510 t

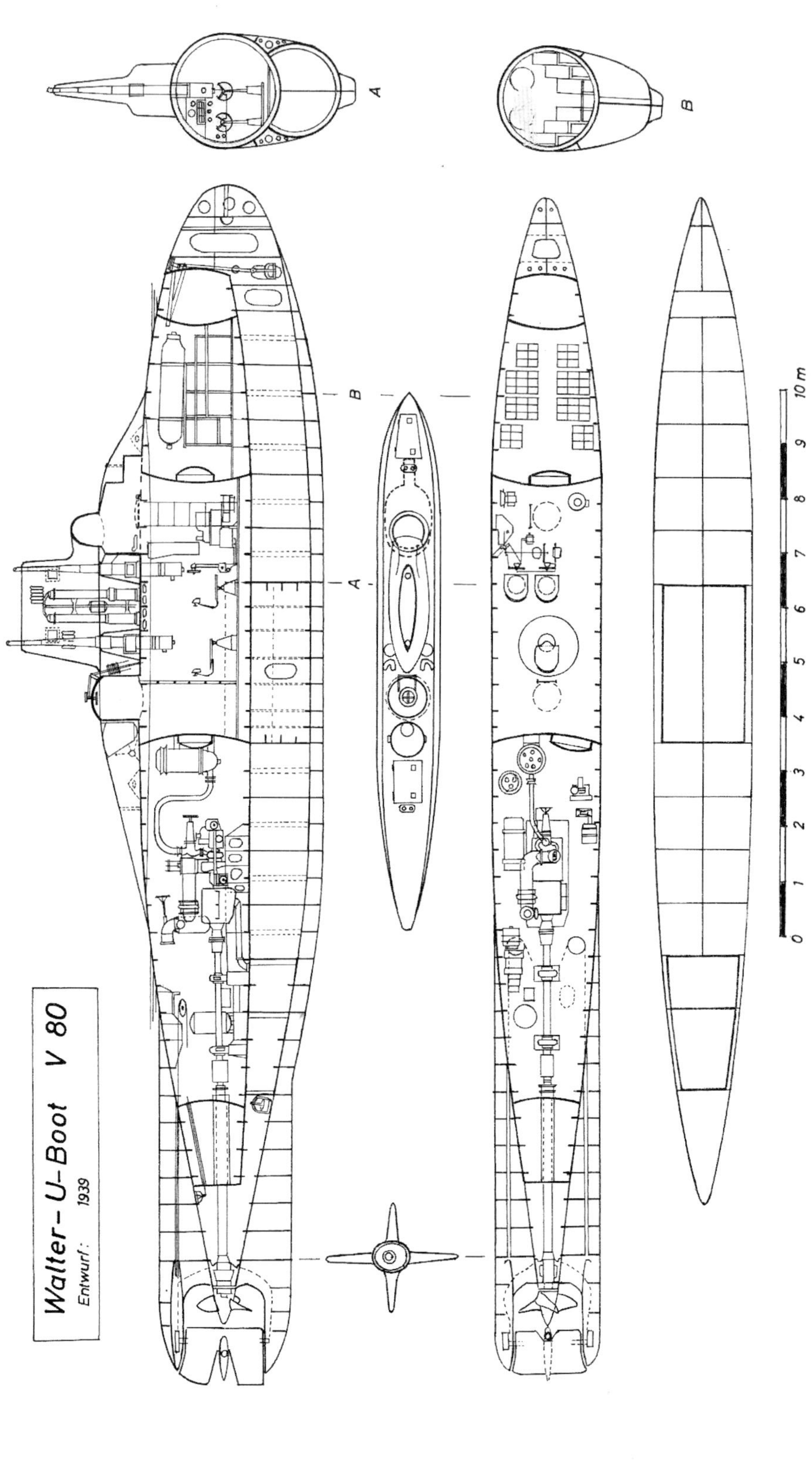
Walter-U-Boot V 80
Entwurf: 1939
A
B
0 1 2 3 4 5 6 7 8 9 10 m

Tauchtiefe 100 m

Antriebsanlage: 1 Krupp-GW Walter-Turbine
mit ca. 2000 PS/20000 U/Min
Planetengetriebe (20:1 Untersetzung)

max. ↓-Geschwindigkeit ca. 27 kn
↓-Fahrbereich ca. 50 sm/27 kn

Stahlkonstruktion: Druckkörper-∅ 2,10 m
Max. Plattenstärke 8 mm
Spantenabstand 500 mm
Spantprofil Flachwulst 100 x 6,5 mm

4 Mann Besatzung
keine Bewaffnung

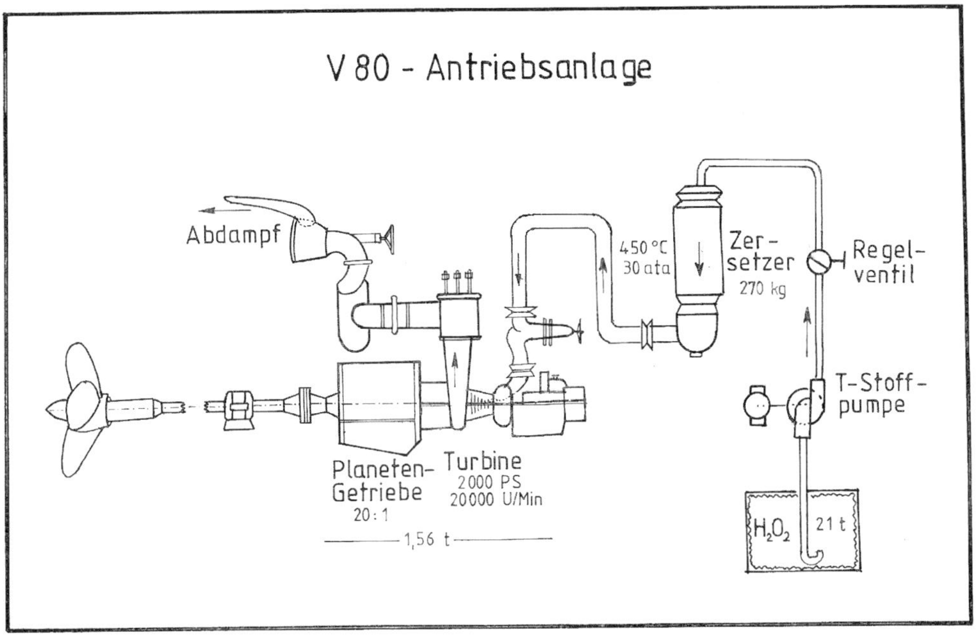

Überwasserfahrt von V 80 mit vorn geändertem Außenschiff (Wellenabweiser) bei bewegter See.

V 80 neben dem Begleitboot INGO.

V 80 im Schlepp von INGO. Im Hintergrund POLYP.

Heckansicht von V 80 im Schwimmdock.

Blick auf den Steuerstand und den vorderen Teil der Zentrale von V 80.

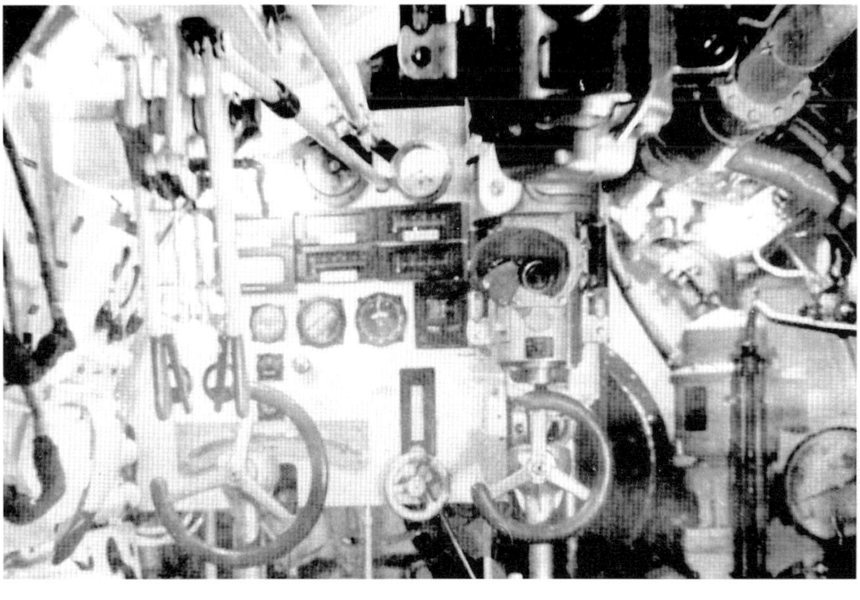

Der hintere Teil der Zentrale mit der Schottwand des Turbinenraumes, an der Meß- und Bedienungsgeräte für den Walter-Antrieb angebracht sind.

Blick in den hinteren Teil des Maschinenraumes von V 80. Rechts vorn ist das Planetengetriebe von Stoeckicht zu erkennen.

3. Die Sackgassen V 300, V 301 und Typ XVIII

Am 9. November 1939 war von der HWK bei Krupp-GW unter der Arb.Nr. 2315 eine große Gasturbinenanlage für 4-5000 PS bei ↑-Fahrt mit Außenluft und 11000 PS bei ↓-Fahrt mit zersetztem T-Stoff (H_2O_2) in Auftrag gegeben worden. Die Turbinenschaufeln sollte die Fa. Leistritz herstellen. Der Schätzpreis für die Turbinenanlage betrug 250000 RM.
Sie gehörte zu einer Walter-Antriebsanlage (Projekt 267 vom 8.9.39) mit einer Vorschalt-, einer Niederdruck- und einer Hochdruckturbine sowie Zersetzer und Brennkammer. Sämtliche Hilfsanlagen wie Pumpen, CO_2-Verdichter, Generator sollten von Hilfsturbinen angetrieben werden, die von der Anlage gespeist wurden.
Für ↓-AK-Fahrt sollte der HD-Teil 5440 PSi bei einem Durchsatz von 36 t/h und der ND-Teil 5780 PSi bei 41,3 t/h, also die Anlage insgesamt eine Leistung von 11220 PSi entsprechend 10950 WPS erbringen. Bei der Marschfahrt waren mit der Vorschaltturbine (ohne Verbrennung) bei 1,85 t/h Durchsatz 190,5 PSi, mit dem ND-Teil bei 4,14 t/ h 562,5 PSi, mit dem HD-Teil bei 3,6 t/h 530 PSi, also insgesamt 1283,0 PSi entsprechend 1140 WPS vorgesehen. Ferner enthielt diese für ein großes U-Boot vorgesehene Anlage zwei Dieselmotoren für ↑-Fahrt, einen E-Motor für ↓-Schleichfahrt und die zugehörigen Getriebe.
Als HWK 1942 für das Projekt eines großen Walter-U-Bootes (V 301) einen 2 x 5000 PS-Antrieb auf der Basis der inzwischen geschaffenen Testanlage mit der 2000 PS-Turbine von V 80, jedoch zusätzlicher Verbrennung, vorgesehen hatte., wurden die Arbeiten für die 11000 PS-Turbine gestoppt. Am 29. März 1943 gab HWK die Anlage zur Verschrottung frei. Die HD-Turbine war zu diesem Zeitpunkt zu 80% und die ND-Turbine zu 95% fertiggestellt. Allerdings hatte es GW damit nicht eilig, so konnte HWK am 17. September 1943 der GW einen neuen Auftrag mit der Arb.-Nr. 11131 für die Fertigstellung der beiden Turbinen erteilen. Vermutlich sollten sie für eine Versuchsanlage benutzt werden. Die Arbeiten wurden aber nicht wieder aufgenommen.

Für die Konstruktion eines frontfähigen U-Bootes mit Walter-Antrieb erhielt HWK im Januar 1940 vom OKM einen Entwicklungsauftrag. Der Zweck dieses Auftrages war, die mit V 80 begonnene Entwicklung zu einem atlantikfähigen U-Boot mit möglichst hoher ↓-Leistung weiterzuführen und nach den Erfahrungen mit der V 80-Antriebsanlage dann dieses auch zu bauen.
Das etwa 300 t große Boot sollte weitgehend nach den bewährten Grundsätzen der bisherigen U-Boote, jedoch mit einem Sonderantrieb für schnelle ↓-Fahrt gebaut werden. Es sollte dafür zwei Turbinen von je 2000 PS besitzen und keine Blasenabgasspur aufweisen. Für ↑-Fahrt waren zwei Dieselmotoren von je 300 PS vorgesehen.
Bereits am 25. Oktober 1939 war zwischen HWK und Krupp-GW ein Vertrag über die gemeinsame Bearbeitung von U-Bootprojekten abgeschlossen worden. Am 14. März 1940 schrieben die GW-Direktoren Schrödter und v. Sanden an HWK:

Wir bestätigen die in der Unterredung vom 1.3.1940 mit Ihrem sehr geehrten Herrn Walter getroffenen Abmachungen wie folgt:
Schiffs-Projekte mit Ihrem Antriebsverfahren, insbesondere auch U-Boot-Projekte für das OKM, werden von HWK und GW in engster Gemeinschaft ausgearbeitet und vorgelegt. Für die Ausarbeitung wird ein gemeinsames Projektbüro eingerichtet, zu dem Ihrerseits Herr Dr.Küntzel für die Antriebsanlage mit 3 bis 4 Mitarbeitern bestellt werden. Von unserer Seite gehören diesem Büro die Herren Wagner, Peine und Schümann für Schiffbau, sowie Herr Hemberger für den Maschinenbau, und zwar für diesen in dem gleichen Umfang, in den für unsere U-Boot-Neubauten unser Büro M 2 zuständig ist. Die Herren Wagner und Hemberger sind in ihren technischen Entscheidungen bezüglich der Projektierung grundsätzlich frei, jedoch mit der Verpflichtung,, Herrn Direktor Cords für den Schiffbau und Herrn Oberingenieur Etzbach für den Maschinenbau fortlaufend zu unterrichten. Bei besonders

wichtigen und schwierigen Fragen ist die Entscheidung des Rechtsunterzeichneten [v. Sanden] einzuholen.
Die Kosten des Büros werden beiderseits laufend festgestellt. Jeder Teil trägt die Personalkosten für die von ihm gestellten Kräfte. Außerdem zahlen wir Ihnen für die Benutzung der Büros in Ihren Räumen eine abgemessene Miete. Über die Höhe dieser Miete erbitten wir Ihren Vorschlag.
Dem OKM werden Kosten für eingereichte oder von ihm angeforderte bzw. gewünschte Projekte grundsätzlich nicht berechnet.
Das Büro nimmt seine Tätigkeit voraussichtlich am 1. April 1940 auf. Die Erweiterung des Personals, z.B. auf Hilfskräfte für den Turbinenbau und die Elektrotechnik, bleibt uns vorbehalten. Solange diese Erweiterung nicht stattfindet, ist für Fragen des Turbinenbaus unser Herr Sieglitz heranzuziehen, der aber nicht zu dem Projektbüro gehört.
Die endgültige Form der Projekte wird von Ihrem Herrn Walter und dem Rechtsunterzeichneten festgelegt, und die .Vorlagezeichnungen werden von diesen beiden Herren unterzeichnet.
Bei uns in Bau gegebene Boote mit Ihrem Antriebsverfahren werden von den hierfür bei uns zuständigen Konstruktionsbüros S 1 bzw. S 2, M 2 und M 1-T bearbeitet.

Walters Vorschläge und Angebote für die Marine wurden im K-Amt bis 1939 federführend von Dr.-Ing. Piening und anschließend von Marinebaurat Waas bearbeitet. Waas war von Walters Ideen für ein Unterwasser-Schnellboot (US-Boot) sehr beeindruckt. Im Februar 1940 hatte er in einer Denkschrift den Bau und die Erprobung einer Nullserie von sechs U-Booten mit Walter-Antrieb befürwortet. Durch die gleichzeitige Erprobung von mehreren Versuchs-U-Booten müßte es möglich sein, daß dieses U-Boot mit den vielen neuartigen Maschinen und Einrichtungen in maximal drei Jahren frontfähig wäre. Die U-Bootabteilungen im K-Amt waren aber nicht bereit, die dafür erforderliche Beeinträchtigung der für den U-Bootkrieg anlaufenden Serienfertigung vorhandener U-Boottypen zu akzeptieren, da ja noch nicht einmal eine Landerprobung der neuen Antriebsanlage erfolgt sei. Erst danach und nach abgeschlossener Konstruktion sollte ein Versuchsboot in Auftrag gegeben werden. Ein zweites Boot wäre möglich.
Am 1. März 1941 notierte der GW-Direktor von Sanden zu einer möglichen Auftragsvergabe für das Walter-U-Boot, daß seiner Größe entsprechend die Bezeichnung V 300 erhalten hatte:

Herr Ministerialdirektor Brandes teilte bei seinem gestrigen Besuch auf der Germaniawerft noch mit, daß entgegen den früheren Mitteilungen von Herrn Baurat Waas die Auftragserteilung auf die beiden Boote noch aufgeschoben sei. Diese soll nunmehr erst erfolgen, wenn das am 18. März 1941 beim OKM zu besprechende neue Projekt von der Arbeitsgemeinschaft Krupp-Walter vorgelegt sei.
Vorläufig bleibt also die Angelegenheit V 300 noch gänzlich im Projektstadium und somit auch Angelegenheit des KW-Büros allein.
An der Besprechung am 18. März 1941, 12 Uhr vormittags, bei Herrn Brandes, die leider unvermeidlicherweise auf den gleichen Tag fällt wie die Sitzung des Nachbaubüros Schiffbau, nehmen seitens Germaniawerft außer den Sachbearbeitern des KW-Büros teil: Herr Direktor Cords, Herr Etzbach, Herr Sieglitz, Herr Peine, Herr Frässdorf und der Unterzeichnete (v. Sanden).

Die Entwurfsarbeiten für V 300 gingen davon aus, daß das U-Boot mit zwei 2000 PS-Turbinen ↓ 25 kn erreichen sollte, eine Torpedobewaffnung von zwei 7 m-Rohren und vier Reservetorpedos, eine kleine Dieselanlage für Überwasserfahrt und eine kleine E-Anlage für Schleichfahrt und Akku-Aufladung haben müsse. Man nahm an, daß dies mit einem U-Boot von ca. 360 t (entsprechend der Größe von Typ II D) zu verwirklichen wäre,
Es zeigte sich aber rasch, daß dies nicht möglich war. Der Entwurf V 300 II vom 30. September 1940 sah ein U-Boot vor, das äußerlich bis auf den größeren Zentralaufbau mit dem geräumigen offenen Fahrstand eine gewisse Ähnlichkeit, besonders im Heckbereich, mit den bisherigen Walter-Entwürfen hatte. Der Bugraum mit der Torpedoanlage und den Besatzungskojen (L = 13,30 m), die Zentrale mit einem Steuerpult wie bei V 80 und zwei Sehroh-

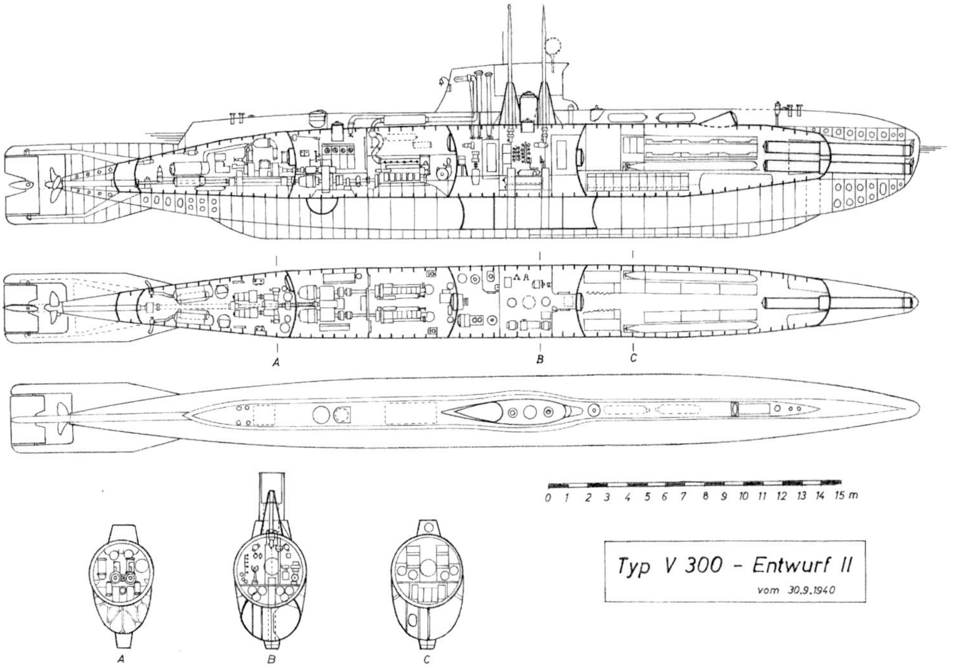
A
B
C
0 1 2 3 4 5 6 7 8 9 10 11 12 13 14 15 m
A
B
C
Typ V 300 - Entwurf II
vom 30.9.1940

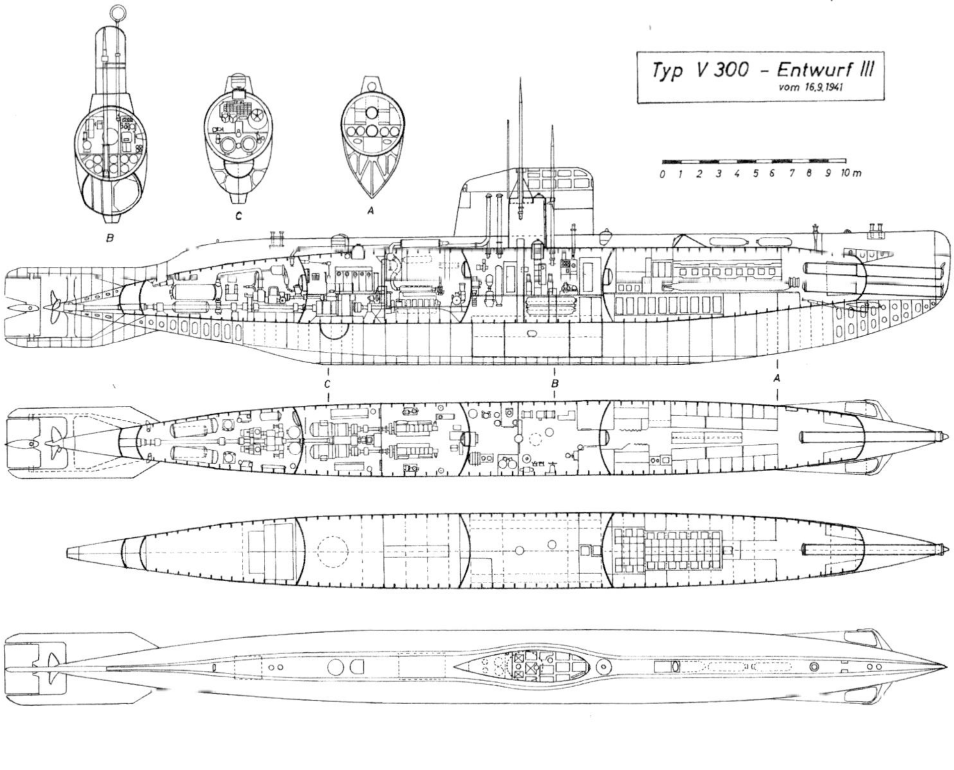
Typ V 300 - Entwurf III
vom 16.9.1941
B
C
A
0 1 2 3 4 5 6 7 8 9 10 m
C
B
A

ren (L = 7,20 m), der Diesel- und E-Maschinenraum von je 4,20 m Länge entsprachen weitgehend bewährten Vorbildern. Der große Heckraum (L = 7,80 m) mit den Turbinen, dem Zersetzer, der Brennkammer und den Kondensatoren wurde von HWK entworfen. Um den Zentralaufbau und damit den Formwiderstand des Bootes möglichst klein zu halten, hatte man auf einen Turm und eine größere Ausfahrlänge des Angriffssehrohres verzichtet. Dennoch waren die ursprünglich angestrebten 25 kn ↓-Geschwindigkeit mit dem jetzt etwa 540 t großen U-Boot nicht mehr zu erreichen.
Die Prüfung dieses zweiten Entwurfes zu V 300 führte dann zu einer Reihe von betriebsbedingten Änderungen und Forderungen der Marine. Die wichtigste Änderung betraf den von der Skl gewünschten Turm. Dies führte aus Stabilitätsgründen zu einer Vergrößerung des Druckkörperdurchmessers und der Seitenhöhe. Der Bugraum mußte um zwei Spantenabstände (1,20 m) verlängert werden, um den Erfordernissen der Torpedonutzung genügen zu können. Die Zentrale wurde ebenfalls um 1,20 m verlängert. Auch der E-Maschinenraum benötigte mehr Platz für die E-Maschinen und das Getriebe. Wegen der erforderlichen Vergrößerung der Kondensatoren mußte der Heckraum wie der E-Maschinenraum um je einen Spantenabstand (60 cm) ausgedehnt werden. Der Bug erhielt eine für die ↑-Fahrt günstigere Form.

Da keine hohe Dringlichkeit für diese Arbeiten bestand, konnte der geänderte Entwurf III erst am 16. September 1941 vorgelegt werden. Die durch diese Änderungsarbeiten auf 610 t gestiegene Verdrängung und der große Zentralaufbau ergaben nach Schleppversuchen jetzt nur noch eine maximale ↓-Geschwindigkeit von 19 kn. Daran änderte auch die mit einer Plexiglashaube geschlossene Brücke nur wenig. Dies war für Walter völlig unbefriedigend und entsprach nicht mehr seiner Vorstellung von einem US-Boot. Jedoch sollten zwei U-Boote dieses Typs möglichst rasch als Schulboote gebaut werden.

Hellmuth Walter neben Großadmiral Dr.h.c.Raeder bei der V 80-Vorführung am 14. November 1941 im Flottenstützpunkt Hela.

Da zur gleichen Zeit V 80 bei den Erprobungen vor Hela sich gut bewährte und bei Meilenfahrten mit 66% Leistung bereits 23,1 kn erreicht hatte, beschlossen Walter und Waas, den ObdM sowie die zuständigen Amtschefs zu einer Vorführung von V 80 nach Hela einzuladen, wobei Walter seine Ansicht von einem frontfähigen US-Boot vortragen wollte. Dazu kam es am 14. November 1941.
Während Raeder von V 80 sehr beeindruckt war, interessierte sich der K-Amtschef, Admiral Fuchs, mehr für das dort auch liegende Engelmann-Schnellboot, das sich als Fehlkonstruktion herausstellte, jedoch bei der britischem Luftaufklärung einen großen Eindruck machte. Raeder lud Walter zu einer einstündigen Besprechung in seinen Sonderzug nach Gotenhafen ein, wo vereinbart wurde, daß ihm Walter regelmäßig über den Fortgang seiner Arbeiten informieren sollte.
Am 5. Januar 1942 berichtete Walter in einem Gkdos-Schreiben Raeder erstmals über die augenblickliche Situation bei der Schaffung der neuartigen U-Boote:

Sehr geehrter Herr Großadmiral!
Nachdem Sie mir in der Besprechung am 14. November 1941 in Gotenhafen anbefohlen hatten, mindestens dreimonatlich persönlich zum Vortrag bei Ihnen zu erscheinen, habe ich mir erlaubt, Ihnen heute insbesondere über den Stand der Arbeiten am Unterseeschnellboot folgendes vorzutragen:
Am 17.12.1941 wurde mir von Herrn Oberbaurat Waas im Auftrage des K-Chefs eröffnet, daß für den Bau der V 300-Boote Sparstoffe, insbesondere Kupfer, nicht zur Verfügung gestellt werden könnten. Damit ist der Bau dieser Boote praktisch blockiert. Außerdem war bis dahin der Bauauftrag an die Germaniawerft noch nicht erteilt worden. Da die benötigten Sparstoffmengen sehr gering sind und außerdem einige Serienboote für die V 300-Boote ausfallen, was vielleicht hierbei nicht berücksichtigt wurde, wäre es angesichts der Dringlichkeit doch wohl möglich, diese Metallmengen sicherzustellen. Notfalls wären diese wohl auch vom Oberkommando der Wehrmacht oder vom Munitionsministerium durch Sonderzuteilung zu erhalten.
In der oben genannten Besprechung habe ich die Entwicklung von drei Bootstypen vorgeschlagen:
a) Große Boote (aus dem Typ V 300 zu entwickeln)
Die konstruktive Weiterarbeit hat inzwischen zu folgendem Ergebnis geführt:

Gesamtverdrängung	*etwa 600-700 t*
Höchstgeschwindigkeit unter Wasser (Turb.)	*etwa 27 – 28 sm/Std*
Höchstgeschwindigkeit über Wasser (Mot.)	*etwa 14 – 15 sm/Std*
E-Anlage für Schleichfahrt	*vorhanden*
Gesamtfahrstrecke (noch nicht genau ermittelt)	*etwa 5000 – 6000 sm*
Maschinelle Höchstleistung	*etwa 12000 WPS*
Bewaffnung	*4 Bugrohre (9 Torpedos)*

Es wird vorgeschlagen, für diese Boote 2 Hellinge ständig zur Verfügung zu halten und diesen ständig weiter zu entwickelnden Bootstyp fortlaufend zunächst in kleiner Stückzahl zu bauen.
b) Mittelgroße Boote
Die konstruktive Entwicklungsarbeit führt hier zu folgendem vorläufigen Ergebnis:

Gesamtverdrängung	*etwa 240 – 250 t*
Höchstgeschwindigkeit unter Wasser (Turb.)	*etwa 30 – 32 sm/Std*
Höchstgeschwindigkeit über Wasser (Mot.)	*etwa 10 – 11 sm/Std*
E-Anlage für Schleichfahrt	*vorhanden*
Gesamtfahrstrecke (noch nicht genau ermittelt)	*etwa 3000 – 3500 sm*
Höchstleistung der Antriebsmaschinen	*etwa 5000 – 6000 WPS*
Bewaffnung	*2 Bugrohre, 2 Torpedos.*

Diese Boote können im Binnenlande in Teilen erbaut und auf einem Montageplatz an der See endgültig zusammengebaut werden. Damit die Kapazität der Werften und der sonstigen für

die Marine arbeitenden Industrie möglichst wenig in Anspruch genommen wird, wäre es meines Erachtens zweckmäßig, die Organisation dieser Arbeiten dem Munitionsministeriums zu übertragen.
c) <u>Kleine Boote</u>
Ich habe bereits früher – erstmalig 1933 – vorgeschlagen, kleine Boote zu bauen, die auf großen Über- oder Unterwasserschiffen mitgeführt werden können. Ein Entwurf für ein solches etwa 60 t großes Boot wurde ausgeführt. Es ergeben sich hierfür folgende Daten:

Höchstgeschwindigkeit		*etwa 30 – 31 sm/Std*
Die Reichweite beträgt bei 30 sm/Std		*90 sm*
	bei 20 sm/Std	*200 sm*

Außerdem ist eine kleine elektrische und motorische Notantriebsanlage vorgesehen.
Diese Boote könnten für etwa notwendig werdende Einsätze bereitgehalten und an ihren Einsatzort mit Hilfe von Eisenbahn-, Kanal- oder Überseetransport auf Über- oder Unterwasserschiffen befördert werden. Der Bau dieser Boote wäre meines Erachtens in der Dringlichkeit an dritter Stelle nach den Booten Typ b) und Typ a) zu behandeln. Auch hier müßte man versuchen, die Arbeiten außerhalb des derzeitigen Marine-Kontingentes durchzuführen.

Auch an den Frontbefehlshaber der U-Boote, Admiral Dönitz, der zu der V 80-Vorführung in Hela nicht hinzugezogen worden war, hatte sich Walter mit seinen Sorgen und Vorschlägen gewandt. Dönitz empfing ihn und Waas am 3. Januar 1942 in seinem Hauptquartier in Paris. Über die Unterredung gibt es eine Aufzeichnung von Walter mit dem Datum 5.1.1942:

1) *Der Standpunkt des BdU zum US-Boot ist folgender:*
   Er hat sich bereits 1937 klar und entschieden für das US-Boot ausgesprochen. Er äußerte wörtlich, daß „das Geschenk der hohen Geschwindigkeit, das ihm durch das Walter-Verfahren in den Schoß gefallen sei", rechtfertige, daß alles getan werde, damit ihm endlich entsprechende Boote zur Verfügung gestellt werden können.
   Entscheidend sei für ihn allein die hohe Geschwindigkeit, der sich alle anderen Gesichtspunkte unterzuordnen hätten, da er in der neuen Waffe ein kriegsentscheidendes Mittel sehe, um den Feind zu vernichten.
2) *Am wichtigsten ist nach Ansicht des BdU ein großes Boot für die Atlantik-Verwendung wie der vorgeschlagene Typ a). Wenn aber im Binnenlande ohne zusätzliche Belastung der Marine-Industrie ein kleinerer Bootstyp rasch und in großen Stückzahlen gebaut werden könnte, es wäre hiergegen nichts einzuwenden, insbesondere, wenn auch dieses Boot eine genügend hohe Geschwindigkeit erreichen würde. Der Aktionsradius müßte jedoch so groß sein, daß von den gegebenen Stützpunkten aus das Operationsgebiet nördlich der britischen Inseln erreicht werden kann. Die Mitnahme von mindestens 4 Torpedos muß unter allen Umständen gefordert werden.*

Am 18. Januar 1942 sandte Dönitz ein Fernschreiben an das OKM, in dem er nachdrücklich forderte, die Entwicklung des Walter-U-Bootes im Sinne der vorgetragenen Richtung zu betreiben.
Am 18. Februar 1942 erklärte sich das K-Amt bereit, der Germaniawerft den Bauauftrag für ein U-Boot des Typs V 300 (Bau-Nr. 698) zu erteilen. Die Fertigstellung war für den 11. Januar 1944 vorgesehen. Das zweite V 300-Boot wurde nur als Option betrachtet. Jedoch hatte die GW auch dafür eine Baunummer (799) festgelegt.

Der U-Boottyp V 300 III hatte jetzt folgende Eigenschaften:

Wasserverdrängung	↑ 655 m^3	Länge ü.a.	52,1 m
" "	↓ 725 m^3	Breite	4,0 m
Druckkörper-∅	4,0 m	Tiefgang	5,5 m

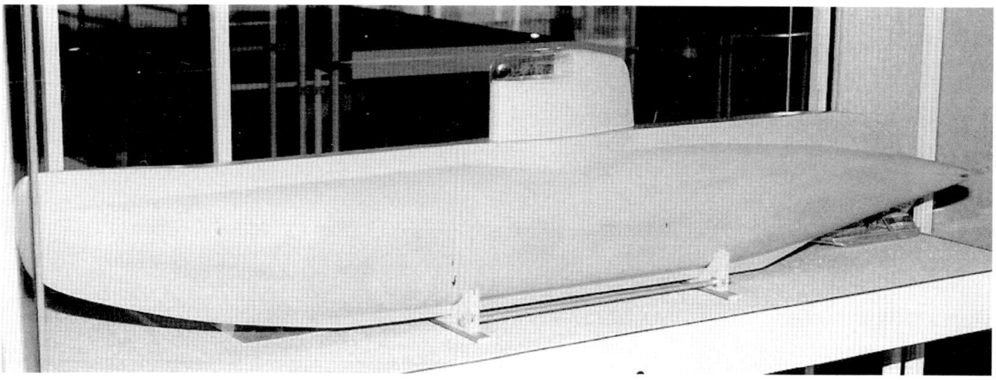

Rumpfmodell von U 791 (V 300 III) ohne Heckflossen und Propeller von H. Kistenich.

Antriebsanlage: 2 Turbinen von je 2180 PS 2 Dieselmotoren von je 150 PS
2 E-Maschinen von je 75 PS Batterie 7460 Ah bei 20 std. Entladung
↓-Fahrstrecke mit Turbinen bei 19 kn und 40 t Treibstoffvorrat 205 sm
↑-Fahrstrecke mit Dieselmotoren bei 9 kn und 34 t Treibölvorrat 2330 sm
↓-Fahrstrecke mit E-Motoren und aufgeladener Batterie bei 4,5 kn 40 sm
Bewaffnung zwei 7 m-Rohre mit 2 + 4 Torpedos Besatzung 25 Mann

Am 14. Januar 1942 hatte die Abt. SP der HWK (Dr. Nielsen) zu Walters Vorschlag „eines kleineren Boottyps" den Entwurf für ein 220 t-Walter-U-Boot mit hoher ↓-Geschwindigkeit vorgelegt. Obwohl man im K-Amt weiterhin der Ansicht war, daß der Serienbau der U-Boottypen VIIC und IXC mit Vorrang zu behandeln sei und jeder Sondertyp dabei nur stören würde, bewirkte das Fernschreiben des BdU, daß die Werft B&V einen Konstruktionsauftrag für diesen Walter-Entwurf eines „kleineren Boottyps" erhielt.

Die HWK-Alternative zum V 300-Entwurf: Das Firmenmodell zu Walters 220 t–Vorschlag für ein US-Boot.

Eigentlich wollte Admiral Fuchs den Bau eines Versuchs-U-Bootes nach diesem Entwurf an die Lübecker Flenderwerke vergeben, doch zeigte sich bald, daß für die Herstellung dieses neuartigen U-Boottyps nur eine große und erfahrene Werft wie B&V geeignet wäre. Überdies würde hier der Serienbau der bisherigen U-Boote weniger als bei einer kleinen Werft gestört werden. Am 19. Juni 1942 bekam dann B&V vom OKM den Bauauftrag für zwei U-Boote des aus dem Walter-Entwurf entstandenen B&V-Typs Wa 201 sowie von HWK den Auftrag für den Bau einer Landtestanlage des zugehörigen Walter-Antriebs.

Danach kam es etwa am 22. Juni 1942 zu einer weiteren Besprechung zwischen Walter und Waas bei Dönitz, diesmal in Anwesenheit mehrerer OKM-Vertreter. Walter ging es hierbei in erster Linie um den personellen Engpaß bei den vielen Aufgaben, die jetzt auf seine Firma zugekommen waren. Über die dabei von Dönitz gemachten Ausführungen notierte Walter in einem Gedächtnisprotokoll:

BdU kommt zu folgenden Vorschlägen:
1) *Die Voraussetzungen für die Fertigstellung von V 300 sind durch Gang der Entwicklung so geändert, daß von dem Weiterbau kein Vorteil erwartet werden kann. Daher Baueinstellung vorgeschlagen.*
2) *Es wird für richtig gehalten, dafür neben den bei Blohm & Voss vergebenen Wa 201 zwei weitere Wa 201 bei GW in Auftrag zu geben. Es ist zu erwarten, daß die Konkurrenz beider Firmen eine gegenseitige Befruchtung in der Bauausführung zeitigen wird.*
3) *BdU hatte nach der Besprechung [im Januar] erwartet, daß die Konstruktion des Atlantikbootes sofort in Angriff genommen wäre, da BdU gerade auf dieses Boot besonderen Wert legt. Es wird gebeten, daß der Fa. Walter sofort der Auftrag zur Vorprojektion dieses Bootes (V 301) gegeben wird. BdU glaubt, daß danach die Durchkonstruktion und nach späterer Entscheidung auch der Bau der ersten V 301 an B&V als leistungsfähigster Werft vergeben werden sollte.*
4) *Zum gleichzeitigen Bau der Wa 201 und Entwicklung V 301 werden von Fa. Walter ein Angebot, desgl. Ingenieure und Techniker sofort benötigt. Nach vorhandenen Unterlagen sind noch nennenswerte Zahlen dieser Kräfte im Bereich der KM als Soldaten vorhanden. BdU hält ihre sofortige Herausziehung in Anbetracht der Kriegswichtigkeit schnellstmöglicher [Fertigstellung der Walter-U-Boote] für notwendig. Er ist selbst bereit, falls sich unter den angegebenen Leuten welche im Bereich der U-Waffe befinden, diese sofort abzugeben, auch wenn sie auf Front-U-Booten eingesetzt sind, und die damit verbundenen Nachteile in Kauf zu nehmen.*

Die Annullierung des V 300-Auftrages erfolgte am 7. August 1942. Gleichzeitig erhielt GW den Auftrag für die Fertigkonstruktion und den Bau von zwei Walter-U-Booten des Wa 201-Typs, der bei GW die Bezeichnung WK 201 und später WK 202 erhielt.
Als erster Frontoffizier wurde Ende September 1942 der Leitende Ingenieur von U 203, Dipl.-Ing. Heep, für HWK freigestellt. Er war von Walter auf Empfehlung des Professors Pflaum der TH Berlin angefordert worden.

Über die Entwicklung und Konstruktion des von Dönitz besonders gewünschten Typs V 301 wurde von der 1/Skl 1b in der Anlage 5 für eine am 28. September 1942 vorgesehene Besprechung mit Hitler in der Reichskanzlei über den U-Bootkrieg in Pkt. III ausgeführt:

Zwecks Schaffung eines atlantikfähigen U-Bootes mit hoher Unterwassergeschwindigkeit wurde zunächst weiterhin an der Konstruktion des Typs V 300 festgehalten und der Bauauftrag an die Germaniawerft im Februar 1942 vergeben. Das Boot war als Schulboot gedacht, um an ihm Besatzungen zu schulen und gleichzeitig Aufstellung der Waffen und ihre Verwendbarkeit zu erproben.
Das Jahr 1942 brachte bezüglich Bauweise und Einrichtungen der Maschinenanlage der kleinen Boote (Wa 201) neuartige Erkenntnisse, die dazu führten, den Bau von V 300 aufzugeben, weil dieses Boot auf Grund der neuen Lage keine geeignete Vorstufe für ein atlantikfähiges großes Boot mehr darstellen kann.
Die Konstruktion für ein Atlantikboot muß deshalb neu in Angriff genommen werden. Die Planung bei der Firma Walter und spätere Durchkonstruktion durch eine Schiffbauwerft (gegebenenfalls wieder Germaniawerft und Blohm & Voss in Konkurrenz) benötigen etwa einen Zeitraum von ½ Jahr; danach kann entschieden werden, ob ein diesem Konstruktionsplan entsprechendes Boot in Bau gegeben werden soll. Die Planung bei der Firma Walter stößt

z.Zt. wegen Personalmangels auf gewisse Schwierigkeiten. 20 Ingenieure, die von der Firma Walter hierfür namhaft gemacht worden sind, sollen nach Möglichkeit von der Kriegsmarine freigestellt werden. Prüfung läuft.

Die Forderungen an ein atlantikfähiges U-Boot sind folgende:
1. Größe 800 t   2. Fahrbereich ↑ 7-8000 sm   3. ↑-Geschwindigkeit 15 kn
4. ↓-Geschwindigkeit 26-27 kn   5. Torpedoarmierung 4 Rohre (vorn) 16 Torpedos.

Dieser U-Boottyp soll mit V 301 bezeichnet werden. Die Angaben entstammen Überlegungen von Walter, die rechnerisch noch nicht durchgearbeitet und überprüft sind.
Der Bauauftrag für das Schulboot V 300 ist bei der Germaniawerft inzwischen annulliert worden.

Zu den neuen Walter-U-Bootentwürfen Wa 201 und V 301 hielt der Walter-Referent im K-Amt, MOBaurat Waas, in dieser Besprechung vor Hitler einen Vortrag, bei dem er Pläne zu dem kleinen Boot vorlegen und erläutern konnte. Genauere Angaben und insbesondere Pläne zu dem großen Boot, für das sich Dönitz besonders einsetzte und Hitlers Unterstützung gewann, waren angeblich noch nicht vorlagereif.

Inzwischen waren aber die Konstruktionsarbeiten in der HWK schon erheblich weiter gediehen. Am 10. Oktober 1942 konnte die Projektabteilung unter Dr. Nielsen bereits einen durchgerechneten Entwurf für das V 301-Projekt, der die Bezeichnung Pr. 476 Entw. II erhalten hatte, als HWK-Bericht S 28 vorlegen. Aus der sehr detaillierten Projektbeschreibung sollen einige wichtige Abschnitte hier angegeben werden:

A) Einleitung

Der vorliegende Entwurf P 476 stellt ein Unterwasser-Schnellboot dar, das auf Grund seiner Einrichtungen und Leistungen über große Entfernungen hin im Seekrieg eingesetzt werden kann.
Es ist ausgerüstet mit einer Sonderanlage, die es ermöglicht, bei Unterwasserfahrt Geschwindigkeiten zu erreichen, die ein Vielfaches der bisher erzielten betragen. Für die Überwasserfahrt besitzt es eine Dieselanlage, die der üblichen Ausführung ähnelt und den geforderten großen Aktionsradius ergibt. Außerdem ist eine elektrische Antriebsanlage vorgesehen für kleine ↓-Geschwindigkeiten bei Schleichfahrten usw.
Die Forderung nach großer ↓-Geschwindigkeit bedingt eine Bootsform, die zwar von der bisher gewohnten abweicht, trotzdem aber für die Verhältnisse der ↑-Fahrt kaum im Nachteil gegenüber den üblichen Bauarten ist.
Wegen der damit verbundenen Erhöhung des Widerstandes ist eine artilleristische Ausrüstung des Fahrzeuges in der gewohnten Weise nicht durchzuführen,; den bisher verwendeten Typen ist es aber durch die Anbringung von 6 Ausstoßrohren im Bug sowie durch Mitnahme von 20 Torpedos überlegen.

B) Hauptwerte

a) Hauptabmessungen

Länge über alles	67,70 m
Größte Breite auf Mallkante Außenhaut	5,75 m
Länge des Druckkörpers	51,50 m
Größter Durchmesser des Druckkörpers auf Innenkante des 26 mm dicken Mantels	5,098 m
Mallkante Außenhaut (UKK) unter Innenkante Druckkörper	2,201 m
Kieldicke	0,020 m
Kielbreite	1,300 m
Gesamthöhe des Bootes von UKK bis Seite Oberdeck auf ½ L	8,05 m
Gesamthöhe des Bootes bis höchster fester Punkt	10,86 m

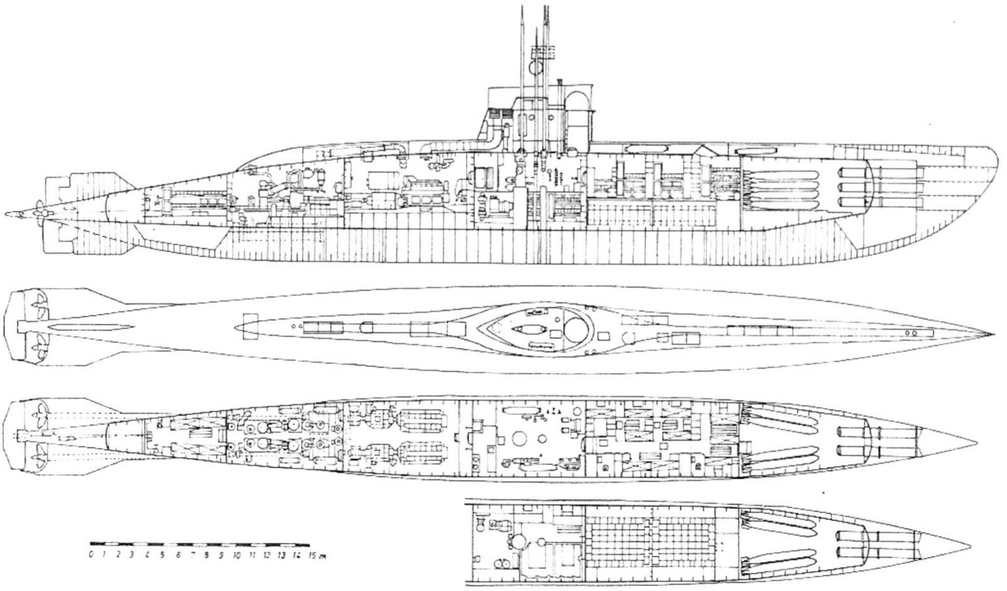

V 301 – Pr 476 Entwurf II vom 1.10.1942.

b) Verdrängung, Tiefgänge und Stabilität

Verdrängung des Druckkörpers mit Anhängen	917,944 m^3
Inhalt der Treibmittelzellen (Treibstoff u.Treiböl, davon Tauchbunker 67,45 m^3)	263,75 m^3
↓-Verdrängung	1181,70 m^3
Tauchzellen	130,25 m^3
Durchflutete Räume	186,25 m^3
Gesamte Formverdrängung	1524,25 m^3
Gewicht bei $\gamma = 1{,}015$	1200,00 m^3
Tiefgang auf ½ L	6,25 m
Trimm steuerlastig	0,195 m
Tauchtiefe bei 2,5-facher Sicherheit	130,0 m
Stabilität bei ↓-Fahrt	0,383 m

U-Schnellboot P 476 auf Sehrohrtiefe.

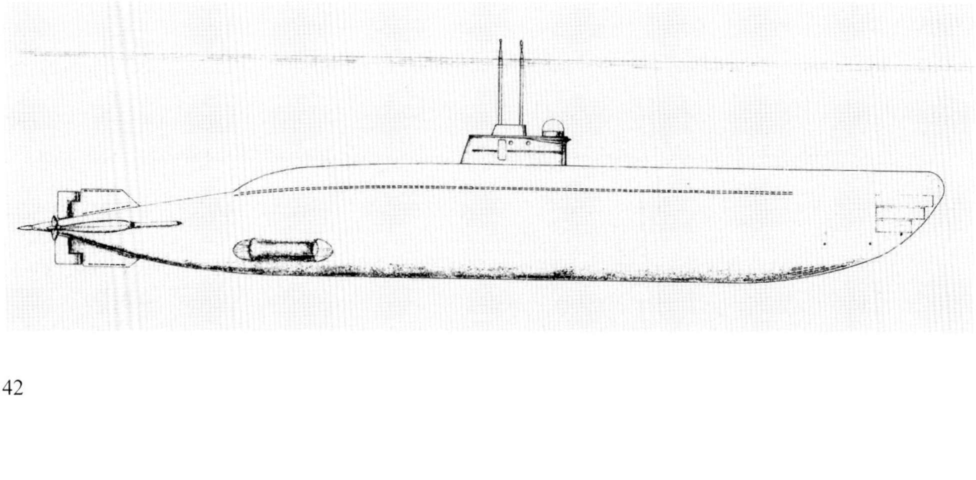

c) Bewaffnung

6 ↓-Torpedobugrohre und 20 Torpedos G5u
2 MG 34 und 10000 Schuß MG-Munition
2 Maschinenpistolen, 6 Mauserpistolen 7,65 mm und 2 Sternsignalpistolen .....

d) Besatzung

45 Mann (1 Kommandant, 3 Offiziere, 5 Oberfeldwebel, 10 Unteroffz. u. 26 Mannschaften)

e) Mitgeführte Treibmittel- und Ölmengen

1) Aurol [H_2O_2]	175 t
2) Treiböl für Dampferzeugung	20 t
3) Dieselöl	116 t
4) Schmieröl für Turbinen und Diesel	etwa 10 t

f) Geschwindigkeiten und Fahrbereiche

1) Fahrt mit Turbinen ↓ bei 25 m Tauchtiefe über UKK

Geschwindigkeit in kn	15	20	25	26,5
Leistung der Turbinen in PS	3200	5200	9000	12000
Fahrzeit in Stunden	23,7	16,5	9,7	8
Fahrstrecke in sm	335	330	243	215

2) Fahrt mit Dieselmotoren ↑

Geschwindigkeit in kn	8	10	12,5	14
Leistung der Motoren in PS	450	800	1600	2400
Fahrzeit in Stunden	1430	850	435	285
Fahrstrecke in sm	11500	8500	5400	4000

3) Fahrt mit E-Motoren ↓

Die Leistung der E-Maschinen ist nicht nach den Erfordernissen der ↓-Fahrt ausgelegt, da hierfür die Turbinenanlage maßgebend ist. Die ↓-Geschwindigkeiten im E-Betrieb werden zwischen 1,5 und 6 kn liegen. ...

C) Schiffskörper

Die primäre Forderung einer hohen Unterwasser-Geschwindigkeit macht, um die Oberfläche klein zu halten, eine gedrungene Form des Bootes erforderlich. .....
Die Linienführung ist aus der von Wa 201 entwickelt, so daß die hierfür bereits vorliegenden Schleppresultate zur Berechnung des bei dem Entwurf zu erwartenden Schleppwiderstandes herangezogen werden können. Wie bei Wa 201 ist auch hier das vordere Tiefenruder in Fortfall gekommen und dafür sind an dem schlank ausgezogenen Heck kreuzförmige Dämpfungsflächen angebracht worden. An die senkrechte Fläche sind die Seitensteuerflächen angesetzt. Die Horizontalflächen haben 2° Anstellung, um das steuerlastige Moment des Schraubenschubs auszugleichen. An ihrer Achterkante liegen die Propeller. Die Wellenleitungen liegen innerhalb der Dämpfungsflächen. Das Tiefensteuer ist hinter den Propellern an einem Ausleger des Schiffskörpers befestigt. ......
Der gemeinsame Steuerstand für Seite und Tiefe ist in der Zentrale vorgesehen. Seine Betätigung erfolgt über Steuerknüppel in sinnfälliger Weise gemeinsam oder getrennt voneinander für Tiefe mit schiebender und für Seite mit drehender Bewegung.
Die Fahrtafel befindet sich oberhalb des Steuerstandes. In ihr sind die zum Steuern notwendigen Geräte angeordnet. Die Impulsübertragung erfolgt elektrisch. Im Falle eines Versagens ist unmittelbarer mechanischer Eingriff vorhanden. Die Steuerimpulse werden der hydraulischen Rudermaschine im Heckraum eingeleitet. Sie besteht aus zwei selbststeuerbaren Pumpen, die das Drucköl den Rudermaschinen, die unmittelbar am Ruder angeordnet sind, über seewasserbeständige Schläuche zuleiten und somit die Verstellung des Ruders bewirken. Der Antrieb der Pumpen erfolgt von einem E-Motor.
......
Der Druckkörper ist für eine Tauchtiefe von 130 m bei 2,5-facher Sicherheit berechnet ($\sigma = 1400$), die druckfesten Schotte mit 60 m Wassersäule und die Trimmzelle mit 35 m WS bei einem σ von 2100, die wasserdichten Schotte gegen 1,1 kg/cm² Druck, die öldichten gegen 1,3 kg/cm² Druck. Die Regelzellen sind für 18 kg/cm² Druck berechnet. Die Dicke der Druckkörperhaut beträgt 26 mm und nimmt nach vorn auf 24 mm, nach hinten auf 20 mm ab. Die Dicke der Haut im Bereich der Zentrale ist auf 30 mm verstärkt. Die Spanten haben bei einem Abstand von 800 mm ein Profil von I 220x15 aus I

280x15. Das Boot kann mit vollen Öl- und Treibstoffbunker docken. Durch die Unterbringung des Treibstoffes in Beuteln ist bedingt, daß das Außenschiff unter dem Druckkörper angeordnet ist.

....

Im Interesse der Widerstandsverminderung ist kein außen liegender Kiel, dafür aber in den Tauchzellen Raum zur Unterbringung von Ballast und der Lotapparatur vorgesehen. Der Brückenaufbau ist abweichend von den bisher üblichen ausgeführt. Es ist für die Bedienung der Sehrohre kein besonderer druckfester Turm aufgesetzt, sondern die Rohre sind in die Zentrale geführt. .... Der Brückenunterbau wird daher beim Tauchen durchflutet. Bei ↑-Fahrt ist das Innere des Unterbaus gegen Schwallwasser geschützt. An Vorderkante Brücke ist ein Beobachtungsstand in einem Turm von 1,6 m Durchmesser vorgesehen. Dieser Turm ist nach oben mit einer Plexiglaskuppel abgedeckt, die einen Außendruck von 20-130 m Wassersäule aushält, während beim Tauchen auf größere Tiefe ein Druckausgleich erforderlich ist. Bei Fahrtstufen, bei denen der Gebrauch der Sehrohre nicht möglich ist, wird ein solcher Stand bei einem kurzen Auftauchen eine Beobachtung des See- und Luftraumes ermöglichen. Außerdem gibt er einen geschützten Steuerstand bei schlechtem Wetter her.
Ferner ist vorgesehen, das Brückenschanzkleid bei ↓-Fahrt zu versenken, wodurch die Widerstandsfläche erheblich verkleinert wird.

....

D) Hauptmaschinenanlage ....

Die [beiden] Turbinen der Bauart BKC sind ausgelegt für einen Anfangsdruck von 30 atü, eine Anfangstemperatur von 550°C und eine Drehzahl von 7500 U/Min bei einer Leistung von 6000 PS. Ihr Gegendruck soll bei voller Leistung etwa 1,0 ata betragen.

....

Die Dampferzeugung wird in der bei dem Walter-Verfahren üblichen Weise vorgenommen: Von einer Dreistoffpumpe werden Aurol, Treiböl und Wasser zum Zersetzer bzw. zur Brennkammer über eine Komponentenregeleinrichtung gefördert. Von der Brennkammer strömt das Wasserdampf-CO_2-Gemisch mit einer Temperatur von rund 550°C und einem der Belastung entsprechenden Druck der Turbine zu. Nach dem Austritt aus ihr wird der Wasserdampf in einem Einspritzkondensator niedergeschlagen, worauf das so entstandene Gemisch aus Wasser und Kohlensäure in einem nachgeschalteten Entgaser getrennt wird. Während die Kohlensäure dem Verdichter zuströmt, drückt eine Pumpe das anfallende Kondensat zusammen mit dem Einspritzwasser in den unter dem Druckkörper befindlichen Kühler, der durch Seewasser beaufschlagt wird. Hier wird fast die gesamte anfallende Abwärme an die Umgebung abgeführt.

....

Zum Antrieb des Fahrzeuges über Wasser sind zwei Dieselmotoren Bauart Klöckner Humboldt Deutz T 12 M 133 vorgesehen mit einer Höchstleistung von 1200 PS je Motor bei 700 U/Min. Die Maschinen arbeiten im Zweitakt. Da sie nicht unmittelbar zum Ausblasen der Tauchzellen verwendet werden können, erhalten sie hierfür ein zusätzliches, abkuppelbares Gebläse.

.....

Als E-Maschinen sind Einanker-Maschinen der Firma Siemens-Schuckert vorgesehen, die für eine höhere Betriebsdrehzahl von 1150 U/Min ausgelegt sind. Sie werden mit einem Luftkühler ausgerüstet ähnlich den Anlagen der bisherigen U-Boote.

Die HWK gliederte sich im Herbst 1942 folgendermaßen:

Geschäftsführer Hellmuth Walter
W (Walter-Geräte) Hauptabteilungsleiter Sass
WK (Entwicklung) Abt.Ltr. v. Köller
WV(Versuche) Abt.Ltr. Flämig
S (Schiffe) Entwicklungschef Walter, Stellvertr. Dr. Küntzel, Assistent Heep
SP und SV Dr. Nielsen, Oestreich; SK Schierlow; TAS Ullrich
TM (Marinetorpedos) Hauptabteilungsleiter Prof. Krämer
TL (Luftwaffentorpedos) Hauptabteilungsleiter Rensch
L (Luftwaffe) Hauptabteilungsleiter Dr. Schmidt (Beerberg und Eberswalde)
B Abteilungsleiter Gautsch

Als Batterie ist die auf den VII C-Booten vorhandene Type MAL 33/800W vorgesehen und zwar zwei Stück.
Die Schaltanlage ist für den besonderen Zweck entwickelt. Sie ist als Einrad-Schaltanlage ausgeführt.
....

Nach den sehr deutlichen Äußerungen zu Gunsten der Walter-U-Boote bei der Besprechung in der Reichskanzlei erhielt dieses Walter-Projekt P 476 eine höhere Priorität als bisher. Notwendig war jetzt die Abstimmung der militärischen Forderungen mit den technischen Gegebenheiten für die Fertigkonstruktion. Im November 1942 fuhren Walter und Waas zusammen mit den Leitern der U-Bootabteilungen im K-Amt, Schürer und Bröking, sowie den für Marinewaffen zuständigen Amtschef Admiral Backenköhler zum BdU nach Paris, um Dönitz den Entwurf des großen Walter-U-Bootes vorzustellen. Die Konstruktion fand mit einigen Änderungswünschen (Verwendung von 7 m-Torpedos, druckfester Turm und Flak-Bewaffnung) seine Zustimmung. Gegen den von Dönitz verlangten sofortigen Serienbau dieses Typs äußerten Waas und Bröking Bedenken, da die Maschinenanlage ja noch in der Entwicklung und im Versuchsstadium sei. Deshalb sollten erst zwei Boote für die Erprobung und evt. notwendige Änderungen vor einer Serie gebaut werden. Für den Bau dieser beiden Boote sollte aber unverzüglich der Entwurf im Sinne der von Dönitz gewünschten Änderungen überarbeitet und dann einer Werft zur Fertigkonstruktion übergeben werden. Dafür wurde die Deutsche Werke Kiel AG (DWK) bestimmt, die am 4. Januar 1943 den Bauauftrag für die beiden großen Walter-U-Boote, die inzwischen die Amtsbezeichnung Typ XVIII trugen, erhielten. Sie bekamen bei der DWK die Bau-Nummern K 330/331, bei HWK die Bezeichnung Wa 401 und bei der Marine die U-Nummern 796 und 797. Als Fertigstellungstermine waren der 27. September und der 22. November 1944 vorgesehen.

Der entsprechend überarbeitete Entwurf P 476 IIB wurde am 15. Januar 1943 von HWK vorgelegt. In diesem Nachtrag zum Bericht S 28 wurde ausgeführt:

Bei der weiteren Durcharbeitung des Entwurfes P 476 haben sich eine Reihe von Änderungen ergeben, die in diesem Nachtrag beschrieben werden. Sie betreffen vor allen den Schiffskörper und die schiffbaulichen Einrichtungen, während der maschinenbauliche Anteil in seinem grundsätzlichen Aufbau beibehalten werden konnte.

Den Anlaß zu einer im Gesamtergebnis bedeutungsvollen schiffbaulichen Änderung gab der Wunsch des OKM, einen druckfesten Turm vorzusehen sowie statt der bisherigen Torpedorohre für 5 m-Torpedos solche für 7 m Torpedos einzubauen. Die Turmänderung ergab, daß die nunmehr vorhandenen Stabilitätswerte für ↑–Fahrt nicht mehr ausreichend waren. Um diesen Mangel wieder auszugleichen, wurden die Tauchzellen weiter nach oben verlegt und die Schwimmfläche verbreitert. Vor allen das Hochlegen der Tauchzellen führte zu einer Gestaltung des Bootskörpers, die schon große Annäherung an ein Zweihüllenboot zeigte.

Die Anordnung der längeren Ausstoßrohre ohne Verlängerung des Bootskörpers brachte Schwierigkeiten in der Aufstellung einer normalen VII C-Batterie, die aus organisatorischen Gründen einer anderen Type vorzuziehen ist. Diese Schwierigkeiten waren zu umgehen, wenn auf die innenliegenden Spanten verzichtet wurde. Aus diesen beiden Gründen ergab sich somit zwangsläufig der Entschluß, den vollständigen Übergang zum Zweihüllenboot zu vollziehen.
Die Änderung bringt zwar den Nachteil, daß die Oberfläche des Bootes und seine Verdrängung etwas vergrößert wird. Ob der Widerstand dadurch merkbar ansteigt, ist erst mit Hilfe von Schleppversuchen zu beantworten. Da jedoch die bisherigen Schleppungen ergeben haben, daß etwa 45 v.H. des Gesamtwiderstandes auf den Turm und die Brücke entfallen, scheint es möglich zu sein, hier durch planmäßige Untersuchungen wesentlich mehr einzusparen, als u.U. durch die Vergrößerung der Verdrängung verursacht wird.

Die Vorteile, die das Zweihüllenboot bringt, sind sehr groß. Außer der Möglichkeit, alle von den Beuteln nach oben führenden Leitungen nicht mehr durch den Druckkörper zu führen, und den Vorteil, bei Fehlen der Innenspanten eine bequemere Verlegung von Rohren, Kabeln usw. im Bootsinnern zu erreichen, kann die Zuladung an Treiböl für die Diesel soweit erhöht werden, daß der geforderte Aktionsbereich mit um 50% höherer Marschgeschwindigkeit eingehalten werden kann. Auch die Zuladung an Treibstoff für den Turbinenbetrieb ließ sich durch die geschilderten Maßnahmen von 175 t auf 245 t erhöhen.

Die wesentliche Änderung der Maschinenanlage besteht darin, daß anstelle des bisher vorgesehenen Deutzer Motors T 12 M133 mit 1200 PS die Type MWM RS 12 26/36a mit 2000 PS bei 850 U/Min angewendet werden soll. Die Wahl ist auf diesen Motor gefallen, weil er im Gegensatz zu dem Deutzer Zweitaktmotor als Viertakter auch zum Ausblasen der Tauchtanks verwendet werden kann. Um eine Ausweichmöglichkeit zu besitzen, wird trotzdem für alle Fälle die Anpassung des Deutzer Motors für den vorliegenden Zweck weiter betrieben.
Ferner treibt der E-Motor die Schraubenwelle nicht mehr über ein Getriebe an, sondern unmittelbar, um bei Schleichfahrt auf alle Fälle störende Geräusche zu vermeiden.

MWM RS 12 26/36a Dieselmotor.

Hauptwerte des Entwurfs P 476 IIB

a) Hauptabmessungen

Länge über alles	67,700 m
Größte Breite auf Mallkante Außenhaut	5,800 m
Länge des Druckkörpers	54,800 m
Größter Durchmesser des Druckkörpers auf Innenkante des 25 mm dicken Mantels	5,100 m
UKK bis Innenkante Druckkörper	2,250 m
Kieldicke	14,20 u. 26 mm
Kielbreite	1,300 m
Gesamthöhe des Bootes von UKK bis Seite Oberdeck auf ½ L	8,000 m
Gesamthöhe des Bootes von UKK bis höchster fester Punkt	12,700 m

b) Verdrängung, Tiefgänge und Stabilität

Verdrängung des Druckkörpers mit Anhängen	1035,7 m³

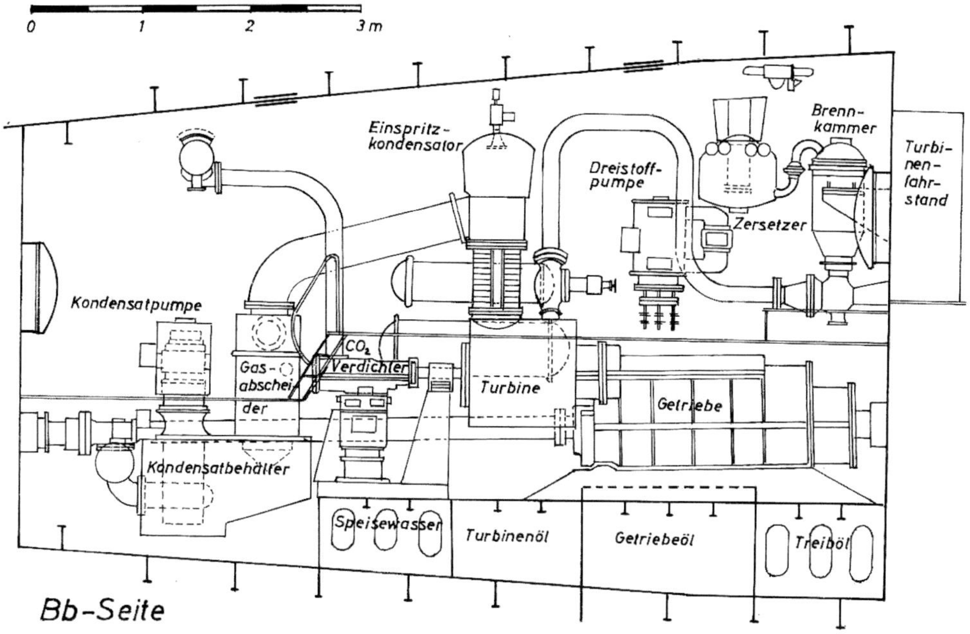

U-Boottyp XVIII Turbinenfahrstand Stb.

U-Boottyp XVIII Turbinenraum.

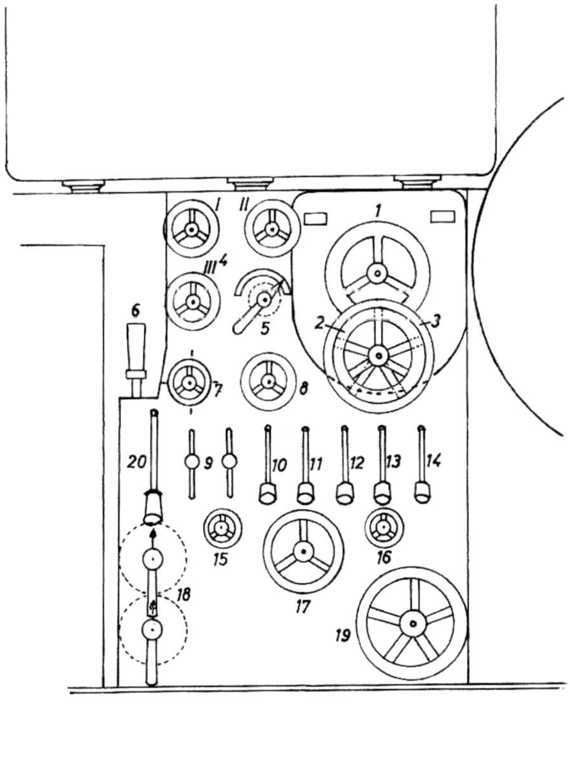

1 Anfahrschalter
2 Drehvorrichtung
3 Abgasventil
4 Fahrventilgruppe Zersetzer Düsenschaltgruppe I–III
5 Zündventil
6 Getriebekupplung
7 Schnellschlußwähler Turbine
8 Treibstoffschnellschlußventil
9 Treibstoffschnellschluß
10 Zersetzer Entwässerung
11 Abscheider "
12 Turbine "
13 Sperrwasserzelle Entwässerung
14 Sperrwasserzelle Entlüftung
15 Sperrwasser Ausg. Leitg. nach Bilge
16 Sperrwasser Absperrung v. Behälter
17 Sperrwasser Ausgußleitung Außenb.
18 Umschalter für Messen Ausg. Ltg.
19 Kondensatabsperrventil
20 Turb. Schnellschluß

Diese Verdrängung muß mit etwa 1086 m³ ausgeführt werden, um die Differenz von 11,6 t zwischen Schiffsgewicht und Auftrieb und den Ballast tragen zu können.

↓-Verdrängung	1453,1 m³
Tauchzellen	186,3 m³
Durchflutete Räume	etwa 197,3 m³
Gesamte Formverdrängung	1836,7 m³
Auftrieb bei $\gamma = 1{,}015$	1474,9 t
Schiffsgewicht bei normaler Zuladung	1486,5 t
Tiefgang auf ½ L	6,57 m
Trimm steuerlastig	0,30 m
Tauchtiefe bei 2,5 facher Sicherheit	130,0 m
Stabilität bei ↓-Fahrt	0,399 m

...

Die Dicke der Druckkörperhaut beträgt 25 mm und nimmt nach hinten auf 22 mm ab. Die Dicke der Haut im Bereich des Turmes ist auf 30 mm verstärkt. Die außen liegenden Spanten haben bei einem Abstand von 800 mm ein Profil von I 260x14. ....

c) Bewaffnung: 6 ↓-Torpedobugrohre mit 20 Torpedos G 7e
2 cm Doppelflak in Drehkranzlafette, im hinteren Teil der Brücke angeordnet
2 MG 34; 2 Maschinenpistolen; 6 Mauserpistolen 7,65 mm; 2 Sternsignalpistolen

d) Besatzung: 47 Mann (Kommandant; 3 Offiziere; 4 Oberfeldwebel; 13 Unteroffiziere; 26 Mannschaften)

e) Mitgeführte Treibmittel- und Ölmengen

1) Aurol	245,4 t
2) Leichtöl für Dampferzeugung	31,7 t
3) Treiböl für Diesel	214,9 t
4) Schmieröl für Turbinen und Diesel	14,0 t

f) Geschwindigkeiten und Fahrbereiche
Fahrt mit Turbinen ↓.
Die mit dem Modell nach Entwurf II [am 19.11.1942 bei der HSVA] durchgeführten Schleppversuche haben ergeben, daß die gerechneten Geschwindigkeiten zu hoch angesetzt sind. Die Ursache liegt darin, daß der Widerstand der Ruder und des Turms etwa 45 v.H. des Gesamten beträgt. Hier lassen sich mit Sicherheit noch Verbesserungen erreichen, so daß die nachstehenden Zahlen nur als untere Grenzwerte anzusehen sind, die am fertigen Objekt überschritten werden dürften.

1) Turbinen-Fahrt bei 25 m Tauchtiefe:

Geschwindigkeit in kn	15	29	24
Leistung der Turbinen in PS	3000	6700	12000
Fahrzeit in Stunden	34,5	18,3	11,2
Fahrstrecke in sm	520	365	270

2) Fahrt mit Dieselmotoren ↑

Geschwindigkeit in kn	6	10	12,5	15	17
Leistung der Motoren in PS	300	600	1300	2660	3500
Fahrzeit in Stunden	2300	1500	720	370	290
Fahrstrecke in sm	18500	15000	9000	5500	4900

In diesen Werten ist der Energiebedarf für Ladung der Batterie und des Bordnetzes berücksichtigt.

3) Fahrt mit E-Motoren
Die einzelnen Geschwindigkeiten liegen zwischen 2 und 8 kn. Die Fahrstrecken und –zeiten liegen in derselben Größenordnung wie die des VII C-Bootes.

Die weiteren Arbeiten bei der HWK und der DWK konzentrierten sich jetzt auf für den Bootswiderstand günstigere Heck- und Turmformen entsprechend den Ausführungen in dem

Nachtrag zum Bericht S 28. Dazu wurde von der HSVA ein Modell des abgeänderten Entwurfes II' mit einem Schneidenheck untersucht. Der HSVA-Bericht 819 führte dazu aus:

Auf Grund der in Bericht 787 zusammengestellten Versuchsergebnisse ist Modell 2423 (Entwurf II) laut Auftrag der DWK vom 15.2.43 in Entwurf II' [Länge ü.a. 68,82 m] abgeändert worden. Die Änderung bezieht sich auf die Ausbildung des Hecks und der Ruderform, und zwar ist im Vergleich zu Modell 2423 die Deckslinie länger über Wasser geführt, um den Wasserlinienauslauf zu verschärfen, und zweitens die beiden mittschiffs vor den Schrauben sitzenden Seitenruder durch ein mittschiffs hinter den Schrauben angeordnetes großes Seitenruder ersetzt worden.
Mit dem geänderten Modell wurden sowohl ↑-Schraubenversuche als auch Steuerdruck- und Rudermomentmessungen ausgeführt.
Die Schraubenversuche zeigten im Vergleich zu den früheren Messungen, daß die Änderung der Wasserlinienlänge infolge des hochgezogenen Decks eine Verschiebung der WPS-Kurve bewirkt, die bei bestimmten Geschwindigkeiten zu einer Verbesserung der Antriebsleistung führt. ...
Die Rudermomentmessungen zeigten, wie vorauszusehen war, daß durch die Vergrößerung der Ruderfläche hinter der Achse das Rudermoment erheblich gestiegen ist. ...

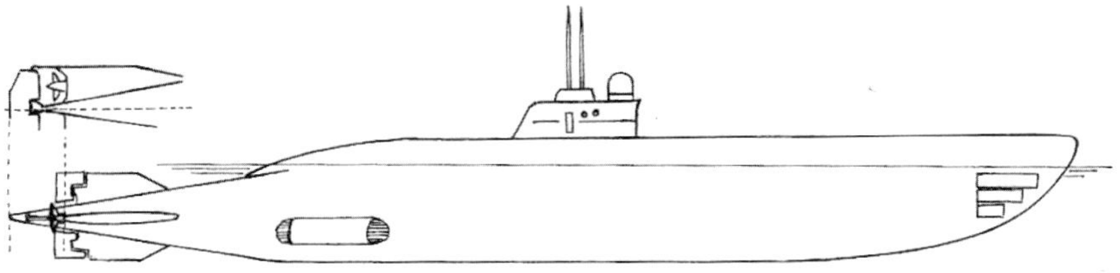

Entwurf II (19.11.42)

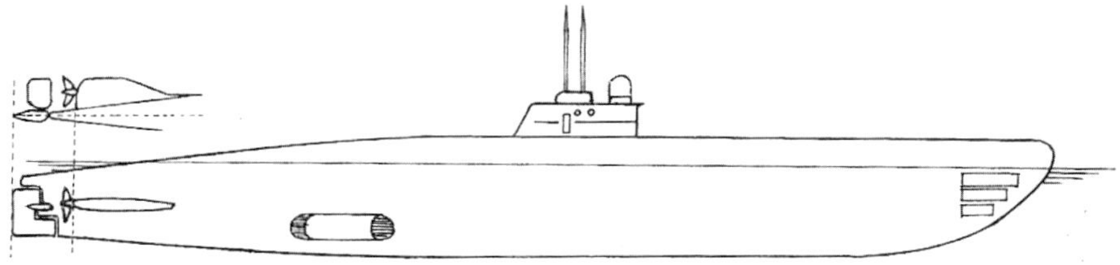

Entwurf II' (15.2.43)

Im weiteren wurde nun auch der Zentralaufbau abgeändert. Von DWK wurden am 5. Februar 1943 drei Ausführungen mit einer geschlossene Brücke und einer Plexiglashaube vorgeschlagen, wobei ein Entwurf die Heckform wie Entwurf II besaß, die anderen beiden ein Schneidenheck mit je einem Seitenruder hinter jedem Propeller hatten.

Schleppmodell-Entwurf 2462 vom 14.5.43 (P 476 IIC) mit stromlinienförmigem Zentralaufbau.

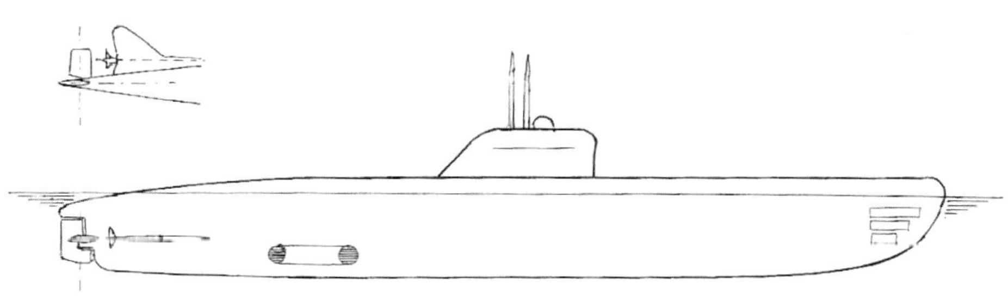

Der endgültig für den Bau ausgewählte Entwurf IIC mit 69,3 m Länge hatte dann ein Schneidenheck mit mittschiffs angeordnetem Seitenruder. Er besaß einen etwas kleineren Zentralaufbau mit einem geschlossener Beobachtungsstand unter einer Plexiglashalbkugel. Mit einem Paraffin- (2462) und einem von DWK gelieferten Holzmodell (2473) wurden nun bei der HSVA umfangreiche Über- und Unterwassermessungen ausgeführt. Dabei erwies sich eine Bugverlängerung um 2 m als notwendig, um die Überspülung des Vorschiffes bei höheren Fahrtstufen zu verhindern. Zu den ↓-Meßergebnissen wurde in dem Bericht 829 vom 14. Mai 1943 ausgeführt:

Gegenüber den ersten Entwürfen ist eine erhebliche Verbesserung eingetreten, die außer auf die wahrscheinlich günstigere Ausbildung der Heckanhänge auch auf den Brückenaufbau zurückgeführt werden kann, dessen Widerstand wie ein Vergleichsversuch ohne Brücke zeigte, nur rd. 10% des Gesamtwiderstandes beträgt. Hierbei ist allerdings zu berücksichtigen, daß die gesamten Unterwasser-Leistungsmessungen ohne die in der Anlage 2 angegebene Halbkugel auf der Brücke ausgeführt sind. [DWK konstruierte im Sommer 1943 dann einen neuen Turmumbau (Entwurf N) für ihre Baunummern K 330 und K 331, der auch für den Typ XXI übernommen wurde.]

Etwa Anfang Mai 1943 lag ein Einrichtungsplan vom Entwurf IIC bei der U-Bootkonstruktionsabteilung K IIU in Berlin vor. Als ihn der Referatsleiter von K IIUe, Marineoberbaurat Oelfken, betrachtete, erklärte er sinngemäß: "Wenn wir schon so ein großes U-Boot bauen wollen und so viel Platz zur Verfügung haben, können wir auch mit der konventionellen Maschinenanlage sehr viel mehr erreichen als bisher. Wenn außerdem auf die ↓-Eigenschaften sehr viel mehr Wert als auf die ↑-Eigenschaften gelegt wird, dann können wir natürlich einen konventionellen Antrieb anders auslegen als in der Vergangenheit."
Auf Anregung von Heep, der von einem baldigen Einsatz der großen Walter-U-Boote nicht überzeugt war, beließ Oelfken es nicht nur bei seiner Feststellung, sondern begann sofort mit der Untersuchung, welche Batteriekapazität statt der Treibstoffbunker und welche starken E-Maschinen statt der Walter-Anlage in der Bootshülle des Typs XVIII untergebracht werden könnten. Für die schiffbaulichen Berechnungen unterstützte ihn Marinebaurat Grim vom Referat K IUe. Bereits am 22. Mai konnte Oelfken seinen Entwurf für ein schnelles Elektro-U-Boot vorlegen, der unverzüglich Dönitz unterbreitet wurde. Nun ging alles sehr schnell. Dieser Entwurf, der die Typbezeichnung XXI erhielt, war für Dönitz in der kritischen Situation des U-Bootkrieges die wesentlich schneller zu realisierende Alternative zu den großen Walter-U-Booten. Im August 1943 wurde dann der Übergang des deutschen U-Bootbaus auf die Elektroboot-Typen XXI und XXIII und der rasche Serienbau mit Hilfe des Rüstungsministeriums verfügt.

Das inzwischen beschlossene große Bauprogramm von Walter-U-Booten wurde gestoppt. Nur noch die bereits im Januar vergebenen Aufträge sollten fertiggestellt werden. Der Weiterbau der kriegswichtigen Transport- und Versorgungs-U-Boote wurde zwar genehmigt, jedoch sollte er nur noch auf der Germaniawerft erfolgen, die nicht in das Elektro-U-Bootprogramm einbezogen war. Hier sollten jetzt auch die beiden großen Walter-U-Boote Typ XVIII gebaut werden. Speers Hauptausschuß Schiffbau (HAS) wehrte sich dagegen, da sie die baldige Fertigstellung der wichtigen Transport-U-Boote störten, und verlangte die Annullierung der in der angespannten Situation nicht wichtigen Versuchsboote. Dönitz bestand aber bei einer Besprechung mit Generaldirektor Merker, Admiral Fuchs und Konteradmiral Godt am 13. Oktober1943 im K-Amt auf ihrer Herstellung, da sie erforderlich wären, um „die dringend notwendigen Erfahrungen über die Atlantikeigenschaften der Walter-Boote zu sammeln“.
Erst jetzt konnte am 17. Oktober 1943 die Auftragsübertragung der beiden Boote von der DWK zur GW erfolgen, wo sie die Baunummern 755 und 756 erhielten. Das erste Boot U 796 wurde am 13. Dezember 1943 in der überdachten Hellinghalle 1 auf Stapel gelegt, das zweite Boot U 797 sollte im Februar 1944 folgen. Doch dazu kam es nicht.

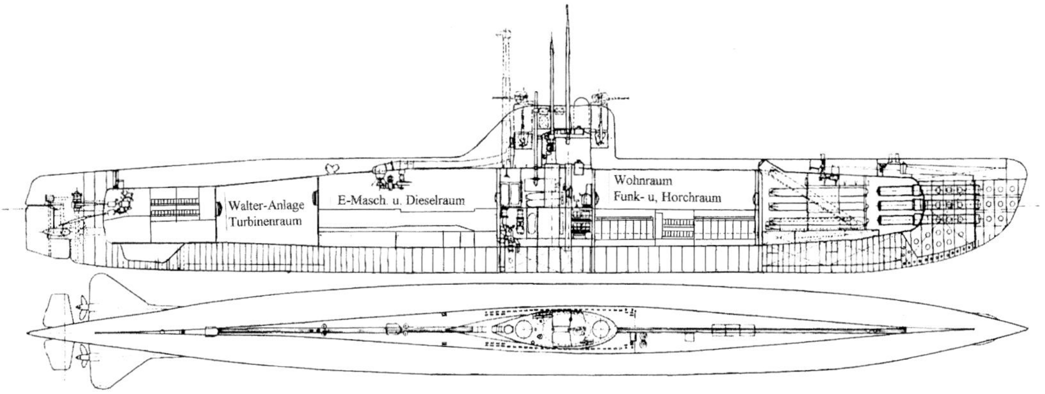

Einrichtungsplan des DWK Entwurfs IIC vom Mai 1943.

Im Zusammenhang mit der Auftragserteilung für das wichtige Versuchs-U-Boot U 798 mit Diesel-Kreislaufantrieb am 15. Februar 1944 wurde der Baubeginn von U 797 um ein halbes Jahr hinausgeschoben. Im März 1944 wurden dann auch die Arbeiten an U 796 eingestellt, da inzwischen beschlossen worden war, den neuen Walter-Atlantik-U-Boottyp XXVI in Serie zu bauen, für den der Typ XVIII als Versuchsboot keine Bedeutung besaß. Am 27. März 1944 wurden die beiden Typ XVIII- Boote mit K IUc-Verfügung Nr. 5503/44 annulliert.

Einrichtungsplan des U-Boottyps XVIII vom Herbst 1943.

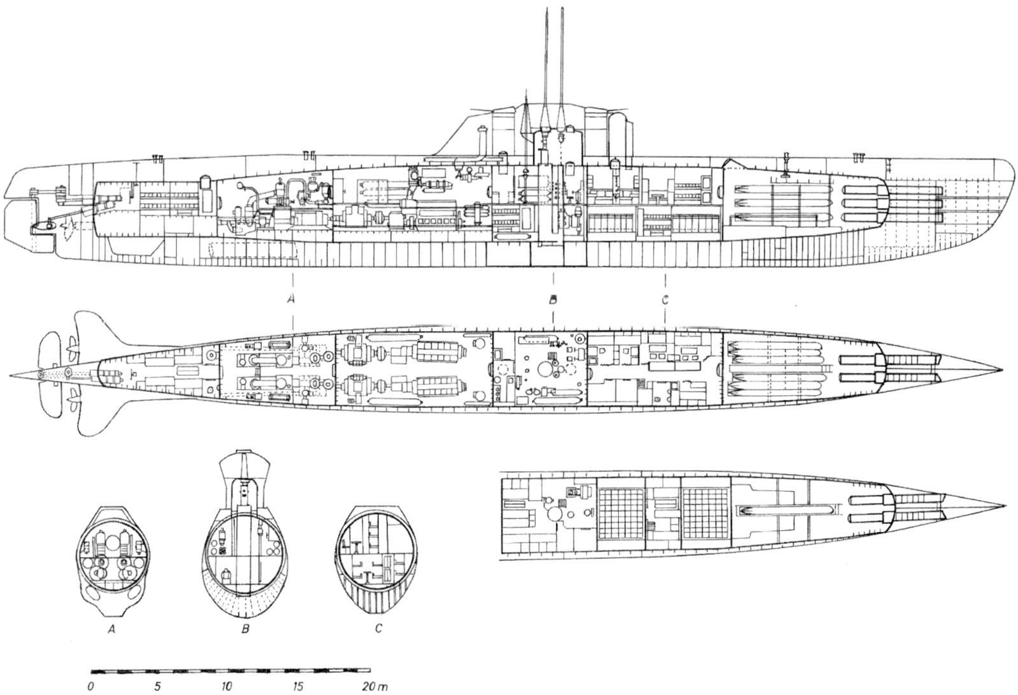

Hauptangaben des U-Boottyps XVIII in der endgültigen Ausführung:

Länge ü.a.	71,70 m	↑-Verdrängung	1484 m^3
Breite max.	6,20 m	↓-Verdrängung	1652 m^3
Tiefgang mittl.	6,40 m	↓ Formverdrängung	1887 m^3
Druckkörperlänge	58,20 m	Tauchzellen-Inhalt	191,66 m^3
Druckkörper ∅ (innen)	5,15 m	↓-Stabilität	0,445 m
Stärke des Druckk. max.	26 mm	Aurol-Vorrat	204 t
Spantenform (außen)	220 x 11	Treibölvorrat	124 t
Spantenabstand	800 mm	Leichtölvorrat	24 t
Konstruktionstauchtiefe	130 m	Besatzung	52 Mann

↑-Antrieb mit Dieselmotoren:	2 x 2000 PS bei 880 U/Min (Deutz RS 12 V 26/340)
↓-Antrieb mit E-Motoren:	2 x 198 PS bei 187 U/Min (SSW 2GU 355/22)
↓-Antrieb mit Turbinen:	2 x 7500 PS bei 10000 U/Min
Batterie:	2 x 62 Z. 33 MAL 800W

↑-Geschw.(Dieselmot.) max.	18 kn	↑- Fahrbereich (Diesel)	7000 sm/10 kn
↓-Geschw. (E-Mot.) max.	7 kn	↓- Fahrbereich (E-Mot.)	45 sm/ 4 kn
↓-Geschw. (Turb.) max.	24 kn	↓- Fahrbereich (Turb.)	200 sm/24 kn

Bewaffnung: 6 Bugtorpedorohre u. 26 7m-Torpedos
4 x 3cm Flak M 44 in 2 Zwillingstürmen

Außenansicht des GW-Werftmodells vom U-Boottyp XVIII nach einer Zeichnung von Berwig.

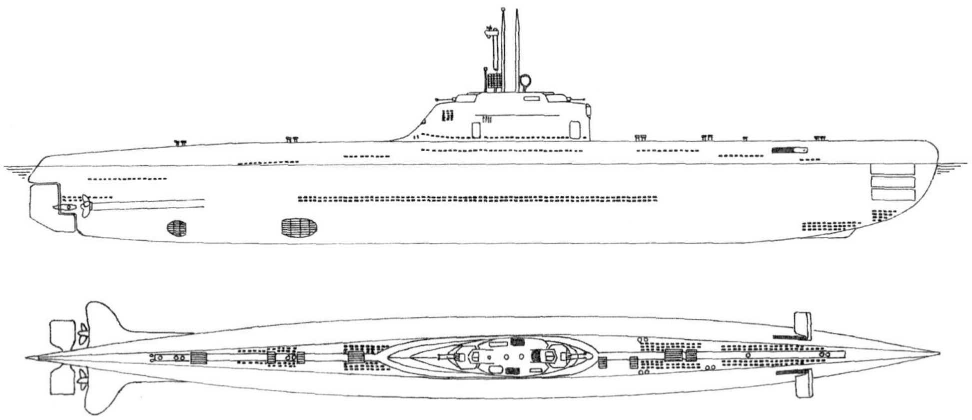

4. Der Bauwettstreit zwischen Wa 201 und WK 202

Der Vorschlag von Hellmuth Walter für ein kleines Untersee-Schnellboot (US-Boot), das eine ↓-Geschwindigkeit von ca. 26 kn erreichen sollte, wurde von der HWK-Projektabteilung unter der Leitung von Dr. Nielsen ausgearbeitet. Am 14. Januar 1942 legte er in dem Bericht S 15/42 eine Beschreibung für ein 220 t–US-Boot mit der Bezeichnung Wa 201 vor. Darin führte er u.a. aus:

A. Allgemeine Gesichtspunkte

Das im eingereichten Projekt dargestellte Unterseeboot ist nach folgenden Gesichtspunkten entworfen worden:

1) Es soll auf verhältnismäßig kurzen Strecken eingesetzt werden.
2) Die Herstellung soll nach Möglichkeit serienweise im Inland vorgenommen werden, so daß ein Transport des zerlegten Bootes auf Flußkähnen und anderen Sonderfahrzeugen auch nach anderen Gebieten als der Nordsee ausgeführt werden kann.

Aus diesen Gründen sind die Abmessungen, das Gewicht und die Einrichtungen auf das unbedingt Notwendige beschränkt worden, ohne daß dabei die nötigen Forderungen für die Sicherheit für Boot und Besatzung übersehen worden sind.

Für die Höchstgeschwindigkeit ist eine Walter-Turbinenanlage mit 2 Turbinen vorgesehen, für die Marschfahrt zum Einsatzgebiet ein Dieselmotor. Für die ↓-Schleichfahrt wird der zur Erzeugung der benötigten elektrischen Energie vorhandene Generator als Motor verwendet.

Beim Entwurf der Maschinenanlage sowie des gesamten Schiffskörpers wurden die gleichen grundsätzlichen Erwägungen berücksichtigt wie bei den früheren Projekten.

Die Bewaffnung des Bootes mit 2 Torpedos von 7,5 m Länge bzw. 2 x 2 Torpedos von 5 m Länge sieht einen verhältnismäßig kurzen Einsatz vor.

B. Raumaufteilung

Das Boot ist als Einhüllenkörper mit innen liegenden Spanten entworfen, wobei bei der Formgebung seinem dynamischen Verhalten bei hoher ↓-Fahrt besonders Rechnung getragen worden ist. Der Widerstand ist besonders niedrig gehalten. Die Raumeinteilung ist so vorgenommen, daß der Bugraum gemeinsam als Torpedoraum und Zentrale dient, in dem sowohl der Einsteigeschacht und das Luk für das Einbringen der Torpedos einmünden. Hier sind auch die für die zwölfköpfige Besatzung vorgesehenen 5 Kojen untergebracht. Anschließend an die Zentrale folgt der Diesel- und E-Maschinenraum, der von dieser durch ein leichtes Schott getrennt ist. In diesem Schott ist ein Durchbruch vorgesehen, der mit einer Plexiglasscheibe ausgerüstet einen Überblick über den Motorenraum von der Zentrale her gestattet. Der Turbinenraum, welcher sich im Heck befindet, ist vom Motorenraum durch ein druckfestes Schott getrennt.

Die Brücke des Bootes ist offen ausgeführt und von der Zentrale aus erreichbar.

C. Maschinenanlage

Die Maschinenanlage besteht aus

a) 2 Turbinen von je 2180 PS, die über zwei Getriebestufen die Schraubenwelle antreiben.
b) 1 Dieselmotor der Firma Humboldt-Deutz von 210 PS Leistung. Der Motor treibt die Schraubenwelle über die zweite Getriebestufe an.
c) 1 E-Maschine von 170/50 PS. Sie ist in die vom Motor zur Getriebestufe gehenden Zwischenwelle eingeschaltet. Bei Turbinenbetrieb läuft die E-Maschine als Generator mit erhöhter Drehzahl mit und liefert den für das Laden der Batterie und besonders für den Betrieb der Hilfsmaschinen erforderlichen Strom, während sie für ↓-Schleichfahrt als Motor arbeitet.

Beide Turbinen sind nebeneinander angeordnet. Der Abdampf wird in einen Einspritzkondensator niedergeschlagen und das Kondensat gemeinsam mit dem Einspritzwasser in zwei Röhrenkühler abgekühlt. Eine Dampfstrahlpumpe saugt aus dem Einspritzkondensator die anfallende Kohlensäure ab und drückt sie nach außenbords. Dadurch entsteht in der Kondensationsanlage ein geringerer Druck als er der jeweiligen Wassertiefe entsprechen würde. Diese Anordnung verfolgt den Zweck, ohne großen Aufwand erhöhte Leistungen bei Fahrten unter Wasser zu erzielen. Die Maschinenanlage ist zur Gewichtsersparnis nur mit einem Zersetzer und einer Brennkammer ausgerüstet. Aus dem gleichen Grunde ist nur eine Dreistoffpumpe vorgesehen, wie auch die zweite Getriebestufe aus Erleichterungsgründen als Umlaufgetriebe geplant worden ist. ....

Die Steuerung ist wiederum als kombinierte Quer- und Tiefensteuerung ausgebildet. Für Kurs- und Tiefensteuerung ist je ein Stand vorgesehen. Beide Funktionen können auch von einem Stand aus ausgeübt werden. Die Impulsübertragung von den an der Bb-Seite der Zentrale angeordneten Ständen geschieht mittels Telekin-Zügen, die bis zu den hydraulisch betriebenen Hauptrudermaschinen gehen. Eine Notruderanlage ist vorgesehen. ....

Dazu waren für dieses Projekt P 477 noch folgende Hauptdaten angegebenen:

Länge ü.a.	≈34 m	↑-Verdrängung	≈ 220 m^3
Größte Breite	≈3,325 m	↓-Verdrängung einschl. Tauchz.	≈241 m^3
Mittl. Tiefgang	≈4,1 m	↓-Formverdrängung	≈270 m^3
↑-Stabilität	0,1 m	Druckkörperlänge	≈21 m
↓-Stabilität	0,3 m	Druckkörper-∅	3,3 m
Antriebsanlage:	2 Turbinen mit je 2180 PSse bei 14100 U/Min		
	1 Dieselmotor mit 210 PSe		
	1 E-Maschine mit 170/50 PSe		
	Batterie 2950 Ah bei 10 std. Entladung		

↓-Fahrstrecke mit 2 Turbinen bei 25,5 kn und 40 t Treibstoffvorrat	105 sm
↓-Fahrstrecke mit 1 Turbine bei 18,7 kn	160 sm
↑-Fahrstrecke mit Dieselmotor bei 8 kn und 12 t Treibölvorrat	1300 sm

Geschwindigkeit mit E-Motor ≈5 kn
Tauchtiefe 150 m
Bewaffnung zwei 6 m-Rohre mit 2x2 5 m-Torpedos
Besatzung 12 Mann

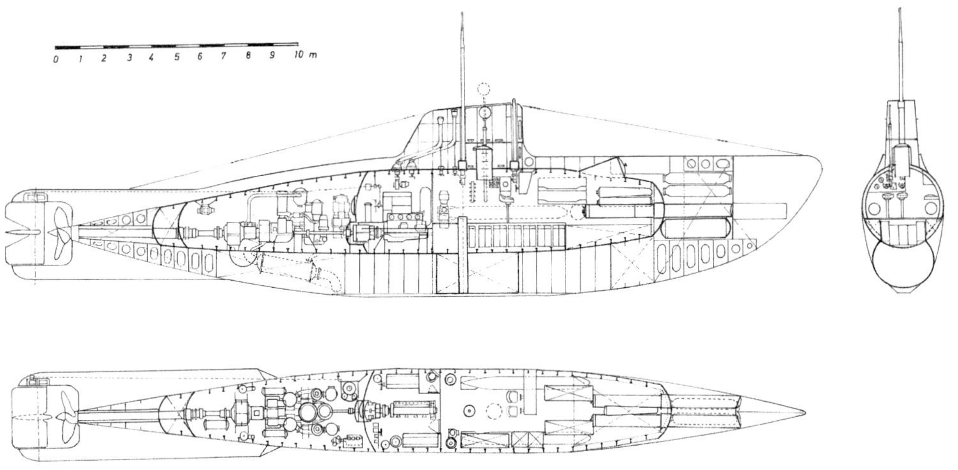

Entwurf eines 220 t-Walter-U-Bootes der Fa. H. Walter KG vom 13. Januar 1942.

Der Walter-Entwurf Wa 201 vom 13. Januar 1942 wurde sowohl Blohm & Voss, zu der HWK wegen der Erfahrungen der Blohm-Werft mit dem Flugzeugbau in enger Beziehung stand, als auch der Germaniawerft, die durch die Bauaufträge für V 80 und V 300 mit der Konstruktion von Walter-U-Booten vertraut war, zwecks Ausarbeitung baureifer Konstruktionsunterlagen vorgelegt. Die Maschinenanlage (zwei 2500 PSe Walter-Turbinen, ein 220 PSe Dieselmotor und ein 53 PSe E-Motor) war vorgegeben. Während sich die GW bei der Bootskonstruktion sehr eng an die vorgegebenen Abmessungen (Länge ü.a. 34,038) hielt, versuchte B&V in erster Linie ein schnelles U-Boot durch schlanke Linien und Anwendung von Methoden des Flugzeugbaus für die Steuerung zu erhalten. Dabei wuchs die Länge des Bootes von 35,90 m im Sommer 1942 über 37,15 m im Frühjahr 1943 schließlich auf 39,05 m bei der Fertigstellung im Herbst 1943.

Mit der GW-Konstruktion WK 201 und der B&V-Konstruktion Wa 201 wurden im Frühjahr 1942 bei der HSVA umfangreiche Schleppversuche sowie auch Steuerungsversuche im Windkanal der Luftfahrt-Forschungssanstalt in Braunschweig ausgeführt. Zu den Schleppversuchen mit Modell 2332 des Typs WK 201 führte HSVA am 28. Mai 1942 u.a. aus:

Die in der Anlage beigefügten Versuche sind lt. Auftrag der Germaniawerft vom 10.3.42 in Anwesenheit der Herren Dr. Amtsberg, Oberbaurat Diestelmeier und Dipl.-Ing. Naß am 15.5.42 ausgeführt worden. Sie umfaßten einen Widerstands- und Schraubenversuch mit getauchtem Boot, wobei die Tauchtiefe bis UKK 25,0 m und bis OK Turm 17,075 m betrug. Das Modell, das im Maßstab 1: 10 hergestellt war, wurde in der üblichen Methode am Pendelrahmen geschleppt. .....

Aus der Widerstandsmessung ergibt sich, daß für den gesamten untersuchten Geschwindigkeitsbereich von 4–30 kn der Widerstandsbeiwert rd. 0,0046 beträgt. Verglichen mit dem Ergebnis eines Rotationskörpers mit gleicher Völligkeit und Tauchtiefe liegt der ζ-Wert bei $\mathfrak{R} = 8x10^6$ um 35% höher und zwar wahrscheinlich wegen des Einflusses der Anhänge (Turm, Flossen, Ruderkreuz). Eine Bestätigung für diese Annahme bilden die Messungen von V 300, bei denen durch die gleichen Anhänge ein Widerstandszuwachs von 34% ermittelt wurde.
Die gemessene Schraubenleistung beträgt bei 24 kn 4120 WPS. Da 4450 WPS zur Verfügung stehen, wird das Boot, vorausgesetzt daß die Außenhaut-Rauhigkeit diejenige von Handelsschiffen nicht wesentlich übertrifft, 24 kn bei Unterwasserfahrt erreichen. ...

Dieses Ergebnis war für die GW natürlich sehr deprimierend. Deshalb wurden in der Folgezeit mehrere Versuche unternommen, insbesondere durch Änderungen der Flossen und Ruder am Heck zu besseren Schleppergebnissen zu kommen. Dies wurde besonders dadurch vorangetrieben, da die HSVA-Schleppversuche der B&V-Konstruktion wesentlich besser ausfielen:

Die in der Anlage beigefügten Versuche [mit Modell 2359] sind im Auftrage der Firma Blohm & Voß am 29.5.42 ausgeführt worden. ...
Aus den Unterwasser-Widerstandsmessungen ergibt sich, daß der Widerstandsbeiwert des Modells mit Anhängen, verglichen mit dem Ergebnis eines glatten Rotationskörpers von annähernd gleicher Völligkeit, bei $\mathfrak{R} = 8x10^6$ um 20% höher liegt. Da der Ablösungswiderstand der Aufbauten und Anhänge mit zunehmender Geschwindigkeit mehr als quadratisch ansteigt, fällt der Beiwert des Gesamtwiderstandes bei höheren Reynoldschen Zahlen nicht in dem gleichen Maße wie der Reibungsbeiwert. Dementsprechend erhöht sich auch der Anteil des Formwiderstandes am Gesamtwiderstand. Er beträgt bei 30 kn 27% gegenüber 24 % bei 20 kn, und zwar bezogen auf die Großausführung.

Der Propulsionsversuch ergab mit 72,2% Gesamtgütegrad bei 28 kn ein außerordentlich günstiges Ergebnis, das sowohl auf den Propeller als auch auf die für die Zuströmung zum Propeller geeignete Formgebung der Flossen zurückzuführen ist. ...
Die gemessene Schraubenleistung beträgt bei 28 kn 3950 WPS. Mit der zur Verfügung stehenden Leistung von 5000 WPS wird das Boot also, vorausgesetzt daß die Außenhautrauhigkeit eine äquivalente Sandrauhigkeit von 0,15 mm Korngröße nicht überschreitet, 28 kn bei Unterwasserfahrt sicher erreichen.
....

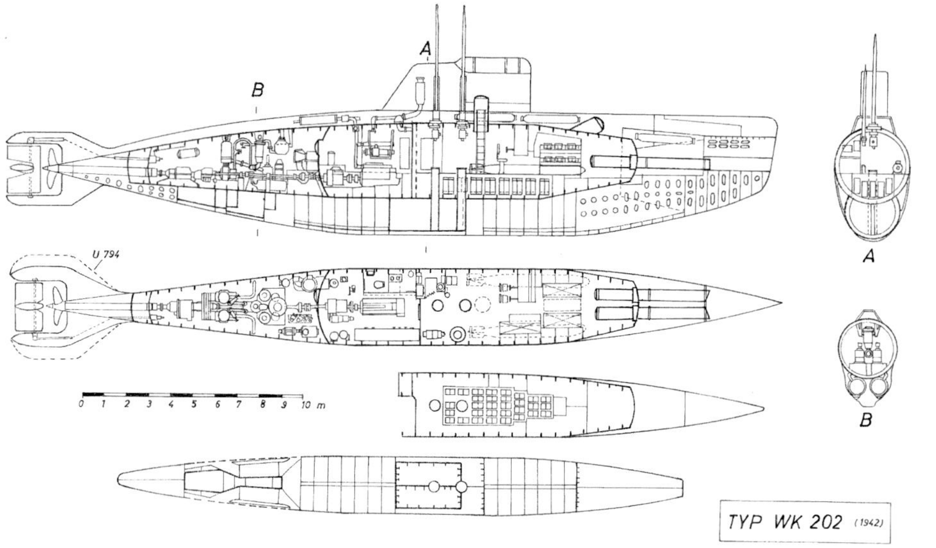

TYP WK 202 (1942)

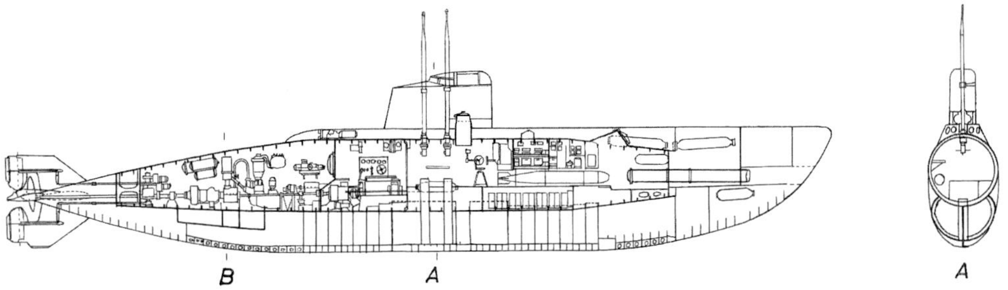

Typ Wa 201 (1942)

Dieses günstige Ergebnis hatte sicher Auswirkungen auf den Bauauftrag vom 19. Juni 1942 an B&V für die beiden Wa 201-Boote U 792 und 793. Erst am 7. August 1942 erhielt auch die Germaniawerft für ihren Entwurf, der jetzt die Bezeichnung WK 202 trug, einen Bauauftrag für zwei U-Boote mit den U-Nummer 794 und 795.
Am 10. November 1942 stellte Oberingenieur Naß aus der Sicht der Germaniawerft die Gründe für die unterschiedlichen Ergebnisse der Schleppversuche in einem Aktenvermerk zusammen:

1. Eine der wichtigsten Bedingungen des Entwurfes war die Forderung einer möglichst kurzen Baulänge. Zu Anfang wurde sogar von einem Transport der Boote über Land gesprochen. Insbesondere Herr Walter legte sehr großen Wert darauf. Wir sind daher nicht über die Länge des Vorentwurfes ... hinausgegangen.
2. Herrn Dir. Cords war vom OKM ein Stabilitäts-Mindestmaß von 250 mm für Überwasserfahrt angegeben worden. Diese Forderung bedingte eine Vergrößerung des Druckkörperdurchmessers um 100 mm gegenüber dem Vorentwurf.
3. Da wir gezwungen waren, die Walter-Ruderanlage einzubauen und damals noch die Fa. Walter die Steuerung der Rudermaschinen in den Flossen durch ein geradliniges Gestänge vom Druckkörper aus vornahm, mußten wir erheblich größere Flossen vorsehen.
4. Der vordere Teil des Druckkörpers ist von uns gleich so groß bemessen worden, daß die Torpedorohre nicht nur eingebaut sondern auch bedient werden können. Das ergab aber ein verhältnismäßig dickes Vorschiff.
5. In der Erkenntnis, daß ein Laden der Torpedorohre von vorn wahrscheinlich nicht möglich sein würde und dazu später umfangreiche Maßnahmen (Dock in jedem Hafen, den die Boote anlaufen) nötig wären, haben wir ein Torpedoübernahmeluk vorgesehen. Dieses Luk kann gleichzeitig für den Ein- und Ausbau der Torpedorohre verwendet werden. Das Torpedoluk bedingte aber ein breiteres Oberdeck im Vorschiff.
6. Da uns bekannt war, daß der BdU nur Boote mit offener Brücke für brauchbar hielt, im Gegensatz zu Herrn Walter, und Herr Walter selbst allmählich dieser Auffassung zuzustimmen schien, haben wir das Boot mit einer offenen Brücke ausgezeichnet. In der Bauvorschrift haben wir ausdrücklich hervorgehoben, daß über ein Schließen der Brücke mit Plexiglas später entschieden werden sollte. Im übrigen sollten die Schleppversuche sowieso mit offener und geschlossener Brücke vorgenommen werden.
7. In der Besprechung am 9.2.1942 beim OKM in Berlin, an der vom OKM Herr Oberbaurat Waas, von der Fa. Blohm & Voß Herr Direktor Berendt, von der Fa. Brückner, Kanis & Co. [Turbinenbauer] Herr Kanis, von der Fa. Walter Herr Dr. Küntzel und Herr Dr. Nielsen und von der Germaniawerft Herr Sieglitz, Herr Hemberger und der Unterzeichnete [Nass] teilnahmen, wurde der Vorschlag der GW, die Propellerdrehzahl herabzusetzen, abgelehnt, weil die Fa. Stoeckicht nicht in der Lage war, ihr Getriebe für die Blohm & Voß-Boote entsprechend zu ändern. Die Verschlechterung der Propulsion infolge der hohen Drehzahl sollte in Kauf genommen werden.

Zu den einzelnen Punkten wird folgendes bemerkt:
Zu 1) Die Fa. Blohm & Voß hat die Hauptforderung nach möglichst kurzer Baulänge außer acht gelassen. Dadurch war sie in der Lage, ein schlankes Schiff zu bauen.
Zu 2) Da die Fa. Blohm & Voß keine Vergrößerung des Druckkörperdurchmessers vorgenommen hat, kann sie die verlangte Stabilität von 250 mm nicht eingehalten haben. Sie war dadurch aber in der Lage, schlankere Linien zu erreichen, insbesondere in Zusammenhang mit der größeren Länge.
Zu 3) Die Fa. Blohm & Voß hat sich nicht an die Walter-Ruderanlage gehalten, sondern hat Flettner-Ruder mit sehr kleinen und dünnen Flossen, wie im Flugzeugbau üblich, vorgesehen. Dazu ist zu bemerken, daß derartige Ruder im Schiffsbetrieb bisher gänzlich versagt haben. Es besteht z.B. ein Verbot für den Panamakanal für Schiffe mit Flettner-Rudern. Auch die GW hat derartige schlechte Erfahrungen seinerzeit mit den Horn-Schiffen machen müssen. Bei Revierfahrten stellt sich u.U. das Ruder durch die von vorbeifahrenden Schiffen erzeugten Strömungen selbsttätig anders ein, so daß das Schiff aus dem Ruder läuft. Bei kleinen Geschwindigkeiten spricht das Ruder u.U. überhaupt nicht an. [Die Verstärkung der Ruderkräfte durch Flettner-Hilfsruder sollte es bei den B&V-Booten ermöglichen, von den Steuerknüppeln direkt die Ruder anzusteuern und dadurch Servomotoren einzusparen. Aller-

dings stellte sich dies als nicht möglich heraus, und eine elektrische Übertragung zu den erforderlichen Rudermotoren wurde notwendig].......
Die Dimensionierung der Flossen bei Blohm & Voß erscheint reichlich schwach, insbesondere weil die Flossen über die größte Schiffsbreite hinausragen. Es ist zu erwarten, daß bei jedem Anlegemanöver die Flossen beschädigt werden, sofern sie nicht im Seegang bereits verlorengegangen sind. Der Einfluß der kleinen Flossen auf die Geschwindigkeit ist aber beträchtlich. Wir selbst haben ungefähr ½ kn Geschwindigkeit dadurch gewonnen, daß wir die Flossen verkleinert haben, nachdem die Fa. Walter nicht mehr ein geradliniges Gestänge für ihren Ruderantrieb gebraucht.
Zu 4) Die Fa. Blohm & Voß hatte die Bedienbarkeit der Torpedorohre außerordentlich klein gehalten und daher auch ein schlankeres Vorschiff erreicht. Ebenso hat sie auf die Ausführung der Torpedoklappen keine Rücksicht genommen und hat später nach den Schleppversuchen ihr Vorschiff verbreitern müssen. [Sie hat dann auch den Bugraum und damit das Boot um 1,25 m verlängert.]
Zu 5) Die Fa. Blohm & Voß hatte zunächst das Torpedoluk nicht vorgesehen und dadurch natürlich auch schlankere Linien erhalten. Es stellte sich später aber bei den Besprechungen über die Torpedorohre heraus, daß sie für den Einbau der Torpedorohre doch irgendwelche Maßnahmen treffen mußte. Soweit jetzt bekannt geworden ist, hat sie nunmehr auch ein Torpedoübernahmeluk, also wohl auch ein breiteres Oberdeck vorn.
Zu 6) Die Fa. Blohm & Voß hat in ihren Zeichnungen genau wie wir eine offene Brücke. Sie hat aber scheinbar in Unkenntnis der Tatsache, daß der Widerstand einer offenen und geschlossenen Brücke wesentlich voneinander verschieden ist, auf dem von ihr selbst hergestellten Schleppmodell die Brükke durch einen massiven Holzklotz dargestellt, der aber im Widerstand der günstigeren geschlossenen Brücke gleichkommt. Der Unterschied im Widerstand einer offenen und geschlossenen Brücke beträgt nach Vorgang bei V 300 ungefähr 17% des Gesamtwiderstandes, das bedeutet für WK 202 einen Unterschied von etwa 1,5 kn. Ein Beweis dafür, daß die Fa. Blohm & Voß nicht an eine geschlossene Brücke gedacht hat, liegt darin, daß erst viel später Herr Claasen von der Fa. Blohm & Voß durch Herrn Schierlow von der Fa. Walter zu uns gebracht wurde, um hier Herrn Claasen unsere Entwürfe der geschlossenen Brücke von V 300 und das Modell einer Plexiglashaube für V 300 zu zeigen.
Zu 7) Trotzdem die vereinbarte Drehzahl 500 U/Min betrug, hat die Fa. Blohm & Voss ihre Schleppversuche mit einer Drehzahl von 480 U/Min durchgeführt und damit selbstverständlich eine Leistungsverbesserung von 5 bis 6 % erzielt. Dies entspricht aber einer Geschwindigkeitsverbesserung von ½ kn.
Nimmt man an, daß das schlankere Schiff von Blohm & Voss ebenfalls eine Geschwindigkeitsverbesserung von mindestens 0,5 kn bedeutet, erhält man mit den Geschwindigkeitunterschieden zu 3, zu 6 und zu 7 den Gesamtunterschied von etwa 3 kn. Die von Admiral Fuchs genannten 3 kn Unterschied scheinen [deshalb] in Wirklichkeit in dieser Höhe gar nicht vorhanden zu sein. ....

Allerdings schuf diese Begründung den tatsächlichen Geschwindigkeitsunterschied bei Wa 201 und WK 202 nicht aus der Welt, und dem GW-Boot blieb der 'Makel', ein weniger geeignetes US-Boot zu sein, erhalten.

Eine Besonderheit der Wa 201-Konstruktion von B&V war die Kurs- und Tiefensteuerungsanlage der Siemens Apparate und Maschinen GmbH (SAM), Berlin. In der Einleitung zur Beschreibung wird über die Funktion u.a. ausgeführt:

Die SAM Kurs- und Tiefensteuerungsanlage ist bestimmt für schnelle Unterseeboote. Sie hat die Aufgabe, das Boot nach vorgegebenen Werten automatisch auf Kurs und Tiefe zu steuern.
Im Zusammenarbeit mit dem Kreiselkompaß bestimmt die Anlage die Abweichung des Bootes von dem an einen Kursgeber eingestellten Sollkurs und mit Hilfe eines Wendezeigers die Drehgeschwindigkeit des Bootes bei Kursänderungen. Die ermittelten Werte dienen in Form von Steuerspannungen entsprechend den Methoden der Reglertechnik zur Steuerung der Seitenruder.
Die selbsttätige Tiefensteuerung erfolgt in ähnlicher Weise. Ein Tiefenmesser bestimmt die durch irgendeine Gleichgewichtsstörung eingetretene Abweichung von der an einem Tiefenregler eingestellten Solltiefe, ein Kreispendel die Neigung des Bootes um die Querachse und ein Wendezeiger die Winkelgeschwindigkeit, mit der sich das Boot um die Querachse dreht. Diese Steuerungskomponenten werden gemäß den dynamischen Stabilitätsbedingungen in einem bestimmten Verhältnis zu einer resultierenden Steuerspannung zusammengesetzt, nach der über eine Fernsteuerung die Verstellung der Tiefenruder vorgenommen wird.

Im Falle der Handmaschinensteuerung übertragen die zur Automatik erforderlichen Steuerungseinrichtungen die an den Ruderhandrädern vorgenommenen Einstellungen verzugslos an die Seiten- und Tiefenruder. ....
[Anfangs war eine mechanische Rudereinstellung nur vom Tiefenruder-Notsteuerstand möglich.]

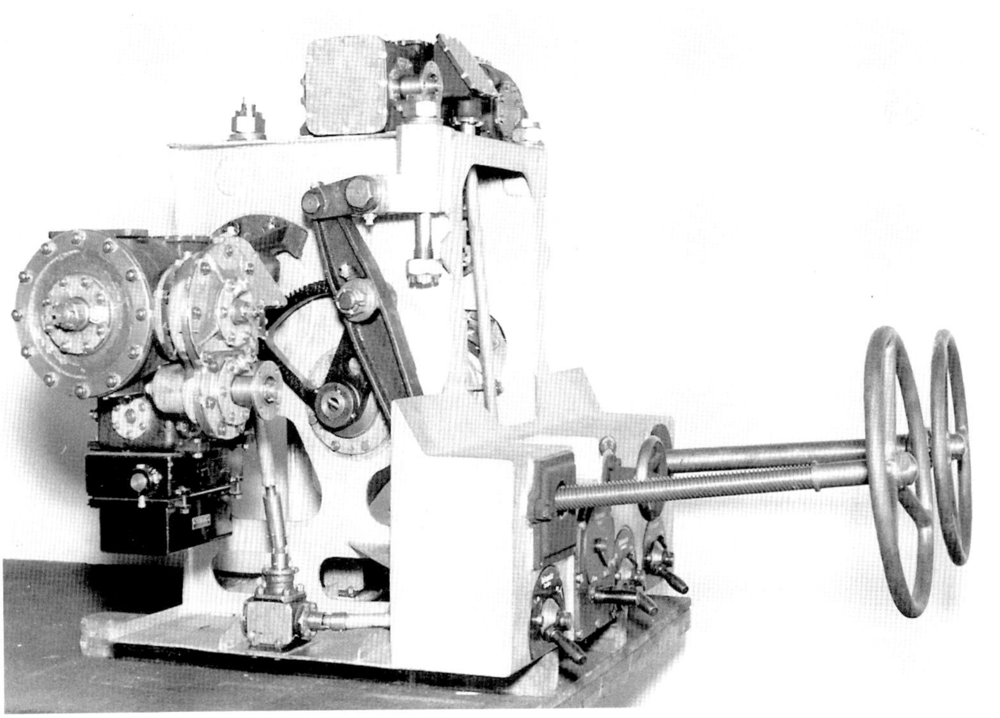

Ursprüngliche Ausführung des B&V-Steuerpultes für Wa 201. Durch Vor- und Zurückbewegen der Handräder wurden die Tiefenruder, durch Drehen die Seitenruder gelegt.

Für die Erprobung der Turbinenanlage bei HWK war eine in einer geschlossenen U-Bootsektion eingebaute Walter-Anlage vorgesehen. Die Hülle wurde von B&V im November 1942 geliefert. Dann begann der Einbau der vorgesehenen Einrichtungen.

Eine Turbinenerprobung fand bereits am 28. Oktober und am 15. November 1942 bei der GW statt. Allerdings handelte es sich dabei um die Turbinen des annullierten V 300-Bootes. Diese GW-Turbinen besaßen ein zweikränziges Curtisrad als Läufer und drei nachgeschaltete einkränzige Laufräder. Bei dem zweiten Versuch betrugen die Leistung 1680 PS bei 19000 U/Min, die Dampftemperatur 364°C und der Druck 31 atü. Der Schnellschluß wurde dreimal bei 21400 U/Min ausgelöst.
Die ersten Versuche mit dem Wa 201-Prüfstand begannen im Mai 1943 unter der Leitung von Dipl.-Ing. Oestreich, jedoch noch als Dampfturbinenanlage mit einer Batterie von 6 kleinen Henschel-Hochdruckkesseln. Mit der vollständigen Walter-Anlage begannen die Erprobungen erst im November 1943.

Der Bau der beiden B&V-Boote hatte am 1. Dezember 1942 auf einem kleinen Montageplatz zwischen dem großen Hammerkran und der Maschinenfabrik I begonnen. Aus Geheimhaltungsgründen war die Baustelle völlig umzäunt. Die Antriebsanlagen wurden in der daneben liegenden Turbinenhalle montiert. Im Februar/März 1943 waren die Druckkörper zusammen-

geschweißt. Der Stapelhub des ersten Bootes U 792 ins Elbewasser am Steinwerder Ufer war für Mitte Juli 1943, seine Ablieferung Anfang September vorgesehen. Doch dazu kam es nicht. Als die Walter-Anlage in den Bootsrumpf eingebaut werden sollte, stellte sich heraus, daß der Platz im Turbinenraum nicht ausreichte. In einer Nacht- und Nebelaktion wurde der Bootskörper aufgeschnitten und um 1,90 m verlängert. Dadurch stieg die Verdrängung um 42 m^3, und die max. Geschwindigkeit verminderte sich rechnerisch bei 4600 WPS von 28,1 kn auf 26,5 kn.
Deshalb lagen beide Boote bei dem verheerenden Flugzeugangriff am 25. Juli 1943 noch auf Stapel. Durch Nahtreffer wurden sie beschädigt. Das eine Boot kippte um, das zweite rutschte von den Pallen. So konnte U 792 erst am 28. September ins Wasser gesetzt werden und seine Indienststellung am 16. November 1943 erfolgen.

Bei der Germaniawerft begann der Bau der WK 202-Boote erst im Februar 1943 auf Helling VIII unten links nebeneinander. U 794 wurde am 1.Februar und U 795 am 8. Februar auf Kiel gelegt. Die ursprünglichen Fertigstellungstermine waren der 7. November und 5. Oktober 1943. Durch Luftangriffe wurden auch hier die Bauarbeiten verzögert. Anfang September wurden die fertiggestellten Rümpfe mit einem Schwimmkran zum Montageplatz vor der Maschinenbauhalle, wo die Antriebsanlagen zusammengebaut wurden, überführt. Nach dem Einbau der Maschinen in U 794 erfolgte für dieses Boot am 7. Oktober 1943 der Stapelhub mit zwei Schwimmkränen.
Der Bau der zweiten Wa 201 bzw. WK 202-U-Boote war, um die rasche Fertigstellung von U 792 und U 794 zu erreichen, verzögert worden. Bei ihnen sollten vor der Ablieferung möglichst die sich bei den ersten Erprobungen ergebenen notwendigen Änderungen berücksichtigt werden. Außerdem sollten bei diesen für den Schulbetrieb vorgesehenen Walter-U-Boote nur eine Turbine eingebaut werden. Das bedeutete eine Umkonstruktion der Turbinen-Antriebsanlage. Erst danach konnte bei U 794 und U 795 mit ihrem Einbau begonnen werden. Beide Boote konnten deshalb erst im März 1944 ins Wasser gesetzt werden. Die Indienststellung von U 795 erfolgte am 22. April und von U 793 zwei Tage später.

Transport des Rumpfes von U 794 von Helling VIII der GW zur Maschinenfabrik.

Stapelhub von U 794 durch zwei Schwimmkräne am 7. Oktober 1943.

U 793 (U-Boottyp Wa 201) im April 1944 nach der Abnahme vor der Bauwerft Blohm & Voß.

5. Kinderkrankheiten und erfolgreiche Erprobung der Walter-U-Boote in der Ostsee

Nach dem Stapelhub brauchte U 792 noch etwa 6 Wochen bis zur vorläufigen Abnahme am 11. November 1943. Der Hauptgrund bestand in den Schwierigkeiten mit den Rudern und der Steuerungsanlage. Vorgesehen war eine elektrische Übertragung der Steuerbefehle an die Rudermaschinen, die mit einer Seiten- und Tiefensteuerungs-Automatik verknüpft war. Schon bei der ersten Probefahrt am 15. Oktober erwies sich Ruderwirkung der Seitenruder als vollständig ungenügend. Auch eine nach vorn Verlagerung der oberen Flosse änderte daran nichts. Für die 3. Fahrt am 20. Oktober waren das Flettner-Hilfsruder festgesetzt und die Ruderflächen um 50 mm verbreitert worden. Die Ruderwirkung war jetzt besser. Der Drehkreis-∅ betrug etwa 400 m. Nun wurden das obere und untere Ruder fast bis zur Wellenmitte verbreitert. Der geschätzte Drehkreis-∅ verringerte sich bei 23° und n = 100 U/Min auf 250 m. Bei der 5. bis 7. Fahrt am 26. und 29. Oktober sowie am 9. November wurden die Ruder noch etwas vergrößert und die Flettner-Hilfsruder wieder in Tätigkeit gesetzt. Die Manövrierfähigkeit bei Fahrt mit E-Motor blieb aber gering.
Die Übergabefahrt von U 794 konnte bereits etwa vier Wochen nach dem Stapelhub erfolgen. Vermutlich gab es bei diesem Boot nicht diese Probleme mit der Seitenruderwirkung. Mit beiden Booten begannen ab Mitte November die Steuerversuche mit dem getauchten Boot bei E-Motor-Antrieb. Hier gab es dann erhebliche Probleme, über die in einem vorläufigen Bericht vom 2.12.43 u.a. ausgeführt wurde:

Die ersten Unterwasserfahrversuche [mit U 794] konnten wegen des anfänglichen Fehlens eines brauchbaren Tiefenmessers (Papenberg-Manometer) erst am 20.11.1943 im Kieler Hafen durchgeführt werden. Wind und See null, Wassertiefe 12-13 m.
Das Auswiegen des Bootes auf Restauftrieb 0,1 t machte keine Schwierigkeiten ... . Das Boot ist infolge hoher Unterwasserstabilität ungewöhnlich längsstabil, reagiert aber ausreichend auf Trimmen mit Wasser und mit Personen. ....
Die Wirkung des Tiefenruders ist besonders für kleine Geschwindigkeiten nicht befriedigend. Durch Hartlage des Tiefenruders (20°) war das Boot nicht über 5-6° Vor- bzw. Achterlage zu bringen. Die gewünschte Tiefenänderung trat bei Drehzahlen bis zu n=100 U/Min (geschätzt 4 kn) nicht oder nur sehr zögernd ein. Man hat den Eindruck, daß der Auf- bzw. Abtrieb des lastigen Bootes durch die entgegengerichtete Ruderkraft aufgehoben wird, so daß die statischen Auftriebsverhältnisse für das Verhalten des Bootes entscheidend sind. Es sinkt oder steigt langsam und nahezu unbeeinflußt durch die Änderung der Trimmlage. ... Erst bei "Großer Fahrt" mit E-Maschine (n=110 U/Min) ließ sich das Boot einigermaßen auf Tiefe steuern. ...

An einem weiteren Tiefensteuerversuch mit U 794 vor Sonderburg am 22. November nahmen von HWK Walter, Heep und Gabler teil. Danach wurde von ihnen folgende Stellungnahme abgefaßt:

Zusammenfassend kann erwartet werden, daß das Boot bei den hohen Fahrtstufen mit der Walter-Anlage steuerfähig sein wird. Bei Großer Fahrt mit E-Maschine ist tiefensteuern noch möglich. Bei allen darunterliegenden Fahrtstufen dagegen ist das Boot durch das Tiefenruder nicht mehr zu beherrschen. Im Einzelnen ergibt sich folgendes Bild:

1) Bei allen Fahrtstufen lassen sich durch Trimmen mit Wasser oder Besatzung Tiefenänderungen durchführen.
2) Bei Großer Fahrt (5 kn) steuert das Boot Tiefe durch die Lastigkeit, welche vom Ruder erzeugt wird. Die höchste Lastigkeit bei Großer Fahrt (110 U/Min), die bei eingesteuertem Boot durch das Tiefenruder erreichbar ist, beträgt 6°.
   Bei dieser Fahrtstufe wird die Tiefe gehalten, wenn das Boot 3° vorlastig liegt, entsprechend einer Tiefenruderlage von 5° unten. Diese Tendenz entspricht den Windkanalversuchen.

Gruppenfoto der Besatzung von U 794 mit dem Kommandanten Oblt.z.S. Werner Klug und Hellmuth Walter sowie einigen Werftangehörigen nach der Indienststellung am 14.November 1943.

Vorbeifahrt von U 792 im November 1943 am Walter-Werk. Von der Plexiglashaube grüßt der Kommandant Oblt.z.S. Heitz.

3) Bei Langsamer und Halber Fahrt ruft Ruderlegen keine Tiefenänderungen hervor. Das Boot fällt bei unten gelegtem Ruder zwar vorlastig, doch hebt der Abtrieb der Lastigkeit etwa den Auftrieb des Ruders auf. Die entsprechende Wirkung tritt ebenso bei oben gelegtem Ruder und Achterlastigkeit ein.
4) Bei kleiner Fahrt (2 kn) und sehr genau eingesteuertem Boot ist Tiefensteuern durch "Parallelsteuern" möglich, d.h das Boot steigt bei unten gelegtem Ruder langsam, und fällt ebenso bei oben gelegtem Ruder. Diese Art der Tiefensteuerung läßt sich durch Trimmen mit Wasser oder Besatzung unterstützen, wenn die vom Ruder erzeugte Lastigkeit beseitigt wird.
5) Folgende Abhilfemaßnahmen werden ins Auge gefaßt:
   a) Verkleinerung der Flossen zur Verringerung der großen Stabilität.
   b) Verkleinerung der Gewichtsstabilität auf das geringst zulässige Maß durch Umstauen von Ballast.
   c) Anbringen von Flossen am Vorschiff zur Vergrößerung der Scherfläche des Bootes und zur gleichzeitigen Verringerung der dynamischen Stabilität.

Am 26. November wurde dazu von der UAK noch ergänzt:

Am 25.11. wurden mit U 794 weitere Tiefensteuerversuche gemacht, nachdem die Stabilität durch Höherlegen des Gewichtsschwerpunktes um 62 mm herabgesetzt war. Es zeigt sich, daß bei Großer Fahrt nun mehr mit Hilfe des Tiefensteuers bis zu 8° Vorlastigkeit und bis zu 10° Achterlastigkeit erzielt werden können. Auch reagiert die Lastigkeit schneller auf das Tiefenruder. Die Tiefensteuereigenschaften wurden dementsprechend etwas günstiger.
Auf dem Blohm & Voß-Boot U 792 wurden im Wesentlichen die gleichen Beobachtungen gemacht wie auf U794.
Um vor allem die Erprobung der Walter-Anlagen nicht zu verzögern, werden beide Boote in ihrem jetzigen Zustand nach Hela marschieren. Es wird vorgeschlagen, Tiefensteuerversuche mit festen Flossen am Vorschiff durch die UAK-Zweigstelle Danzig mit einem der Boote durchführen zu lassen, sobald dies ohne Nachteile für die Walter-Erprobungen möglich ist.

Am 27. November erfolgte dann die Überfahrt nach Hela. Nach dem Eintreffen der beiden Walter-U-Boote beim Erprobungskommando konnten die Walter-Anlagen noch nicht sofort in Betrieb genommen werden Die Zeit wurde mit der weiteren Untersuchung und Verbesserung der Steuereigenschaften mit Hilfe einer auf dem Vorschiff angeordneten Flosse genutzt. In einem Bericht der UAK-Zweigstelle Danzig wurde darüber mitgeteilt:

Abmessungen der {auf beiden Vorschiffen montierten] Flossen:
Spannweite 3,4 m; mittlere Flächentiefe 0,72 m; Profilverhältnis 20% symmetrisch; Anstellung 0°.

U 794: Die Versuche wurden am 16.12.43 bei Seegang 0; Wind 0 vor Hela ausgeführt. Zunächst wurden einige ↓-Meilen gefahren. Das Boot wurde auf die niedrigste Fahrstufe, die noch dynamisch zu beherrschen war, bei 2° Vorlastigkeit – hierbei sind die kleinsten Ruderausschläge nötig – eingesteuert. Die in der Meile ermittelte Geschwindigkeit war 2,66 kn. Tiefenruderlagen von +10° und Lastigkeitsänderungen von +3° neben kurzzeitigen kräftigen Maßnahmen waren nötig, um das Boot auf etwa 10-12 m zu steuern. Bei höher liegenden Fahrtstufen konnte das Boot mit geringeren Ruderlagen auf Tiefe gehalten werden, teilweise ohne Änderung der Ruderlage.
Um ein Bild über die Größenordnung der auftretenden dynamischen Kräfte zu erhalten, wurde das Boot mittels Ruderlage hart ↓ 20° vorlastig gesteuert und dabei durch Lenzen auf Tiefe gehalten. Es fällt jetzt mit Flosse 11° vorlastig. Für die Ruderlage hart ↑ 20° wird das Boot 8° achterlastig und durch Fluten auf Tiefe gehalten. ...
Aus dem Verlauf der dynamischen Kräfte ist zu ersehen, daß größere Störungen des Gewichts- und Trimmzustandes erst bei Fahrtstufen über 3,5 kn ausgeglichen werden können, wenn die Störungen nicht zu schnell erfolgen.
Im Vergleich zu den Versuchen ohne Flossen – Bericht UAK-Kiel und Meinung der Vertreter der Fa. Walter, die an beiden Versuchen teilgenommen haben, - ist durch die Flosse eine deutliche Verbesserung der Tiefensteuereigenschaften erreicht worden. H.E. ist eine weitere Herabsetzung der Grenzgeschwindigkeit zu erwarten, wenn entweder die Spannweite der Flosse vergrößert wird, oder zwei

übereinander liegende Flossen (Doppeldecker) angeordnet werden. Eine voll befriedigende Lösung ist damit aber nicht gefunden. Bei Frontbooten sind nach obigen Ergebnissen vordere beiklappbare Tiefenruder nicht zu umgehen.

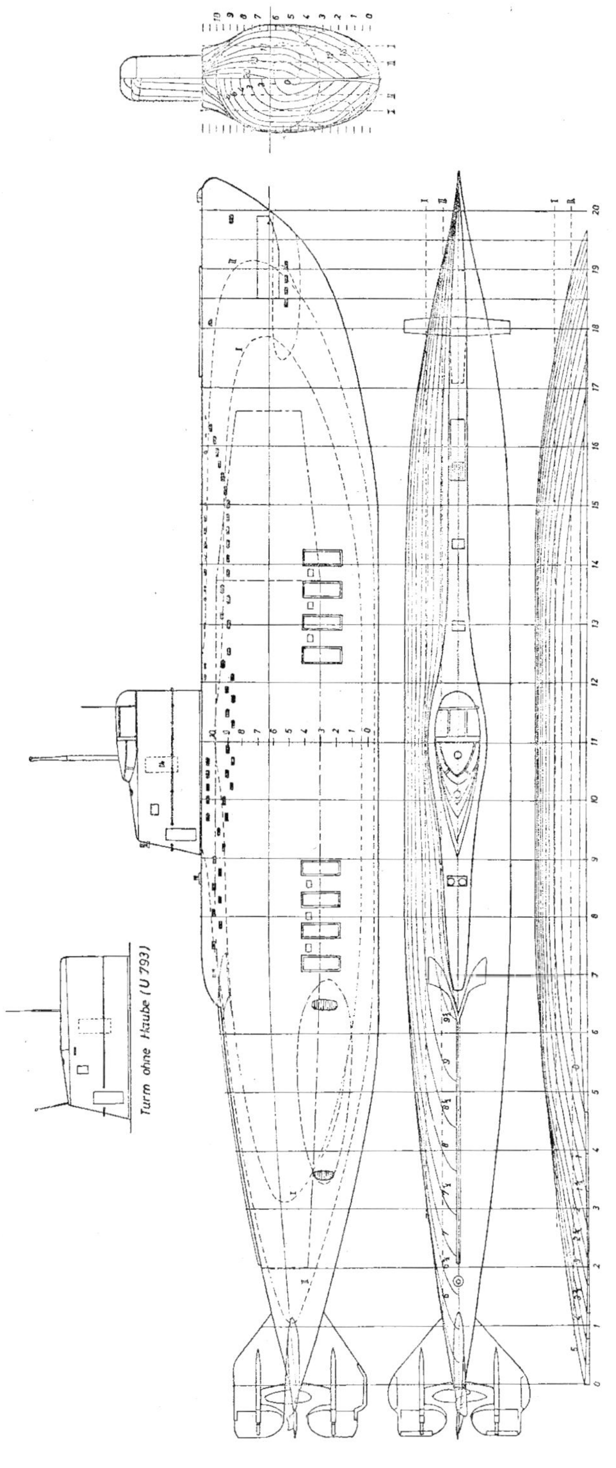

U-Boottyp *Wa 201* — Linienriß und Außenschiff.

U792: Die Versuche wurden am 19.12.43 bei Seegang 4-5 und Wind SO 5-7 vor Hela durchgeführt. Ein Steuern auf Sehrohrtiefe war nicht möglich, da das Heck von der See hochgehoben wurde. Auf 12-20 m – der Versuchstiefe – waren besondere Einflüsse durch Seegang nicht mehr zu erkennen.
Aus den Ergebnissen der Windkanalversuche durfte erwartet werden, daß das Boot bei sonst gleichen Bedingungen eine bessere Steuerfähigkeit aufweist als U 794. Gleich beim Einsteuern war aber zu erkennen, daß die Stabilität größer, die Ruderkraft kleiner als auf U 794 ist. ... Die bei 20° Ruderwinkel erreichbaren Lastigkeiten sind daher wesentlich kleiner als bei U 794. Damit ist die Wirkung der Flosse nur gering.
Als niedrigste Fahrgeschwindigkeit für ein dynamisches Steuern wurde etwa 3,6 kn festgestellt. Größere Störungen können erst ab etwa 4,5 kn Geschwindigkeit ausgeglichen werden. Die Tiefensteuereigenschaften dieses Bootes sind also schlechter als die von U 794. Es ist aber anzunehmen, daß durch Verminderung der Gewichtsstabilität auf das noch tragbare Maß von etwa 200 – 250 mm und durch Vergrößerung der Ruderkraft die Eigenschaften beider Boote sich einander angleichen werden. ...

Im Anschreiben an das OKM und B&V wurde dazu noch ausgeführt:

Um für die Versuchsboote mit einschwenkbarer Flosse die günstigsten Verhältnisse zu bekommen, sind H.E. folgende Änderungen auszuführen und werden hiermit vorgeschlagen:
U 792 Verminderung der Stabilität auf 200 – 250 mm. Wirksamkeit des hinteren Tiefenruders vergrößern. (Versuche mit größeren Ruderwinkeln).
U 792 u. U 794: Flosse vergrößern, soweit es die baulichen Gegebenheiten zulassen. ...

Am 20. Dezember begannen dann auf U 792 die Versuche mit der Walter-Anlage. Da der Regler versagte, konnte die Anlage nicht gestartet werden. Am nächsten Tag wurde die Anlage 10 Minuten über und 12 Minuten unter Wasser gefahren, wobei jedoch Dampf von den Turbinen durch die Labyrinthe in den Turbinenraum gelangte. Auch auf diesem Boot war noch vor den Seeversuchen ein Papenberg-Tiefenmesser eingebaut worden, da der Tiefenanzeiger von Stein & Sohn nicht befriedigte. Am 23. und 24. Dezember versagte wieder der Regler. Die nächste Erprobung fand am 28. Dezember statt. Nach 7 Minuten mußte aber der Walter-Betrieb bei Überwasserfahrt wegen Treibstoffmangels abgebrochen werden. Auch am 29. Dezember lief die Walter-Anlage nur 15 Minuten. Es stellte sich heraus, daß die Konzentration des T-Stoffes nicht ausreichend war. Bis zum Eintreffen neuen T-Stoffes wurde die Erprobung der Walter-Anlage auf U 792 unterbrochen.
Bei U 794 war bei der Erprobung der Kreisläufe ein T-Stoffrohr undicht. Der austretende T-Stoff entzündete sich und der Turbinenraum brannte. Beim Überholen der Getriebe wurde dann auf dem GW-Boot festgestellt, daß sie vollständig verrostet waren. Sie mußten z.T. ausgebaut und gesäubert werden. Dadurch konnten mit U 794 vorerst keine Erprobungen durchgeführt werden.

Nachdem am 6. Januar 1944 der angeforderte neue T-Stoff in Hela eingetroffen und nach Abgabe des gebunkerten Treibstoffes übernommen war, erfolgten am nächsten Tag auf U 792 sofort Kreislauferprobungen noch ohne Verbrennung an der Pier. Über die ersten Fahrversuche mit der Walter-Anlage berichtet ein Schreiben vom 12.1.44 an B&V:

Am 8.1. wurden Kreislauf-Erprobungen an der Pier gemacht und um 15^h ausgelaufen für Erprobungen der W-Anlage. Da keine Zündung erzielt werden konnte, wurde nach einiger Zeit wieder eingelaufen und der Brennkammerdeckel untersucht. Der Deckel war verbeult und gerissen.
Am 9.1. wurde der Brennkammerdeckel repariert und anschließend Erprobungen an der Pier gemacht. Da keine Zündung erreicht werden konnte, wurde der Zündventileinsatz ausgebaut und der von dem GW-Boot eingesetzt. Damit wurde eine einwandfreie Zündung erreicht.
Am 10.1. wurde T-Stoff und Speisewasser übernommen. Um 10,30 war seeklar und Auslaufen für Erprobungen der W-Anlage mit Zündung bei Überwasserfahrt. Dabei traten große Temperaturschwankungen in der Brennkammer auf, hervorgerufen durch Klemmen der Taumelscheibe im Speisewasserzähler. Hierdurch wurde der Speisewasserdurchtritt zu gering. Trotzdem wurde eine Unterwasserfahrt mit der W-Anlage versucht. Durch zu hohe Brennkammertemperatur (ca. 700°) fingen die

Isoliermatten des Staubabscheiders an zu brennen. Auf diese Matten war Treiböl getropft. Der Brand erstickte von selbst durch Sauerstoffmangel im Turbinenraum. Es wurde aufgetaucht und der Speisewasserzähler überholt. Anschließend wurde bei Unterwasserfahrt mit der W-Anlage auf Zündung ca. ½ Std. gefahren. Dabei wurden 580 U/Min erreicht. Da die Erprobungen in dem begrenzten Meilengebiet bei Hela gemacht wurden, mußte zwecks Feststellung der Position aufgetaucht werden. Wegen Einbrechen der Dunkelheit wurde die Überwasser-Rückfahrt nach Hela mit der W-Anlage mit Zündung bei 400 U/Min angetreten. Bei einer Tiefenruderlage von 20° oben fuhr das Boot bei dieser Geschwindigkeit 1° achterlastig. Ein Unterschneiden des Bootes war nicht bemerkbar.
Vom Begleitschiff wurde der Auspuff der Turbinen bei Unterwasserfahrt von Herrn Rehling beobachtet. Es wurde zuerst eine weit sichtbare helle Wasserspur festgestellt, die bei Zündung der W-Anlage sofort verschwand. .....
Zwecks Tiefenruder-Erprobungen wurde auf 18 m Tiefe gefahren mit 200 U/Min. Dabei war das Boot bei 3° vorlastig und Tiefenruder unten 8° gut auf die geforderte Tiefe zu steuern. Dann wurde auf 20 m Tiefe und 570 U/Min gefahren mit Tiefenruder unten 7°. Hierbei war das Boot ebenfalls gut auf Tiefe zu steuern. Die Tiefensteuerung wurde mit dem Nottiefensteuer gemacht, [da die elektrische Tiefensteuerung unklar war.] ......

Am 11. Januar lief dann U 792 nach einem Trimmversuch um 12^h mit der Walter-Anlage und Zündung in das Meilengebiet vor Hela. Dort wurde eine Überwasser-Meilenfahrt mit E-Antrieb durchgeführt. Anschließend tauchte das Boot mit E-Maschine und Große Fahrt. Nachdem es auf 12 m Tiefe eingesteuert war, wurde die Walter-Anlage mit Zündung angestellt und mit 600 U/Min auf 20 m Tiefe gefahren. Nach ca. 5 Minuten mußte sie abgestellt werden, da der Druck im Turbinenraum auf 0,5 atü angestiegen war. Nach dem Auftauchen wurden als Ursache der Störung die bekannte Undichtigkeit der Turbinen-Stopfbuchsen und ein Bedienungsfehler festgestellt. Da diese Undichtigkeit bei längeren Fahrten wohl immer zu Störungen führen kann, wurde ihre Beseitigung dringend empfohlen. Nach der Fahrt hatte der Wrasenpumpenmotor vollen Schluß. Sämtliche Feldwicklungen und die Kollektoroberfläche waren von außen her verbrannt, teilweise geschmolzen und die Bürstenfedern ausgeglüht. Der Ausbau des Motors war nicht möglich, da sein Gehäuse nicht durch die Schottür paßte. So mußte die Reparatur mit Ersatzteilen aus Kiel an Bord erfolgen.

In dem Abschnitt "Änderungen und Verbesserungen" wurde in dem Schreiben vom 12. Januar an B&V ausgeführt:

Das Tiefensteuern vom Notsteuerstand geht sehr leicht und ist ausreichend für das Tiefensteuern. Am Handrad muß ein Griff angebracht werden, um das Rad vom Sitz aus besser drehen zu können. Da das Tiefenruder sehr leichtgängig ist, muß am Handrad eine Verblockung angebracht werden, um ein Verstellen des Tiefenruders zu verhindern.
Die Oberdecksklappen sind z.T. bei den Unterwasserfahrten verloren gegangen und mußten erneuert werden. Es wäre gut, dieselben mit Scharnieren zu versehen.
Die Plexiglashaube ist z.T. abgerissen und zwar die Stücke mit der Aussteigöffnung und mit der Sehrohröffnung. Die Öffnungen wurden mit Al-Blech abgedeckt. Dieses war nach der nächsten Unterwasserfahrt so verbeult, daß das Sehrohr nicht mehr ausgefahren werden konnte. ...

U 792 dockte am 13.1. ein, um das Fußventil der Sperrwasserpumpe zu überholen. Der Kondensatbehälter konnte im Schwimmdock nicht entleert werden, da an seiner tiefsten Stelle keine Entwässerung vorgesehen war. Wegen der Frostgefahr mußte das Dock deshalb in der Nacht abgesenkt werden.
Am 15. 1. wurde nach der Überprüfung im Dock vom B&V-Ingenieur Rehling eine Liste mit erforderlichen und wünschenswerten Änderungen für den Fertigbau der restlichen beiden Versuchsboote U 793 und U 795 abgefaßt. Am 16.1. wurde das Boot wieder ausgedockt.

Über die weiteren Versuche von U 792 mit der Walter-Anlage wurde in dem Bericht Nr. 4 an B&V u.a. vermerkt:

Am 17. 1. wurden Standproben durchgeführt, wobei Störungen am Vierstoffregler [auftraten].
Am 18. 1. Standproben. Zündung des Treiböles wird nicht erreicht. Leckage am Zündventileinsatz ... im Brennkammerdeckel. Nach Beseitigung der Leckage wurden Zündungen erzielt. Kurz nach dem Auslaufen mit E-Maschine erfolgte in der Dunkelheit mittschiffs Grundberührung und das Boot saß fest, wurde aber nach Anstellen der W-Anlage (400 U/Min) schnell wieder flott. Die Weiterfahrt konnte nicht lange [13 Min] fortgesetzt werden, da die Sicht in der Dunkelheit zu schlecht war. ...
Am 19. 1. lief das Boot um 9,30 mit E-Maschine aus. Nach kurzer Überwasserfahrt mit W-Anlage [5 Min] bei 450 U/Min wurde mit E-Maschine getaucht. In 20 m Tiefe Anfahren der W-Anlage, wobei die Zündung des Treiböls wieder unbefriedigend war. Nach kurzer Zeit entstand Überdruck in der Sperrwasserzelle, da die Wrasenpumpe schlecht förderte. Die Anlage wurde abgesetzt. Beim Wiederanfahren blieb die Zündung ganz aus. .... Die Fahrt wurde abgebrochen.
Der Brennkammerdeckel mußte zum Einbau eines neuen Sitzes von DWK Gotenhafen ausgebohrt werden. ...
Am 22. 1. wurde der Deckel wieder eingebaut. Das Anfahrschaltventil, welches bei der letzten Fahrt kaum mehr zu drehen war (Rost), war überholt worden. ...Beim Verholen des Bootes kam es zum Rammen der Mole, wobei das Vorschiff leicht beschädigt wurde.
Am 23. 1. wurde bei der Standprobe zunächst keine Treibölzündung erzielt. Ferner hakte der Speisewasserzähler, und in der Sperrwassersammelzelle konnte kein Unterdruck erreicht werden. Die Beutelgruppe 2a zeigte zudem starken Salzgehalt an. Das Zündventil wurde gegen ein anderes ausgewechselt, womit Zündung, wenn auch nicht befriedigend, erreicht wurde. ...

Am 24. 1. sollte die letzte Fahrt von U 792 vor dem Ausbau der Turbinen erfolgen. Um einen besseren Unterdruck zu erhalten, wurde versucht, nur mit einer Turbine zu fahren. Dies gelang nicht, die Kondensationstemperatur stieg auf 90°. Hierdurch versagte die Sperrwasserpumpe und der Vierstoffregler. Die Versuche wurden nach 7 Minuten abgebrochen.

Nach dem Eindocken am 26. 1. wurde in der kommenden Nacht das Montageluk geöffnet und mit dem Ausbau des Zersetzers, der Brennkammer, der E-Motoren für die Kondensatpumpen, Ventile und Rohrleitungen begonnen. Erst danach konnten die Turbinen demontiert werden. Am 27. 1. abends waren die neuen Turbinen von BKC, Dresden, eingetroffen, und am 31. 1. wurde mit dem Einbau der Stb-Turbine begonnen.
Mit am 28. 1. von B&V eingetroffenen Teilen wurden die Tiefenruder vergrößert. Die geteilten Ruderblätter des Seitenruders waren durch ein einziges durchgehendes Blatt ersetzt und

Der Turbinenraum von U 792 (U-Boottyp Wa 201).

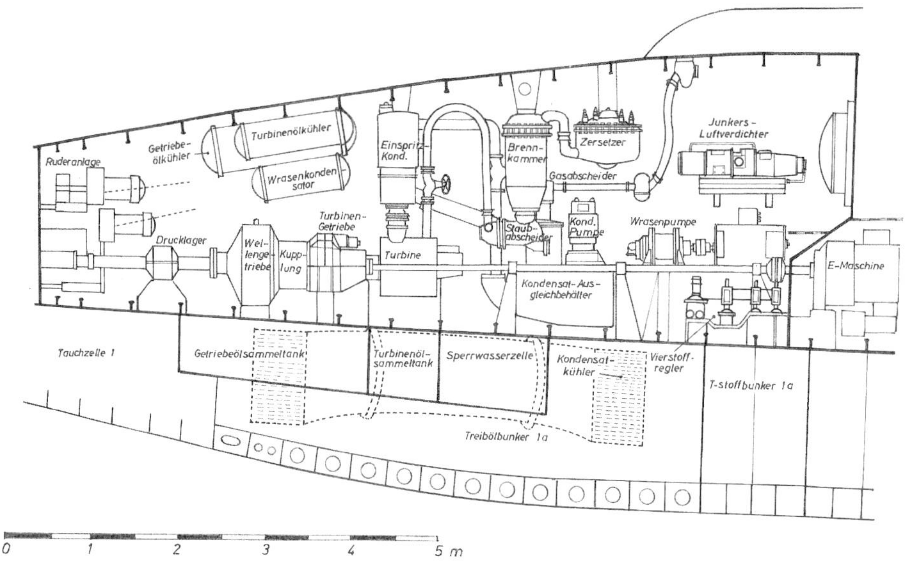

die Plexiglashaube entfernt worden. An ihre Stelle war jetzt eine kleine offene Brücke, die durch zwei Klappen teilweise abgedeckt werden konnte, vorhanden. Außerdem wurde das beschädigte Vorschiff behelfsmäßig wieder hergerichtet.

Anfang März war U 792 wieder fahrbereit. Über die weiteren Versuchsfahrten mit der Walter-Anlage , die anfangs erneut erhebliche Störungen aufwiesen, wurde in einer Übersicht des Leiters der HWK-Erprobungsstelle, Heinz Ullrich, von HWK ausgeführt:

Datum	Verbrennungsbetriebszeit		Besondere Vorkommnisse
.	↑ (Min.)	↓ (Min.)	
3. 3.44	-	60	Die Fahrt wurde abgebrochen, da eine Stopfbuchse vom Rückschlagventil in der Treibstoffdruckleitung herausgeschlagen war.
4. 3.44	-	10	Öldunst im Raum. Öldruckrohr am Turbinengetriebe undicht.
5. 3.44	-	-	Zündung versagte.
8. 3.44	2	-	Wasserregler versagte.
9. 3.44	-	-	Wassermangel.

In der Zwischenzeit während der Reparaturen bei der Walter-Anlage sollten Versuche mit einem neuen Propeller (H = 1700) erfolgen. Nach dem Abbau des alten Propellers wurde am 12. 3. ein Schleppversuch ohne Propeller durchgeführt, wobei das Boot über und unter Wasser von einem IXD2-U-Boot gezogen wurde. Dieser Versuch führte zu keinem Ergebnis, da die Meßgenauigkeit bei der Bestimmung der Zugleistung nicht ausreichend war. Dann wurden der alte Propeller (H = 1550) wieder aufgesetzt und mit ihm die Versuchsfahrten fortgesetzt.

Datum	Verbrennungsbetriebszeit		Besondere Vorkommnisse
.	↑ (Min.)	↓ (Min.)	
17. 3.44	4	-	Wasserregler versagte
19. 3.44	-	-	Wasserfilter verdreckt.
20. 3.44	19	-	Wasserregler schwankte stark.
21. 3.44	21	21	Starke Schwankungen der Dampftemperatur. Wasserregler wurde von Hand gefahren.
22. 3.44	5	16	Wasserregler wurde von Hand gefahren. Keine Störungen

Jetzt war U 792 endlich vorführreif. Am 23. März 1944 war Großadmiral Dönitz nach Hela gekommen, um hier sechs U-Boote mit verschiedenen Neuerungen (Verbesserung der Tauch zeiten; Unterwasserauspuff; 3,7 cm Einmann-Richtkanone; Typ XXI-Flaktürme auf U 37; neue Schnorchelausführungen) zu besichtigen. Ganz außen lag das Walter-U-Boot U 794 vertäut, das bei dieser Gelegenheit Dönitz vorgestellt werden sollte. U 792 mußte nach seiner letzten Fahrt noch T-Stoff übernehmen. Nach einem Vortrag des Kommandeurs der Erprobungsstelle und nebenamtlichen UAK-Vertreters Kptl. (Ing.) Heller wünschte Dönitz, an der Probefahrt eines Walter-U-Bootes teilzunehmen. Heller wollte dazu U 792 benutzen, was jedoch erst am nächsten Tag möglich war. Der OBdM war zuerst einverstanden. Wenige Stunden später wurde er aber zu einer wichtigen Konferenz abgerufen. Nun bestand er auf der sofortigen Vorführung, die jedoch nur mit U 794 möglich war. Dieses Boot war bei der Führung des Walter-Stützpunktes nicht sehr beliebt, da es die geforderte Geschwindigkeit nicht erbringen konnte und auch für den Bau der Front-U-Boote nach der Sistierung des GW-Auftrages XVII G keine Vorstufe mehr darstellte. So mußte dieses Boot zum Ärger seines Kommandanten mehrmals als Ersatzteilspender für das bevorzugte U 792 dienen und fiel dadurch dann für die Erprobung aus.

Außer Heller und Ullrich von der Erprobungsstelle und Dönitz nahmen noch Admiral v. Friedeburg, Vizeadmiral Backenköhler, die Konteradmirale Thedsen und Godt sowie von der Fa. Walter ihr Chef Hellmuth Walter und dessen Hauptabteilungsleiter Schiffbau, Dr. Fischer, an dieser historischen Probefahrt teil. Heller und die Walter-Leute waren unsicher, doch das Boot erwies sich besser als sein Ruf. Nach einem anfänglichen Versagen des Reglers ging alles glatt. Heller führte das Boot über und unter Wasser in allen Fahrtstufen vor und ließ auch die erforderlichen Alarmmanöver ausführen. Mehrmals ging er von E-Maschinenfahrt auf Walter-Betrieb über, wobei das Boot unter Wasser ca. 21 kn erreichte. Besonders die kurzen Umschaltzeiten von einer Minute und weniger imponierten. Dönitz und seine Admirale waren begeistert. Beim Verlassen des Bootes äußerte Dönitz: "Das hätten wir bei mehr Vertrauen und Wagemut im OKM schon 1-2 Jahre früher haben können."

Am nächsten Tag bewies dann auch U 792 bei einer störungsfreien Fahrt mit W-Antrieb von 24 Min über und 42 Min unter Wasser, daß dieser Antrieb seine Erwartungen erfüllen konnte. Die weiteren Probefahrten mit U 792 im März und April 1944 verliefen überwiegend störungsfrei. Die Übersicht von Ullrich nennt folgende Daten für U 792:

Datum	Verbrennungsbetriebszeit		Besondere Vorkommnisse
.	↑ (Min.)	↓ (Min.)	
26. 3.44	13	110	Wasserregler auf selbständigen Betrieb. Keine Störungen.
28. 3.44	7	-	Keine Störungen
29. 3.44	10	20	Keine Störungen
31. 3.44	7	27	Steine im Zersetzer mußten ausgetauscht werden. Dann Fahrt ohne Störungen.
1. 4.44	-	66	Wegen T-Stoffmangel wurde die Fahrt abgebrochen. Bei 465 U/Min wurden max. 1875 WPS gemessen.
3. 4.44	-	-	Durch ein hängengebliebenes Abgasventil lief die Anlage voll Seewasser
4. 4.44	13	125	Keine Störungen. Bei der ↓-Meilenfahrt wurden mit 476 U/Min 20,6 kn erreicht. Vermutlich nahmen an dieser Fahrt Rüstungsminister Speer und Generalfeldmarschall Milch teil.
6. 4.44	-	5	Stb-Kondensatpumpe ausgefallen.
..7.4.44	74	-	Keine Störungen.

Nach 13,5 Betriebsstunden war die Stb-Turbine von U 792 heruntergefahren und saß fest. Das Boot wurde nun auf Einturbinenbetrieb umgestellt und nur noch mit der Bb-Turbine gefahren. Aus den bisher ermittelten Daten wurde für U 792 für 15 kn ↓-Fahrt eine Admiralitätskonstante von 195 und für 26 kn durch Extrapolation eine von 204 errechnet. Die 26 kn wären aber nur bei 4400 WPS und 618 U/Min zu erreichen.
Ab Mitte Mai führte das Boot mit der Bb-Turbine noch folgende Fahrten durch:

Datum	Verbrennungsbetriebszeit		Besondere Vorkommnisse
.	↑ (Min.)	↓ (Min.)	
13. 5.44	25	-	Keine Störungen
15. 5.44	10	10	Störungen an der Kondensationsanlage
19. 5.44	20	29	Keine Störungen
20. 5.44	5	13	Wegen einer Treibölleckage versagte die Brennkammer.
21. 5.44	21	7	Dampfleckage an der Bb-Turbine. Überdruck im Turbinenraum.

Anschließend mußte U 792 für die Gesamtüberholung der Walter-Anlage ins Dock. Die endgültige UAK-Abnahme von U 792 war also erst danach möglich.

Dagegen hatte U 794 seine UAK-Abnahme bereits bis zum 14. April 1944 beenden können.

Im Dock wurden bei U 792 die Turbinen und die gesamte Dampferzeugungsanlage mit sämtlichen Hilfsmaschinen, Apparaten und Rohrleitungen ausgebaut, gesäubert, untersucht und soweit erforderlich repariert. Die Turbinen wurden zur Überholung an die BKC-Turbinenfabrik Dresden gesandt. Zwei neue Turbinen wurden dafür geliefert, die aber wegen abmaßiger Fundamente und Rohranschlüsse erst nach erheblichen Änderungen eingebaut werden konnten. Vermutlich waren diese Turbinen für den Serienbau bei B&V bestimmt.
Die inneren Teile der Dampferzeugungsanlage wie Brennkammer und Staubabscheider hatten bei den Erprobungen infolge der häufigen Reglerstörungen stark gelitten. Das Gehäuse der Brennkammer war an einer Stelle eingerissen. Das Versagen der Wasserreglung hatte starke Temperaturschwankungen von oftmals 500° Differenz bewirkt.
Durch den sauerstoffhaltigen Dampf im Turbinenraum, der besonders am Beginn der Erprobungen durch das Versagen der Wrasenpumpe auftrat, waren alle Rohrleitungen, Apparate, E-Motoren usw. stark angerostet.
Die Pendelkugellager der hinteren Übergangswelle waren beschädigt. Es ist erstaunlich, daß diese Welle dennoch so gut gelaufen ist. Das vordere Lager mußte ebenfalls ausgewechselt werden. Auch die Kugellager der E-Maschine hatten gelitten.
Eine rasche Beseitigung der vielen Schäden setzte das Vorhandensein von geeigneten Facharbeitern voraus. Hier gab es aber bei dem B&V-Boot Probleme. Am 21. Juni 1944 schrieb darüber der B&V-Ingenieur Rehling:

... Bisher wurden alle Arbeiten, die von B&V ausgeführt werden müßten, und soweit sie nicht von dem Kommando selbst gemacht werden können, von der Firma Walter übernommen. Der Arbeitsumfang auf U 792 ist erheblich. Der Garantie-Ingenieur der GW will versuchen, außer seinen für U 795 anwesenden zwei Maschinenbauern weitere Leute für U 792 zu bekommen.
Herr Kptlt. (Ing.) Heller und Herr Ullrich haben darum nochmals bei B&V anzufragen, ob nicht ein Kupferschmied, ein Maschinenbauer und ein E-Schweißer gestellt werden können. ...
Die äußerst angespannte Lage bzgl. Facharbeiter auf unserer Werft ist mir bekannt, und ich habe hier auch nachdrücklich darauf hingewiesen.

Erst am 12. August 1944 war U 792 wieder fahrbereit. Die ersten Fahrten mit den neuen Turbinen litten bei U 792 wieder unter verschiedenen Störungen, die jedoch nicht mehr mit dem Vierstoffregler zusammenhingen (örtlicher Brand am Staubabscheider, Stoeckicht-Wellengetriebe saß fest; T-Stoffborddurchführung leckte; Brennkammerdeckel unklar und schließlich Seewassereinbruch in Beutelgruppe 4 am 14. 9.)
Insgesamt wurde für U 792 in der Zeit vom 12. 8. bis 14. 9. eine Verbrennungsbetriebszeit von 132 Minuten registriert. Dann mußte das Boot wieder ins Dock zum Auswechseln der Beutelgruppen 1, 2 und 4. Am 28. September war das Boot wieder fahrbereit. An den folgenden Tagen wurden vor dem Beginn der endgültigen UAK-Abnahme das Boot von der Firma Walter bei Tauch-, Trimm-, Alarm-, Regler- und Fahrerprobungen auf Herz und Nieren geprüft und dabei 415 Minuten mit der Walter-Anlage gefahren.

Am 2. Oktober begann dann auch für U 792 als letzten Boot der Versuchsboote die UAK-Abnahme. Folgende Prüfungsfahrten wurden dabei ausgeführt:

Datum	Verbrennungsbetriebszeit ↑ (Min.)	↓ (Min.)	Besondere Vorkommnisse
2.10.44	-	59	Zwei Meilenfahrten. Bei der zweiten Fahrt ab 14^{45} Uhr wurde die höchste mit einem größeren Walter-U-Boot erreichte Geschwindigkeit von 24,8 kn (n=527) in 19 m Wassertiefe gemessen. Wenige Sekunden vor der Beendigung der Rückfahrt mußte sie wegen zu hoher Lagertemperaturen abgebrochen werden.

Datum	Verbrennungsbetriebszeit ↑ (Min.)	↓ (Min.)	Besondere Vorkommnisse
3.10.44	44	-	Nach UAK-Erprobungen im Hafen ↑-Meilenfahrt Dabei wurde kurzzeitig 14,2 kn (n=395) erreicht. Abbruch durch zu geringer Brennstoffzufuhr und Schwelbrand im Turbinenraum.
4.10.44	-	-	Beim Anstellen der W-Anlage betrug die Zersetzer-Temperatur nur 300°. Nach 40 t Durchsatz mußten die Zersetzersteine ausgewechselt werden.
7.10.44 7		141	Meilenfahrten bis 21,5 kn. Keine Störungen. Danach T-Stoff-Übernahme am 8.10.
.9.10.44	-	2	Keine Erprobung möglich, da Anschlußkabel zum Motor des Vierstoffreglers vollen Schluß hatte.
10.10.44	-	265	Dauerfahrterprobung von 11^{31} - 16^{08} Uhr. T-Stoffverbrauch 28,96 m^3. Tauchtiefe 18 m. Geschwindigkeit zwischen 19,9 und 20,35 kn.
11.10.44	4	183	Progressiv-Fahrten bis 23,3 kn. Drehkreismessungen Schnelltauchversuche mit E-Maschine und Tieftauchen bis 70 m.
12.10.44	50	30	Weitere UAK-Versuche. Beim Anfahren der W-Anlage in 50 m Tiefe trat am Entgasungsventil ein Knaller auf. Hauptentgaser für T-Stoff leckt an einer Schweißnaht. Anschließend UAK-Besichtigung der Anlage und Abnahme.

Die Übergabe des Bootes an das Kommando verzögerte sich wegen eines Motorschlusses an der Kondensatpumpe 1 nach 10 minütiger ↓-Fahrt. Da Ersatz nicht vorhanden war und auch kurzzeitig nicht zu beschaffen war, wurden die fehlenden Teile kurzerhand aus U 795 ausgebaut. Erst am 27. Oktober konnte die Übergabefahrt wiederholt werden. Nach einer störungsfreier ↓-Fahrt von 65 Minuten wurde U 792 an das Kommando übergeben. Bis zu diesem Zeitpunkt betrug die Gesamtverbrennungszeit von U 792 41 Std. 21 Min., davon 28 Std. 45 Min. unter Wasser.

Die UAK-Erprobungen von U 792 hatten gezeigt, daß die Belastungsgrenze für Dauerbetrieb bei 440 U/Min, also weit unter der vorausgesagten von 26 kn lag. Dies war jedoch nicht der Turbinenanlage zuzuschreiben, sondern eine Folge zu hoher Schmieröl- und Lagertemperaturen bei den Getrieben. Bei den GW-Booten mit 23% größerer Kühlfläche des Getriebekühlers lagen die Temperaturen wesentlich niedriger.

Der immer wieder auftretende Feldschluß bei den E-Motoren der Hilfsanlagen im Turbinenraum durch die hier herrschende sauerstoffhaltige Luft wäre wohl nur bei völlig gekapselten Motoren und eigenem Kühlluftkreislauf zu verhindern gewesen.

In den nächsten Wochen führte U 792 Ausbildungsfahrten mit Erprobung der Torpedoanlage durch. Mitte November 1944 kam es bei der Ausfahrt aus dem Kriegshafen (vermutlich Pillau) zu einem folgenschweren Zusammenstoß mit einem Truppentransporter, der die MES-Schleife fuhr. Dabei wurde von der Bb-Schraube des Motorschiffes das Stb-Tiefenruder und das Seitenruder von U 792 im unteren Teil getroffen und stark beschädigt. Die Reparatur erwies sich als sehr schwierig und umfangreich. Sie konnte wegen der sich rapide verschlechternden Kriegslage nicht mehr vollständig durchgeführt werden. Ende März 1945 wurde das Boot mit dem Kommando nach Rendsburg überführt und diente hier nur noch als schwimmender T-Stoffbunker. In der Nacht vom 3. zum 4. Mai 1945 wurde U 792 im Audorfer See von seiner Besatzung selbst versenkt. Vorher war die Walter-Anlage durch Sprengungen zerstört worden.

U 794, das bereits seit April 1944 dem Kommando für weitere Erprobungen und die Ausbildung zur Verfügung stand, wurde im Herbst zu Ansprengversuchen abgegeben. Dabei traten eine Reihe von Störungen auf. Das größte Problem bestand darin, daß nach den Ansprengungen der Zersetzer nicht mehr einwandfrei arbeitete, da vermutlich die Zersetzersteine nicht in der richtigen Schichtung lagen. Außerdem traten auch Störungen an der Brennkammer auf. Das Boot war anschließend recht k.o. und nur noch bedingt für Ausbildungszwecke geeignet. Das Boot wurde am 5. Mai 1945 in der Geltinger Bucht von seiner Besatzung durch Sprengung vernichtet und versenkt.

Die anderen beiden U-Boote der Aufträge Wa 201 und WK 202 erhielten im Frühjahr 1944 auf ihren Baustellen die geänderte Walter-Anlage mit nur einer Turbine ohne Sperrwasserpumpe und verschiedenen Verbesserungen, die sich aus den ersten Erprobungen von U 792 und U 794 ergeben hatten, eingebaut. Das betraf auch die Heckflossen mit den Ruderanlagen, die offene Brücke ohne Haube und die ausdrehbare Destabilisierungsflosse auf dem Vorschiff. Bei dem GW-Boot U 795 wurden die Torpedorohre ausgebaut, da dieses Boot keine Torpedoerprobungen durchführen sollte.
Am 4. März wurde U 793 und am 21. März U 795 ins Wasser gesetzt. Nach Restarbeiten und der Ausrüstung erfolgten in Hamburg am 19. April bzw. in Kiel am 18. April die Übergabefahrten und am 24. April bzw. 22. April dann die Indienststellungen der beiden Boote.
Bis zum 12. Mai führte U 795 in Kiel UAK-Fahrerprobungen und erste Erprobungen der Turbinenanlage durch. Vom 13. bis 15. Mai lief U 795 dann zum Erprobungskommando nach Hela, wo die Versuche fortgesetzt wurden.

U 793 traf etwas später in Hela ein und begann seine Versuchsfahrten mit der Walter-Anlage am 25. Mai. Bei den ersten drei Fahrten traten die üblichen Störungen bei der Kondensation, beim Vierstoffregler und dem Motor der Wrasenpumpe auf, dann lief das Boot aber ab 2. Juni ohne größere Störungen. Dabei wurden von Ullrich folgende Betriebszeiten notiert:

Datum	Verbrennungsbetriebszeit		Datum	Verbrennungsbetriebszeit	
	↑ (Min.)	↓ (Min.)		↑ (Min.)	↓ (Min.)
2. 6.44	10	20	20. 6.44	53	-
6. 6.44	27	43	22. 6.44	25	51
7. 6.44	-	68	23. 6.44	33	-
8. 6.44	12	67	25. 6.44	-	51
9. 6.44	21	86	27. 6.44		38
12. 6.44	-	67	28. 6.44	31	36
14. 6.44	4	84	29. 6.44	-	123
15. 6.44	8	83	4. 7.44	-	65
17. 6.44	-	331			

Bei den Meilenfahrten mit U 793 sollten möglichst genaue Geschwindigkeitsmessungen ausgeführt werden. Bisher hatte man die Geschwindigkeit über die Drehzahl abgeschätzt oder durch Staudruckmessungen recht ungenau ermittelt. Jetzt war eine exakte Weg-Zeitmessung für drei Meilendurchgänge mit ca. 13 kn, 16 kn und maximaler Leistung vorgesehen. Die Messung sollte durch die Beobachtung einer Torpedokopflampe am Turm des U-Bootes von einem mitfahrendem Schnellboot erfolgen. Für die Verständigung sollte UT benutzt werden. Heller saß im U-Boot, der Chef der UAK-Zweigstelle, Kpt.z.S. Sachs, beobachtete die Lampe vom Schnellboot. Beim ersten Durchlauf klappte dies. Doch die folgenden Durchläufe konnten nicht mehr wahrgenommen werden. Auch die Verständigung mit UT war nicht möglich. Beim zweiten Versuch das gleiche Ergebnis. Als Ursache wurde später der kleinere Unter-

wasserdrehkreis des U-Bootes gegenüber dem 400 m-Drehkreisdurchmesser des Schnellbootes herausgefunden. Die UT-Verbindung klappte vermutlich nicht, da der Aufnahmewinkel zu spitz war.
Bei einem weiteren Versuch wurden zwei U-Boote am Anfang und Ende der 2 sm-Meile postiert, die U 793 durch ihr GHG orten und dann das Licht der Lampe beim Vorbeifahren beobachten sollten. Aus Geheimhaltungsgründen durfte dabei nur jeweils der Kommandant auf der Brücke sein. Doch beim zweiten und dritten Durchgang wurde ihm keine Ortung gemeldet und der Lichtschein erst viel zu spät nach dem Durchgang entdeckt. Also keine klare Horchpeilung und keine Wahrnehmung der Schraubengeräusche.
Heller und Sachs waren ratlos. Auch bei späteren Messungen mit U 793 bei der Abhorchstelle Nexö wurde der gleiche Effekt festgestellt: Bei höheren Turbinen-Fahrtstufen statt der Schraubengeräusche nur noch ein unklares schnaufendes Geräusch. Dabei hatte man vorher angenommen, daß das Schraubengeräusch bei der hohen Drehzahl von 400-500 U/Min das Turbinengeräusch glatt übertönen müßte. Eine Schalldämmung der Turbinenanlage erschien deshalb nicht erforderlich. Es stellte sich schließlich heraus, daß der Propellerschall durch den achtern austretenden CO_2-Abgasschleier stark absorbiert wurde.

Am 8. Juni hatte man die Lösung für die Geschwindigkeitsmessung gefunden: Am Anfang und Ende der Meile lag jeweils ein VIIC-U-Boot mit ausgelegten Kabeln, die von den Booten gespeist wurden. Um den Turm von U 793 hatte man eine Kabelschleife gelegt, mit der das Überfahren der ausgelegten stromdurchflossenen Kabeln durch Messung der induzierten Spannung festgestellt werden konnte. Dazu war im Bugraum ein Verstärker und ein Schreibgerät, das die induzierte Spannung über der Zeitachse aufzeichnete, untergebracht. Damit wurden beim dritten Durchgang in 20 m Tiefe 20,75 kn gemessen.
Von jetzt an wurden diese Methode bei allen Geschwindigkeitsmessungen in der Meile vor Hela angewandt und dafür feste Kabel von Land aus verlegt.

Bis zum 18. Juni wurden mit U 793 weitere Überprüfungen und Erprobungen durch das Versuchskommando der Fa. Walter durchgeführt, darunter die Dauerfahrt über 5 Std. und 31 Min. am 17. Juni. Der Rehling-Bericht Nr. 14 führte dazu aus:

16.6. Auswechseln der Zersetzersteine nach einem Durchsatz von 37 t T-Stoff, da am 17.6. eine Dauerfahrt vorgesehen war.
17.6. 8^{30} seeklar. Dauerfahrt in 25-30 m Tiefe. Während dieser Fahrt wurde einmal gestoppt, da das [Bord-]Kommando das Tiefenruder eigenmächtig auf Handbetrieb umschaltete: Das Ruder legte sich während des Schaltvorganges durch den Fahrtstrom in die untere Hartlage, und das Boot fiel von 27 m (v = 16,5 kn) auf 66 m, wo es durch Anblasen der Tauchzelle 3 abgefangen wurde. Die W-Anlage war rechtzeitig genug abgestellt worden. Eine Grundberührung (unter Kiel 14 m) wäre u.U. nicht gut verlaufen. Bei dem in diesem Gebiet angeblich vorhandenen weichen Meeresboden hätte sich das Boot mit dem Vorschiff zumindest in den Boden gewühlt. Es wurde auf Sehrohrtiefe gegangen und geortet. In 20 m Tiefe wurde die W-Anlage dann wieder angestellt. An der Hpt.-Turbinen-Ölpumpe fiel nach einiger Zeit der Öldruck ab. Es mußte deshalb die Hilfs-Schmierölpumpe eingeschaltet werden. Nach 5 1/2 Std. Gesamtfahrzeit der Anlage wurde gestoppt, da die Temperatur vor der Turbine plötzlich anstieg. Es stellte sich später heraus, daß die Druckleitung der Speisewasserpumpe stark leckte. Die Leitung war an dieser Stelle durch Schweißlichtbogen eingebrannt und bei höherem Druck aufgerissen. ...

Nach der Dauerfahrt, bei der 22,5 m^3 T-Stoff verbraucht wurden, wurde die Oberschicht der Zersetzersteine ausgewechselt und neuer Treibstoff übernommen. Dann begannen am 19. Juni die UAK-Erprobungen mit Meilen- und Progressivfahrten in 20 und 50 m Tiefe sowie Tauchmanöver und Drehkreismessungen. Sie wurden am 1. Juli mit einer Besichtigung des Bootes und der Antriebsanlage abgeschlossen. Nach einigen notwendigen Restarbeiten und einer Probefahrt wurde U 793 am 4. Juli an das Kommando für den Schulbetrieb und weitere Erprobungen übergeben.

Oben. Das neben Helling VIII der GW aufgelegte Walter-Boot U 795 am 13. Februar 1945.

Unten: Das Heck von U 793 (links) und U 795 (rechts) nach Kriegsende.

Nach einer Gesamtbetriebszeit der Walter-Anlage von 46 Stunden und 37 Minuten war bei U 793 am 22. August 1944 eine Grundüberholung erforderlich, die bis zum 12. Oktober dauerte. Am 14. Oktober begannen Typerprobungen im Tauchquadrat. Ab 17. Oktober konnten dann die Schulfahrten wieder aufgenommen werden.
Bis zum 8. November 1944 hatte sich die Betriebszeit der Walter-Anlage bei U 793 auf 64 Stunden und 13 Minuten erhöht. Ende 1944 war sie heruntergefahren und unklar. Wegen der ungünstigen Kriegslage kam eine vollständige Überholung bei diesem Schulboot nicht in Frage. So übernahm Oblt.z.S. Friedrich Schmidt im Januar 1945 ein Boot, das nur noch mit konventionellen Antriebsmitteln gefahren werden konnte. Am Ende des Krieges lag es in Rendsburg und wurde von dort zusammen mit U 792 im Audorfer See selbstversenkt.

Das zweite GW-Boot U 795 mußte gegenüber U 793 wieder zurückstehen, da dieses B&V-Boot für die Ausbildung der Besatzungen der fünf Serienboote U 1405 - U 1409 möglichst rasch seine endgültige UAK-Abnahme erhalten sollte. U 795 führte bis September 1944

Walter-Erprobungen von Hela aus durch, die am 5. Juni und 14. September durch Fahrten nach Pillau zur Entmagnetisierung in der MES-Schleife unterbrochen wurden. Diese Abstecher nach Pillau waren jetzt wegen der zunehmenden Verminung der Danziger Bucht durch britische Flugzeuge notwendig. Dann begann auch für U 795 die UAK-Erprobungen, die am 22. September abgeschlossen werden konnten. Nach Überholungsarbeiten nahm das Boot seinen Schulbetrieb auf, der immer wieder durch Maßnahmen unterbrochen werden mußte, die im Zusammenhang mit der Zerstörung der Isolierung von Hilfsmotoren durch die sauerstoffreiche Luft im Turbinenraum standen. Am 17. Oktober mußte das Boot seinen Kondensatpumpenmotor für U 792 zur Verfügung stellen, bei dem die Feldspulen durchgebrannt waren. Am 2. November brannte bei einer Probefahrt von U 795 der Motor der Hilfsgetriebeölpumpe vollständig aus, und am 5. November entstand auf der 36. Fahrt von U 795 nach dem Auftauchen ein umfangreicher Brand im Turbinenraum, der eine starke Erwärmung des Raumes und der Schottwand verursachte. Der Brand hatte seine Ursache bei der Wrasenpumpe, erfaßte die Kabelbahn und fraß sich durch die Schottdurchführungen in den Dieselraum. Das Boot befand sich in großer Gefahr. Mit angelegten Tauchrettern konnte nach Öffnen der Schottür der Brandherd mit Löschwasser bekämpft werden. Da der Schaden beträchtlich war, zogen sich die Instandsetzungsarbeiten bis Mitte November hin. Vor der anschließenden Erprobung der Walter-Anlage mußte das Boot am 17. November erst einmal wieder zum Entmagnetisieren nach Pillau. Nach einigen Werftarbeiten in Flensburg am 7. und 8. Dezember wurde U 795 zu Ansprengversuchen in die Sonderburger Bucht abgestellt. Nun war das Boot für eine Gesamtüberholung reif, die bei der Bauwerft GW erfolgen sollte. Am 17. Dezember wurde U 795 dazu auf einen Montageplatz neben der Helling VIII abgesetzt. Die vorgesehenen Arbeiten kamen aber wegen Facharbeiter- und Materialmangels sowie fehlender Dringlichkeit nicht voran. Am 22. Februar 1945 wurde das aufgelegte Boot außer Dienst gestellt, und vor dem Einmarsch der britischen Truppen in Kiel wurde am 3. Mai der Turbinenraum von U 795 durch Sprengung zerstört.

U 793 im Herbst 1945 bei den Kieler Howaldtswerken am Schwentine-Ufer.

6 Das Trauerspiel um den U-Boottyp XVII

Nach dem am 28. September 1942 von Dönitz und Waas veranlaßten Eingreifen Hitlers in die Beschaffung von Walter-U-Booten hatte sich das OKM dazu durchgerungen, am 4. Januar 1943 je 12 Front-U-Boote auf der Basis der Wa 201- und WK 202-Konstruktionen bei B&V und GW in Bau zu geben. Sie erhielten die Typbezeichnungen XVII B (U 1405 – U 1416) und XVII G (U 1081 – U 1092).
In einer Besprechung über Typ XVII B am 28. April 1943 bei Blohm & Voß, an der vom OKM Oberbaurat Waas, von HWK Hellmuth Walter, Dr. Karl Fischer und Oblt. (Ing.) Gabler und von B&V Direktor Berendt und Obering. Lütgens teilnahmen, wurde u.a. ausgeführt:

Vom BdU ist in einer Besprechung vor einigen Monaten in Paris die Forderung aufgestellt worden, daß Boote für den Fronteinsatz über eine Unterwasserfahrzeit [mit E-Motoren] von 50 Stunden verfügen sollen. Von dieser Forderung ist jedoch den Werften keine Kenntnis gegeben worden. Die Unterwasserfahrzeit der Boote beträgt mit der jetzt vorgesehenen Batterie von 3000 Ah 25 Std. Eine Vergrößerung der Batterie auf 4500 Ah würde eine Verlängerung der Unterwasserfahrzeit auf 38 Stunden bringen. Die Ladezeit der Batterie würde sich von 6 auf 9 Stunden erhöhen. Bei dem vorgesehenen Dieselmotor von 400 PS ist durch Vergrößerung der E-Maschine für die Ladung während der Fahrt eine Verkürzung der Ladezeit der großen Batterie auf 8,5 Std. möglich. Für eine weitere Abkürzung wäre ein anderer Dieselmotor erforderlich, der die gleiche Leistung bei einer geringeren Drehzahl aufbringen kann oder eine größere Leistung bei gleicher Drehzahl. Ein solcher kommt aber wegen der langen Entwicklungszeit nicht in Frage. ....
Es wurde festgelegt, daß B&V lediglich die Liefer- und Unterbringungsmöglichkeiten der vergrößerten Batterie von 4500 Ah untersuchen wird. Hierbei wäre das Boot um etwa 2 Spanten zu verlängern, wobei der Spantabstand im Bereich der Batterie den Zellenabmessungen anzupassen wäre. In einer Besprechung am 4.5.43 bei B&V, an der Herr Oberbrt. Waas, die Firma H. Walter, Kiel, und voraussichtlich ein Vertreter der Germaniawerft teilnehmen werden, soll über das Ergebnis der Untersuchungen berichtet werden. ...

Die Vergrößerung der Batterie war dann vorerst die einzige wesentliche Änderung der vorgesehenen Front-U-Boote gegenüber der Wa 201-Ausführung. Die bei der GW konstruierten XVII G-Boote wurden jedoch nach den Erfahrungen mit WK 202 auf 39,51 m verlängert.

Der Schiffbau-Dipl.-Ing. und spätere LI auf dem erfolgreichen Suhren-Boot U 564, Oblt. (Ing.) Gabler, war auf Anregung von Heep von Hellmuth Walter gewünscht und Anfang 1943 zur Firma Walter abgeordnet worden. Marinebaudirektor Dr. Karl Fischer von der Kriegsmarinewerft Wilhelmshaven, wurde dann von Walter direkt bei Dönitz angefordert. Er kam Anfang April zur HWK und übernahm dort die Hauptabteilung Schiffbau. Durch diese beiden Marineingenieure mit großer Erfahrung, wurde die bisher von Dr. Nielsen wesentlich bestimmte Entwicklung der Walter-U-Boote in Richtung auf schneller zu realisierende Entwürfe abgeändert. Beiden war besonders der Turbinenengpaß deutlich. Als erste Konsequenz entstand unter dem Einfluß von Gabler der Entwurf eines kleinen Walter-U-Bootes von 155 m³ Deplacement mit nur einer Walter-Turbine von ca. 1850 PS. Das U-Boot sollte schnell gebaut und wegen seiner geringen Größe auch auf dem Landweg zu Einsatzstützpunkten im Mittelmeer und dem Schwarzen Meer transportiert werden können. Beim OKM erhielt dieser Entwurf im Juni 1943 die Bezeichnung Typ XXII.

Nach dem im Mai 1943 eingetretenen Desaster im U-Bootkrieg mit den bisherigen U-Booten hatte Dönitz, seit 30. Januar 1943 Oberbefehlshaber der Kriegsmarine, am 31. Mai 1943 bei

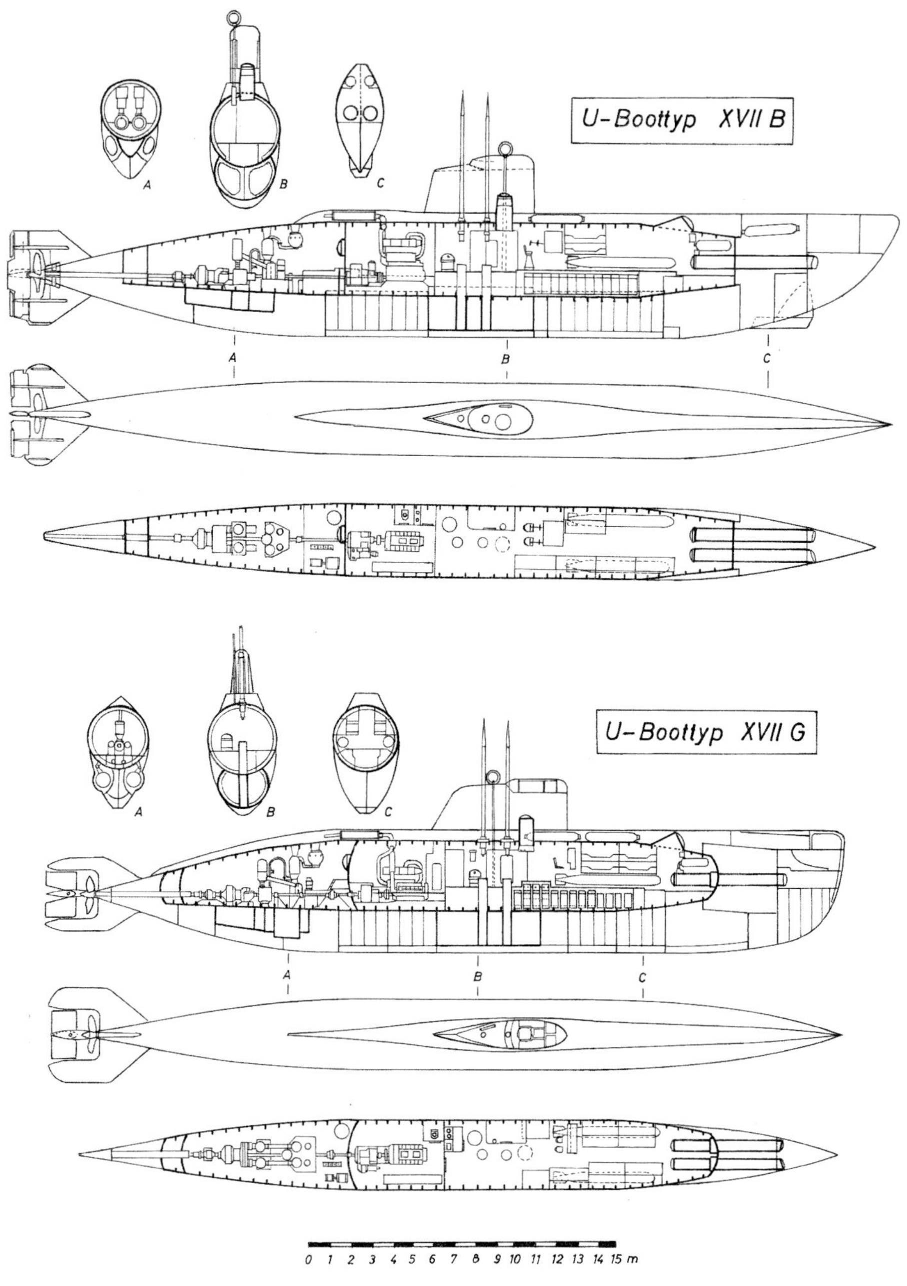

Hitler eine Erhöhung der monatlichen Ablieferungsrate auf 40 erreicht. Die zuständigen Baubeamten der Marine mußten nun in kürzester Zeit einen Ablieferungsplan erstellen, der einerseits die von der Führung gewünschten neuen Typen (XX, XXI, XVII B, XVII G und XXII) und andererseits möglichst rasch die monatliche Ablieferungsrate von 40 Stück enthalten sollte. Da kleine Boote schneller zu bauen waren, sollten die Walter-Typen XVII B, G und XXII in großer Stückzahl sofort in Bau genommen werden, ohne Rücksicht darauf, daß noch nicht einmal von den Erprobungsbooten dieser Typen ein Boot fertiggestellt war. Am 6. Juli erhielten B&V und GW je einen Auftrag über 48 U-Boote der Typen XVII B bzw. XVII G. Als Nachbauwerft sollten die Nordseewerke Emden dazu weitere 12 Typ XVII B-Boote herstellen. Vom Typ XXII erhielten die Howaldtswerke in Kiel und Hamburg Aufträge über je 36 U-Boote. Von den XVII B-Boote bei B&V sollten ab Januar 1944 2, im Februar dann 3 und ab April monatlich 4 Boote mit einer Bauzeit von 4–5 Monaten abgeliefert werden, so daß bis April 1945 der gesamte Auftrag abgewickelt war. Bei der GW sollten die Ablieferung der XVII G-Boote zwar erst im April 1944 beginnen, doch dann im monatlichen Rhythmus von 4, 4, 5-Booten erfolgen, so daß bis Mai 1945 ebenfalls die 60 Boote fertiggestellt wären.

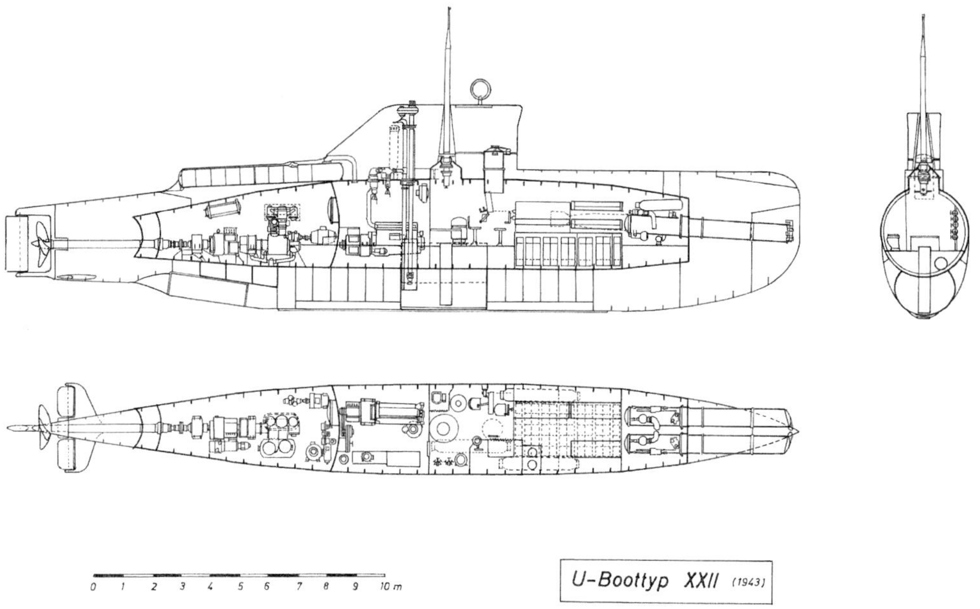

U-Boottyp XXII (1943)

Für die 36 Typ XXII–Boote bei den Kieler Howaldtswerken plante man nach dem schnellen Bau von zwei Vorausbooten (U 1153 u. U 1154) den Beginn des Serienherstellung im Mai 1944 mit monatlich drei Booten.

In aller Eile wurde am 10. Juli im Walterwerk eine große Besprechung einberufen mit dem Ziel, die erforderlichen Bestellungen für die hohe Zahl von Walter-Anlagen vorzubereiten. Zersetzer und Brennkammern sollten bei DWK und Kieler Howaldtswerke, Ventile und Turbinen-Gehäuse bei der Ruhrstahl AG, Getriebe bei Krupp, Essen, Turbinen bei Brückner, Kanis & Co, Kondensatoren bei der Fa. Ganzler, Dreistoffpumpen bei Henschel & Sohn, Wrasenpumpen bei SSW und die E-Anlage bei AEG hergestellt werden.
Beim Typ XXII sollte das erste Vorläuferboot U 1153 bereits im Dezember 1943 von den Kieler Howaldtswerken abgeliefert werden.

Am 14. Juli hielt K beim ObdM einen Vortrag über die in Bau gegebenen Walter-U-Boote Typ XVII und XXII. Dabei wurde mitgeteilt, daß sich die Ablieferungstermine wegen 'maschinenbaulicher Schwierigkeiten' um drei Monate verschieben würden. Außerdem wurde erklärt, daß der Typ XVII zum Aufladen der Batterien mit der schwachen Dieselanlage 9 Stunden stilliegen müßte. Bei späteren Serien würde jedoch diese Zeit auf die Hälfte verringert werden können. Beim Typ XXII wären dagegen die Aufladeschwierigkeiten schon nahezu behoben. Der ObdM entschied, „daß der Typ XVII trotz der bekannten Mängel und be schränkter Verwendungsmöglichkeit herausgebracht wird, damit der Bau der Großserien auf

Modell des U-Boottyps XXII von Heinrich Kistenich.

Grund der Erfahrungen in der Versuchsserie Typ XVII möglichst bald in Angriff genommen werden kann".

Bei der Skl war man etwas ratlos, was man mit den vielen kleinen Walter-U-Booten machen sollte. Waas unterbreitete in dieser Situation den Vorschlag, diese schnellen U-Boote als Schutz einer Flotte von kleinen aus Handelsschiffen umgebauten Flugzeugträgern einzusetzen, mit denen die zur tödlichen Falle ein- und auslaufender U-Boote gewordene Biskaya freigekämpft werden könnte. Dieser Gedanke wurde aber einhellig abgelehnt. In seiner Stellungnahme äußerte z.B. die Skl IIIa am 24. Juni 1943:

Es ist die alte Sache. Es ist etwas Neues und sehr Brauchbares gefunden worden. Statt sich nun mit den gegebenen Seiten dieser neuen Waffe abzufinden, erträumt man sich von ihr Wunderdinge. Wenn diese dann später nicht zustande kommen, wird man sehr enttäuscht sein. Der Verfasser übersieht, daß

1.) die ↓-Geschwindigkeit des Walter-Bootes, wenn sie auch sehr hoch erscheint, immer noch 7 bis 10 kn kleiner ist, als die eines Kreuzers oder Zerstörers, daß
2.) mit der Torpedowaffe kein Gefecht wie mit der Artillerie geführt werden kann, daß
3.) die Luftherrschaft über einen bestimmten Raum nicht allein mit Jägern ausgeübt werden kann. Die überlegene Geschwindigkeit der gegnerischen schweren und auch leichten Überwasserstreitkräfte gibt den Walter-U-Booten höchstens einmal eine Angriffsgelegenheit, wenn es sich zum Schutz des eigenen Flugzeugträgers diesen entgegenstellt.
   Wenn das Gebiet des U-Bootes einmal durchlaufen ist, sackt es im weiteren Verlauf dieses Verfolgungsgefechtes achteraus, während der Flugzeugträger oder auch mehrere die Beute der Überwasserstreitkräfte werden.
   Die Jäger werden wohl eine geringe Anzahl der Flugzeuge vernichten können. Aber diese wird klein sein, da sie selbst mit feindlichen Jägern rechnen müssen. ....
   Wenn der Verfasser meint, daß neue Waffen stets zu einer neuen Form der Kriegsführung geführt haben, so hat er recht, nur handelt es sich bei dem Walter-U-Boot nicht um eine neue Waffe, sondern nur um eine Fortentwicklung einer bisherigen. Infolgedessen wird sich im Prinzip auch nichts an ihrer Anwendung oder an ihrer Abwehr ändern.

Nun, diese Aufregung war überflüssig. Dönitz setzte auf das neue Elektro-U-Boot. Am 29. Juni schrieb er in einem persönlichen Brief an Walter:

Sehr geehrter Herr Walter!
Nach den von Ihnen stammenden Gedanken über Formgebung schneller Unterseeboote und nach der gemeinsam mit dem Oberkommando der Kriegsmarine von Ihnen geleisteten Entwicklungsarbeit auf diesem Gebiet hat sich auf Grund eines im Oberkommando der Kriegsmarine durchgearbeiteten Entwurfs eine Möglichkeit ergeben, einen neuen Uboottyps zu entwickeln. Dieser Typ ergibt, mit einer der

Art nach normalen Uboots-Maschinenanlage ausgerüstet, schon so beachtliche Eigenschaften, daß ich seine baldige Einführung angeordnet habe.
Unabhängig von den Vergütungen, die Ihnen auf Grund der bestehenden Vereinbarungen in diesem Falle zustehen, spreche ich Ihnen meinen besonderen Dank dafür aus, daß es auf Grund Ihrer Ideen und Vorarbeiten möglich gewesen ist, die Entwicklung eines wichtigen neuen Uboottyps einzuleiten.
Ich hoffe ferner, daß die im Herbst d. Js. Zu erwartenden ersten Fahrten Ihrer Boote erfolgreich verlaufen, da ich nach wie vor größten Wert auf die Entwicklung von Walter-Booten hoher Unterwassergeschwindigkeit mit Walter-Maschinenanlage lege.
Ihr getreuer Dönitz

Die bisherigen U-Boote konnten sich unter Wasser nur relativ langsam bewegen, wobei sie nur schwer aus dem Bereich der feindlichen Abwehr kamen. Bei höheren Fahrstufen entluden sie ihre Batterie relativ schnell, wobei sie überdies recht laut waren. Beides führte zu dem Zwang, viel über Wasser fahren zu müssen. Die starken U-Bootverluste ab Mai 1943 geschahen aber meist bei oder nach georteter Überwasserfahrt. Diese Tatsache war für 2/Skl BdU op. die militärische Rechtfertigung für die Einführung der Elektro-U-Boote mit der Devise: "Ein großer ↓-Fahrbereich ist wichtiger als eine hohe ↓-Geschwindigkeit."
Ende Juli 1943 äußerte sich der Asto der Operationsabteilung Herbert Schultze in diesem Sinne. Dies führte bei der Firma Walter zu Überlegungen, wie das bei dem vorhandenen Typ XVII zu erreichen wäre. Unter der Leitung von Dr. Fischer wurde versucht, aus dem Typ XVII B durch Verzicht auf die Dieselanlage und bei gleichzeitiger Vergrößerung des Treibstoffvorrates ein 'reines Unterseeboot' zu schaffen. Mit der Verdrängung, den Abmessungen und der Bewaffnung des Typs XVII B wurden zwei Projekte ausgearbeitet:

a) Turbinenleistung 1160 PS	↓- Fahrbereich:	3200 sm/ 8 kn oder
T-Stoffvorrat 100 t		660 sm bei max. 15,7 kn oder
		1600 sm / 8 kn + 330 sm / 15,7 kn
b) Turbinenleistung 2000 PS	↓- Fahrbereich:	2500 sm / 8 kn oder
T-Stoffvorrat 80 t		1700 sm / 8 kn + 80 sm bei max. 20 kn

Zum Vergleich wurde aus dem Typ XVII B auch ein Elektro-U-Boot (Typ XVII E) entwikkelt, das folgende Eigenschaften hatte:

↑-Depl. 340 t	Antrieb:	1 Dieselmotor mit 900/600 PS und 40 t Brennstoff
L ü.a. 43,9 m		1 E-Maschine mit 1160 PS und ½ Typ VII C-Batterie
B 3,3 m	↑-Fahrbereich:	3800 sm bei max. 10 kn
	↓-Fahrbereich:	280 sm / 2 kn
		138 sm / 6 kn
		32 sm bei max. 12,7 kn

Auf dem Papier wäre die Variante mit dem Walter-Antrieb dem Typ XVII E selbst bei Benutzung eines Schnorchels überlegen gewesen. Doch hätte die Umkonstruktion des Typs XVII B auf reinen Walter-Antrieb eine längere Entwicklungszeit benötigt.

Bei der ersten Tagung der neu eingerichteten Unterkommission U-Boote am 5. August schlug Dr. Fischer wohl deshalb nicht diese Projekte, sondern nur die Änderung des Typ XVII-Antriebs auf eine Turbine vor. Jedoch wäre eine vergrößerte Batterie und für deren schnelle Aufladung ein stärkerer Dieselmotor wünschenswert.
Für den Einturbinenantrieb nannte er drei Varianten:
1 Dieselelektrischer Antrieb und 1 Typ XVIII-Turbine von 7500 PS.
2. Dieselelektrischer Antrieb und 1 Typ XVII-Turbine von 3000 PS.
3. Dieselmechanischer Antrieb und 1 Typ XVII-Turbine von 3000 PS.
Die Abmessungen des Bootes könnten etwa beibehalten werden, wenn die bisherige XVII B-Batterie 26 MAL mit 4500 Ah verwandt und nur der Dieselmotor durch Übergang zu dem

Deutz-Zweitakter T 12 M 114 mit 400 PS bei 1500 U/Min oder der MWM-Type RS 125 mit 400 PS bei 1100 U/Min sowie der E-Maschine auf 270 PS verstärkt würde.
Falls jedoch die Batterie durch Verwendung der 44 MAL-Type auf 7700 A gebracht werden sollte, würde sich ein maschinenbauliches Mehrgewicht von ca. 18 t ergeben und das Boot müßte um ca. 3 m verlängert werden, wodurch die Verdrängung um rd. 80–100 t steigen würde, was wiederum Auswirkungen auf die Maximalgeschwindigkeiten hätte.
Bei den weiteren Untersuchungen wurde vorerst diese vergrößerte Variante ausgeklammert und nur die Realisierungsmöglichkeit des Entwurfes mit der bisherigen Batterie betrachtet. Mit der 7500 PS-Turbine wären zwar ↓ max. 28 kn möglich, doch stand sie ja noch nicht zur Verfügung. Deshalb käme für eine schnelle Verwirklichung nur die auf 3000 PS gebrachte Typ XVII-Turbine in Frage, mit der ↓ eine Geschwindigkeit von max. 21 kn erreichbar wäre. Diese Entwürfe erhielten die Sammelbezeichnung Typ XVII A.
Zur Frage einer Realisierung dieser Abwandlung des Walter-Typs XVII führte Dr. Fischer am 15. August in Pkt V. 'Vorschläge' der schriftlichen Zusammenfassung seines Vortrages vor der Unterkommission U-Boote aus:

Der Übergang zum Serienbau von U-Booten vom Typ XVII kann erst dann empfohlen werden, wenn die Turbinenanlage Frontfähigkeit auf den Versuchsbooten nachgewiesen hat.
Es wird weiter vorgeschlagen, außer den in den nächsten Monaten fertig werdenden 4 Versuchsbooten, die bereits bestellten je 12 Boote bei der GW und bei B&V bauen zu lassen. Davon sollen die ersten 6 Boote auf jeder Werft ohne Änderungen gegenüber den z..Zt. vorliegenden Bauzeichnungen gebaut werden.
Die zweiten 6 Boote können schon die neuen militärischen Forderungen nach größerem Fahrbereich bei Verzicht auf einige kn an Höchstgeschwindigkeit berücksichtigen. Dazu braucht am Boot nichts geändert zu werden; von den jetzt vorgesehenen 2 Turbinen wird 1 Turbine mit ihrer Kondensationsanlage fortgelassen. Damit sinkt die Höchstgeschwindigkeit auf etwa 21 kn. Der Fahrbereich wird für den Turbinenantrieb um etwa 50% steigen. Auf diesen Booten kann dann zusätzlich ein CO_2-Verdichter und evt. auch eine an das Getriebe angehängte Treibstoffpumpe erprobt werden. Diese Fahrweise würde für die nachfolgenden Serienboote also noch gelten. Außerdem kann ein Marsch-(Schleichfahrt-) Motor angeordnet werden. Es darf erwartet werden, daß diese 12 Boote bereits zum Fronteinsatz geeignet sind.

Für die rasche Herstellung des neuen U-Boottyps XXI in großer Stückzahl sah Dönitz als einzige Lösung die Einbeziehung der Marinerüstung in Speers Rüstungsimperium. Speer beauftragte den Automobilhersteller Merker mit der Organisation des Typ XXI-Serienbaus und dieser versprach mit den Fließbandmethoden seiner bisherigen Branche auch beim U-Bootbau zu wesentlich kürzeren Bauzeiten und hohen Stückzahlen zu gelangen, wenn alle Anstrengungen auf diesen Typ ausgerichtet werden würden. Der Bau der bisherigen U-Boottypen und die neuen Sonderbauten müßten also gestoppt werden. Nachdem auch für den Küstenbereich ein kleines Elektro-U-Boot, der Typ XXIII, der wieder durch Anregung von Oelfken in Anlehnung an den Walter-Entwurf XXII entstanden war, vorlag, befahl Dönitz am 13. August 1943:

1. Das U-Bootprogramm wird umgestellt auf U-Boote Typ XXI und XXIII.
2. Typ XXI Atlantikboot, Typ XXIII Küstenvorfeld- bzw. Mittelmeerboot.
3. Typ XXI tritt an Stelle bisheriger Kampfboote Typ VII, IX usw.
   Typ XXIII zunächst 120 Boote, und zwar ab März/April [1944] 20 Boote im Monat.
4. U-Bootprogramm insgesamt auf monatlich 40 Boote halten. Durch Umstellung der Typen darf ein Loch in der Fertigung nicht entstehen. Aufgliederung auf einzelne Typen bei monatlicher Fertigung wird noch festgelegt. 20 Typ XXIII-Boote kosten voraussichtlich 5-6 große Boote.
5. Typ XVII (Walter-) U-Boote werden weitergebaut: 4 + 24 = 28 Boote. Entwicklung wird nicht aufgegeben.
6. Typ XVIII (große Walter-) U-Boote: Die beiden Versuchsboote werden weitergebaut.
7. Auf den Bau Typ VII C/42 wird verzichtet zugunsten Typ XXI.

Damit war das große Walter-Programm vom 6. Juli für die U-Boottypen XVII B, XVII G und XXII 'gestorben'. Nur die bereits Anfang des Jahres vergebenen Aufträge blieben vorerst bestehen. Die Anordnung von Dönitz sah also keinen zusätzlichen Serienbau für den Typ XVII mehr vor. Viele Überlegungen von Dr. Fischer waren dadurch nicht mehr aktuell, und die zuständigen Gremien beschäftigten sich nicht mehr mit seinen Vorschlägen, obwohl sich die Unterkommission U-Boote besonders an dem dieselelektrischen Antrieb für den Typ XVII interessiert gezeigt hatte.

Die Unterkommission U-Boote unterstand der Schiffbaukommission (SBK), die jetzt allein für die Entwicklung neuer Kriegsschiffe zuständig war. Die SBK war durch einen Gemeinschaftserlaß des ObdM und des Rüstungsministers vom 22. Juli 1943 geschaffen worden und unterstand dem Rüstungsministerium. Mit der Leitung war V.Adm. Karl Topp beauftragt worden. Als einzige Baubeamte waren MBDirektor Oelfken (Maschinenbau), Min.Rat Driessen (Schiffbau) und der Walter-Referent MOBR Waas in dieses wichtige Gremium berufen worden. Die hier erfolgte Erweiterung seiner Kenntnisse und Mitsprache bei den vielen neuen Entwicklungen führten dazu, daß Waas bei Kriegsende wohl von allen Marinebeamten den größten Überblick über die verschiedenen Entwicklungsvorhaben der Marine hatte.

Die vorgesehene Kiellegung des ersten XVII B-Bootes U 1405 war der 5. August 1943. Das nächste Boot U 1406 sollte am 30. September 1943 folgen, die weiteren in 6- und später in 4-wöchigen Abstand. Die Boote sollten auf hergerichteten Montageplätzen an dem großen Trockendock ELBE 17 gebaut werden. Es wurde hier mit einer Bauzeit von 7 – 8 Monaten gerechnet. Für die Ausrüstung nach dem Stapelhub war ein weiterer Monat vorgesehen. Als Auswirkung des schweren Luftangriffes am 25. Juli verzögerte sich der Baubeginn von U 1405 jedoch bis zum 15. Oktober. Die nächsten Kiellegungen folgten dann aber in kürzeren Abständen. Als letztes Boot der ersten Serie wurde U 1410 am 31. Dezember 1943 begonnen. Als Neuerung sollten sie die von Dr. Maaß (Atlas-Werke) vorgeschlagene Balkonausführung des Gruppen-Horchgerätes erhalten.

Bei der Germaniawerft sollte das erste Typ XVII G-Boot, U 1081, am 1. Juli 1944, das letzte, U 1092, am 20. Februar 1945 fertig sein. Auch diese Termine waren nicht zu halten. Bei der GW kam noch erschwerend dazu, daß die Werft im Rahmen der Umstellung des U-Bootbaus von der Deutschen Werft in Hamburg, der Vegesacker Werft und der Deutsche Werke Kiel AG (DWK) Aufträge für 'artfremde' U-Boottypen, nämlich die Transport-U-Boote Typ XX und die Versorgungs-U-Boote Typ XIV, auf die vorerst noch nicht verzichtete werden konnten, übernehmen mußte. Auch die beiden großen Walter Boote Typ XVIII sollten jetzt hier gebaut werden. Um das in den Griff zu bekommen, wurde am 10. Oktober bei der GW mit dem HAS darüber beraten. Der HAS-Aktenvermerk enthält u.a. folgenden Vorschlag zum Typ XVII G-Bau:

> Da die Kapazität der GW ... nach Auslauf der Boote Typ VII C nicht ausreicht, neben den in Auftrag befindlichen Walter-Booten (Typ XVII) die Programme der Deutschen Werft, des Bremer Vulkan und der DWK AG, Kiel, nebeneinander zu den ursprünglichen Terminen abzuwickeln, ergibt sich für diese neu zu übernehmenden Boote zwangsläufig eine Streckung der Ablieferungstermine. ...
> Um eine Vorverlegung [der bis April 46 sich hinziehenden Ablieferungen der Versorgungs- und bis April 47 sich erstreckenden Ablieferungen der Transport-U-Boote] zu erreichen, wurden .. 6 von den 12 Booten des Typs XVII von der GW zur Firma Blohm & Voß umgelegt, die sich bereit erklärt hatte, diese Boote ohne Beeinträchtigung des ihr übertragenen Zusammenbaus von monatlich 15 Booten Typ XXI zu übernehmen. ...

Bei der Besprechung am 13. Oktober 1943 im K-Amt zwischen Dönitz und dem HAS wurden diese Fragen behandelt. Dabei erklärte sich Dönitz bereit, auf diese sechs Boote des Typs XVII G zu verzichten.

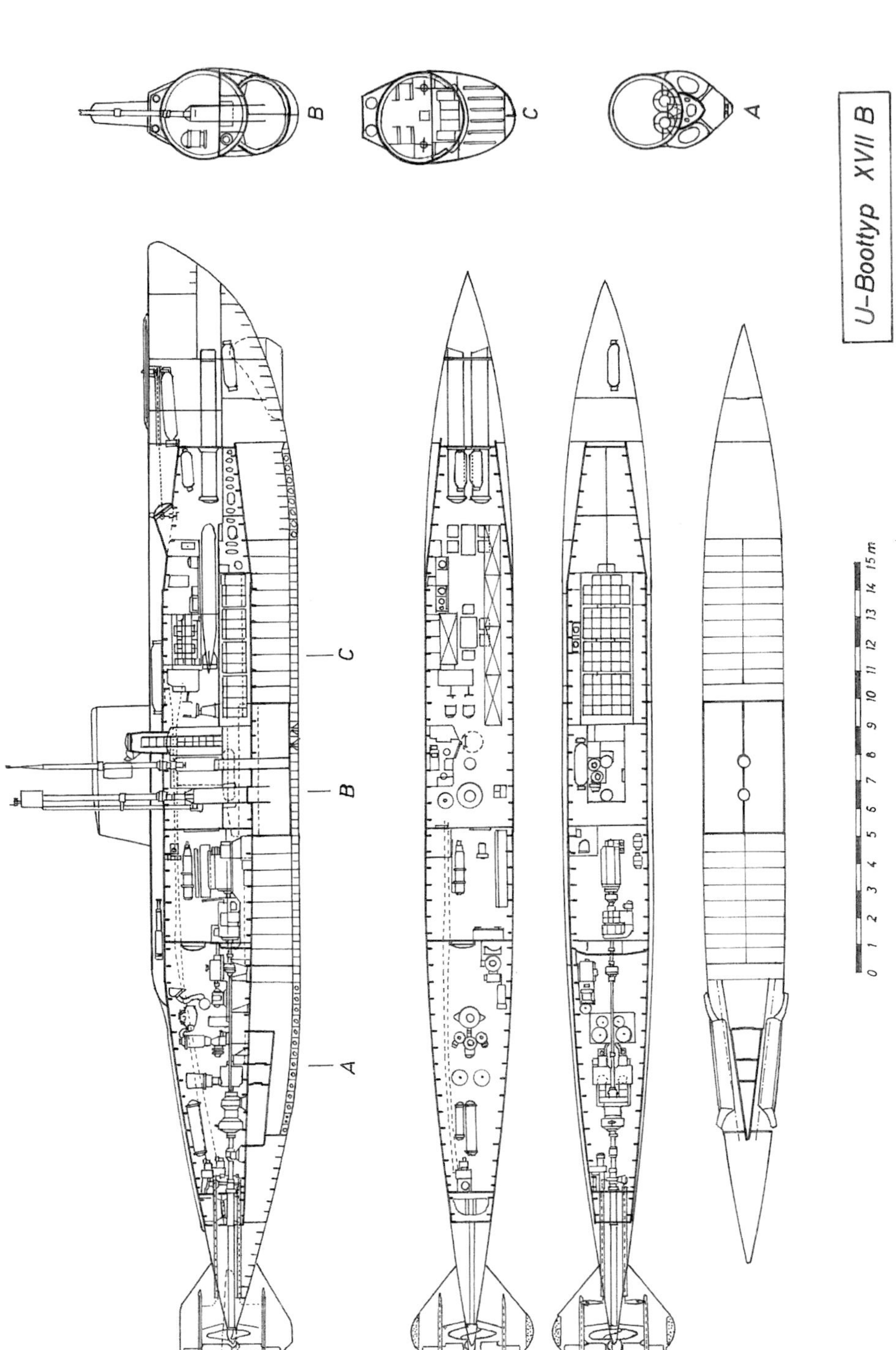
U-Boottyp XVII B
A
B
C
0 1 2 3 4 5 6 7 8 9 10 11 12 13 14 15 m

Somit verblieben bei GW noch sechs Typ XVII G-Boote, von denen die erste Kiellegung am 23. Februar 1944 erfolgen sollte. Am 6. November 1943 wurden dann aber mit K Iuc Nr. 23500/43 g. sämtliche 12 Boote des Typs XVII G zusammen mit den letzten 6 B&V-Booten des Typs XVII B (ab U 1411) sistiert. Diese Sistierung wurde am 22. Juli 1944 vom OKM dann in Annullierung umgewandelt

Am 14. Dezember 1943 teilte der HAS der Werft B&V mit, daß mit der Ablieferung von U 1410 im Juli 1944 der Bau der U-Boote Typ XVII auslaufen würde. Am 13. März 1944 wurden dann auch die Arbeiten an U 1410 zu Gunsten des bei der GW in Auftrag gegebenen Versuchsbootes U 798 mit einem Kreislauf-Dieselmotor eingestellt. Der Bootstorso wurde abgebrochen, die noch verwertbaren Teile wurden ausgebaut.

Von den 24 in Auftrag gegebenen Typ XVII-Walter-U-Booten waren also nur noch U 1405 – U 1409 in Bau. Am 26. Oktober 1943 hatte die Planung bestanden, daß die ersten beiden Boote im Mai 1944, die folgenden zwei im Juni und die nächsten beiden im Juli abgeliefert werden sollten. Der Bau kam aber nur sehr schleppend voran, da der Zusammenbau der Typ XXI-Boote Vorrang hatte und deshalb immer wieder Arbeiter von den Typ XVII B-Baustellen abgezogen wurden. Nach dem Erlebnis einer Fahrt mit dem Walter-U-Boot U 794 am 23. März 1944 und der Vorlage des Typ XXVI-Entwurfes der Firma Walter war Dönitz wieder stärker an einer baldigen Fertigstellung der ersten Walter-Front-U-Boote interessiert und setzte sich dafür ein, daß die abgezogenen Arbeiter wieder zurückbeordert wurden. Nach dem sogenannten Ministerprogramm vom 1. Juni sollten die ersten beiden Boote jetzt im August und die nächsten beiden im September 1944 fertig werden. Am 15. Juli war dann nur noch die Ablieferung eines Bootes im August, jedoch der folgenden im September geplant. Doch die Behebung der Verzögerungen beim Typ XXI-Bau hatte Vorrang. So arbeiteten am 1. August nur 200 Arbeiter an den fünf verbliebenen XVII B-Booten, und die Aussicht auf eine baldige Fertigstellung war auch wegen fehlender Teile der Walter-Anlagen sehr gering.

Im Juni 1944 war beschlossen worden, daß die verbliebenen XVII B-Boote mit einen Ausfahrschnorchel ausgerüstet werden sollten. In einer Besprechung zwischen B&V und K II U am 13. Juli wurde dazu ausgeführt:

Über unseren Vorschlag, der sich an den dem OKM bekannten Versuchseinbau eines Schnorchels auf einem Typ II-Boot anlehnt, äußerte Herr Breuer [K II Uw] keine grundsätzlichen Bedenken. Er bittet jedoch, nachdem die Frage, ob die Schnorchelanlage eingebaut werden soll oder nicht, endgültig geklärt ist, dem OKM die inzwischen vervollständigten Zeichnungen einzureichen.. Über die Beschaffung von Ausschußrohren für die Anfertigung von Zuluftschnorchelmasten teilte Herr MOIng. Lembke mit, daß der Sehrohrsachbearbeiter des KMA-Kiel, Herr Lukowski, die Möglichkeit der Auslieferung von Mantelrohren bereits untersucht und sich mit B&V nach Klärung in Verbindung setzen wird. Falls KMA keine Rohre abgeben kann, werden wir gebeten, deswegen bei Zeiss anzufragen.

Am 23. August wurde in der 18. Rüstungsbesprechung der Kriegsmarine festgestellt, daß der Fertigbau von U 1405 – U 1409 ohne weitere große Verzögerungen nur möglich wäre, wenn diese Boote nur eine Walter-Turbine erhalten würden. Allerdings betrug dadurch die Unterwasserhöchstgeschwindigkeit nur noch 20 kn. Nachdem man dies akzeptiert hatte, mußte die Turbinenantriebsanlage des Typs XVII B umkonstruiert werden. Dies führte zu einer Bauunterbrechung im September. Erst auf der 21. Rüstungsbesprechung am 4. Oktober wurden die Typ XVII B-Boote wieder in die Planung aufgenommen und folgende neue Ablieferungstermine festgelegt: 1.12.1944, 1.1.1945, 15.1.1945, 1.2.1945 und 15.2. 1945.
Wegen der Auswirkungen des Luftangriffes am 21. November auf Blohm & Voß wurden wieder Verzögerungen angekündigt. Erst nachdem Dr. Fischer bei einer Terminbesprechung am 8. Dezember bei B&V deutlich machte, daß die 5 Boote des Typs XVII B als Vorlauf für

die Großserie des neuen Walter-Typs XXVI angesehen werden müssen und deshalb nicht hinter den Typ XXI zurückgestellt werden dürften, wurde eine Verstärkung der Bemühungen um die Fertigstellung zugesagt, so daß jetzt folgende Ablieferungstermine möglich wären: 15.12.1944, 15.1.1945, 1.2.1945, 15.2.1945 und 1.3.1945.

Am 1. Dezember 1944 war das erste Boot U 1405 mit einem Schwimmkran ins Wasser gesetzt worden. Die Indienststellung erfolgte am 21. Dezember. Kmdt. war Oblt. z.S. Wilhelm Rex (ehem. WO auf U 680), sein LI Lt. (Ing.) Gerhard Schneider und der WO Oblt.z.S. Kurt Kleiber. Der Stapelhub des nächsten Bootes U 1406 fand am 2. Januar 1945 und seine Indienststellung am 8. Februar statt. Kmdt. war der bisherige Kmdt. von U 794, Oblt. z.S. Werner Klug, sein LI Oblt. (Ing.) Schenk, der WO Lt z.S. Manfred Reinl. Der Stapelhub von U 1407 sollte am 15. Januar erfolgen. Bei dem schweren Luftangriff auf B&V am 17. Januar lag das Boot aber noch auf Stapel. Erst als Ende Februar wieder ein geeigneter Schwimmkran zur Verfügung stand, konnte das Boot ins Wasser gesetzt werden. Die Indienststellung von U 1407 fand am 13. März 1945 statt. Kmdt. war der ehem. Kmdt. von U 792, Oblt.z.S. Horst Heitz, sein LI Lt.(Ing.) Paul Helmchen.
Die restlichen Typ XVII B-Boote U 1408 und U 1409 wurden bei dem Luftangriff am 8. April so schwer beschädigt, daß auf den Weiterbau verzichtet wurde. Einige brauchbare Teile wurden ausgebaut und sollten als Ersatzteilreserve für die anderen Boote dienen.

Links Typ XVII B-U-Boot (vermutlich U 1406) auf dem Montageplatz neben ELBE 17 in Bau.
Rechts Die beiden zerstörten Walter-U-Boote U 1408 und U 1409 nach Kriegsende.

Von den drei Typ XVII-Booten kam nur noch U 1405 zum Walter-Erprobungskommando in Hela und führte hier bis Ende März Probefahrten mit der Walter-Anlage durch. Dann verlegte das Boot mit dem Kommando nach Rendsburg am Kaiser-Wilhelm-Kanal, wo es bei der Fa. Philipp Holzmann im April einige Restarbeiten erledigte. Anschließend lief U 1405 nach Kiel, wo bei der GW ein Schnorchel mit einem elektropneumatischen Kopfventil eingebaut wurde. Am 2. Mai fuhr U 1405 zur TVA nach Eckernförde, wo die Torpedoanlage überprüft und scharfe Torpedos übernommen werden sollten. Dazu kam es aber nicht mehr.

Am 3. Mai lief das Boot wieder aus. Über das weitere Schicksal dieses ersten Front-U-Bootes mit Walter-Antrieb, an dem die britische Besatzungsmacht sehr interessiert war, wurde vorerst nichts bekannt. Man vermutete, daß das Boot irgendwo zwischen Kiel und Flensburg selbst versenkt worden wäre. Erst am 16. September 1945 konnte der Verbleib durch die Aussage des Kommandanten eines TF-Bootes geklärt werden:

Bericht über die Versenkung von U 1405:

1. Der Typ das U-Bootes war mir nicht bekannt.
2. Die U-Bootnummer war 1405.
3. Der Name des Kommandanten war Lt.z.S. Rex.
4. Die Anzahl der Besatzung betrug 17 Mann.
5. Das U-Boot wurde am 3. Mai 1945 durch die Besatzung mit Hilfe dreier Sprengladungen versenkt.
6. Eine Grobskizze vom Aussehen des U-Bootes ist beigefügt.
7. Die ungefähre Position des Wracks ist 5430'9" Nord und 10°1' 8" Ost.
8. Nach der Versenkung brachte ich die Besatzung an Land und wurde darauf weggeschickt. Ich erhielt keine Befehle oder Anweisungen mehr.
9. Am 3.5.45 hatte ich den Befehl erhalten, U 1405 zu begleiten. Es war die Versenkung des Bootes vorgesehen. Dies sollte in der Geltinger Bucht (Flensburger Förde) geschehen. Auf dem Weg dahin folgten dem U-Boot zwei britische Jagdflugzeuge. Darauf entschied der Kommandant, das U-Boot sofort zu versenken, was an dem in Pkt 7 angegebenen Ort erfolgte. ...

U 1406 und U 1407 fanden sich Ende März 1945 im neuen Stützpunkt des Erprobungskommandos in Rendsburg ein. Hier wurden die Walter-Anlagen an der Pier und auf dem Kaiser-Wilhelm-Kanal erprobt. Außerdem wurden in Kiel UAK-Fahrten ohne Walter-Antrieb durchgeführt. U 1406 absolvierte auch ein Übungsschießen mit Torpedos in der Eckernförder Bucht, und U 1407 mußte Kiel zur Reparatur des Schnorchelkopfes aufsuchen..

U 1407 wird nach der Hebung und Überführung nach Kiel bei den Howaldtswerken abgesetzt.

Bei der Annäherung britischer Truppen verließen die beiden Boote am 3. Mai Rendsburg und verlegten über Brunsbüttel nach Cuxhaven. Es war vorgesehen, daß sie nach Norwegen weiterlaufen sollten. Der Hafenkommandant beschwor aber die Kommandanten, wegen der inzwischen im Nordraum eingetretenen Waffenruhe davon abzusehen. Am 4. Mai verließen die Besatzungen ihre Boote. Der Leitende Ingenieur von U 1406 kehrte aber nochmals zurück und machte die Turbinenanlage seines Bootes durch einige Maßnahmen unbrauchbar. Der zufällig nach Cuxhaven gelangte Agru-Front Ingenieur Grumpelt versenkte dann am 7. Mai beide Boote durch Öffnen der Flutventile. Die britische Besatzungsmacht, der sehr viel an diesen Walter-U-Booten lag, verurteilte ihn deshalb später wegen Sabotage zu 7 Jahren Gefängnis.

U 1407 im Trockendock von Vickers nach der Überführung im Herbst 1945.

7. Vergebliche Bemühungen um das modernste U-Boot: Der Walter-Typ XXVI

Als sich im Sommer 1943 immer deutlicher zeigte, daß bei der starken Luft- und Seebewachung der Geleitzüge die U-Boote kaum noch Chancen hatten, mehrmals zum Schuß zu kommen, wurde im September 1943 von der 2/Skl BdUop. die militärische Forderung gestellt, daß die neuen U-Boote eine möglichst große Zahl von schußbereiten Torpedorohren haben müßten. Bei einer Tagung der Unterkommission U-Boote am 23. September wurde vom Korv.Kpt. Schultze insbesondere die Ausrüstung des Typs XXI mit 6 Bugrohren als zu gering bezeichnet. Vom Geleitzug-Asto der Operationsabteilung, Kptlt. Schnee, war vorgeschlagen worden, zusätzliche Torpedorohre als Seitenrohre einzubauen ("Schnee-Orgel"). Da diese Ansicht den Bedürfnissen der Schiffbauer entgegenkam, für die eine Unterbringung der Torpedos in den Ausstoßrohren, also zum großen Teil im Außenschiff, vorteilhafter als im Bootsinnern ist, begann im Oktober 1943 eine hektische Entwurfsarbeit.
In der Abteilung K IU wurden die Entwürfe Typ XXI und Typ XVIII durch nach hinten gerichtete Seiten-Torpedorohre abgeändert. Bei der Firma Walter war inzwischen der große XVII A-Entwurf mit der 7500 PS-Turbine und der verstärkten Batterie durch vier 7 m-Bugtorpedorohre und das nach Schleppversuchen als günstiger erkannte Schneidenheck zu einem Walter-U-Boot für größere Einsätze weiterentwickelt worden. Im Hinblick auf die Unterbringung einer größeren Zahl von Torpedorohren ergaben sich zwei Möglichkeiten: Die dieselmechanische Variante Pr. 477 A5 – W 903 mit 6 zusätzlichen Seitenrohren im Mittschiffsbereich oder die dieselelektrische Ausführung W 904 mit 6 Bugtorpedorohren und einem zusätzlichen Dieselgenerator. Am 13. Oktober legte HWK folgende Hauptangaben für diese beiden Entwürfe vor:

		W 903 (dieselmech.)	W 904 (dieselelektrisch)
↑-Verdrängung		575 m³	565 m³
Länge ü.a.		47 m	47 m
Breite max.		4,95 m	4,5 m
Tauchtiefe (2,5 fache Sicherheit)		100 m	100 m
Antrieb:	Dieselmotor	580 PS	580 PS + 150 PS
	E-Maschine	Typ XXIII-E-Motor	wie W 903
	Turbine	7500 PS	7500 PS
Vorräte	T-Stoff (Aurol)	85 t	85 t
	Treiböl	30 t	30 t
Batteriekapaz. bei 50 std. Entlad.		12150 Ah	12150 Ah
Geschwindigk.	↑ Diesel	11 kn	10 kn
	↓ E-Maschine	6 kn	8 kn
	↓ Turbine	26,8 kn	26,8 kn
Fahrbereiche	↑ Diesel	3500 sm/10 kn	3200 sm/10 kn
	↓ E-Schleichfahrt und 80% Entladung	145 sm/3 kn	120 sm/3 kn
	↓ Turbine	160 sm/26,8 kn	160 sm/26,8 kn
Ladezeit bei 2 kn und 80% Entladung		4,5 Std.	4,0 Std.
Bewaffnung (7m Torpedorohre)		4 BTR + 6 STR	6 BTR + 4 Reservetorp.

Im zugehörigen Aktenvermerk Nr. 1611 gab Dr. Fischer dazu folgende Erläuterungen:

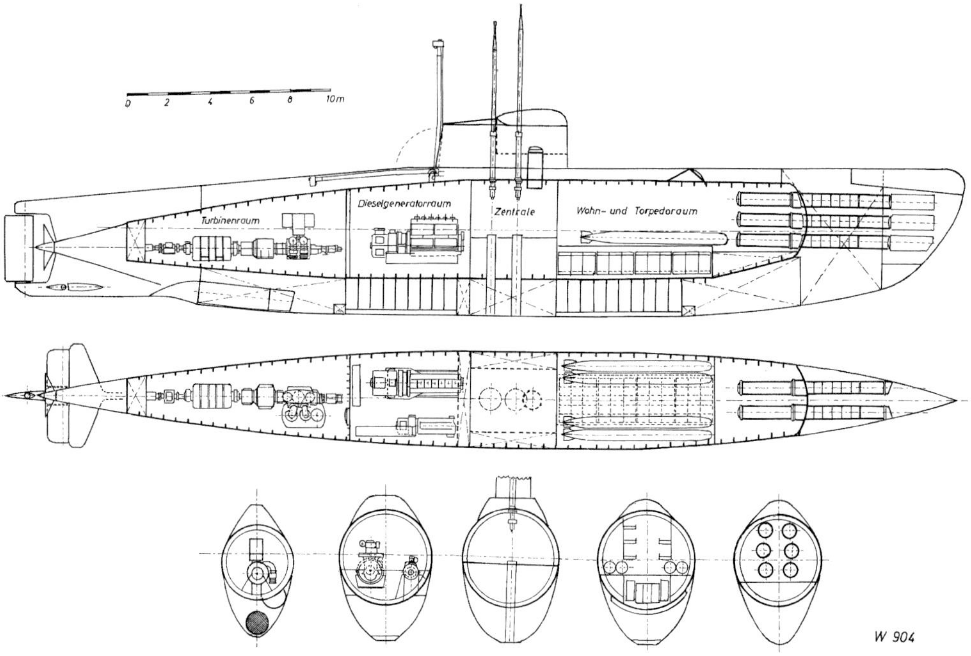

Walter-U-Bootprojekt Typ XVII A – W 904.

Walter-U-Bootprojekt Typ XVII A – W 903.

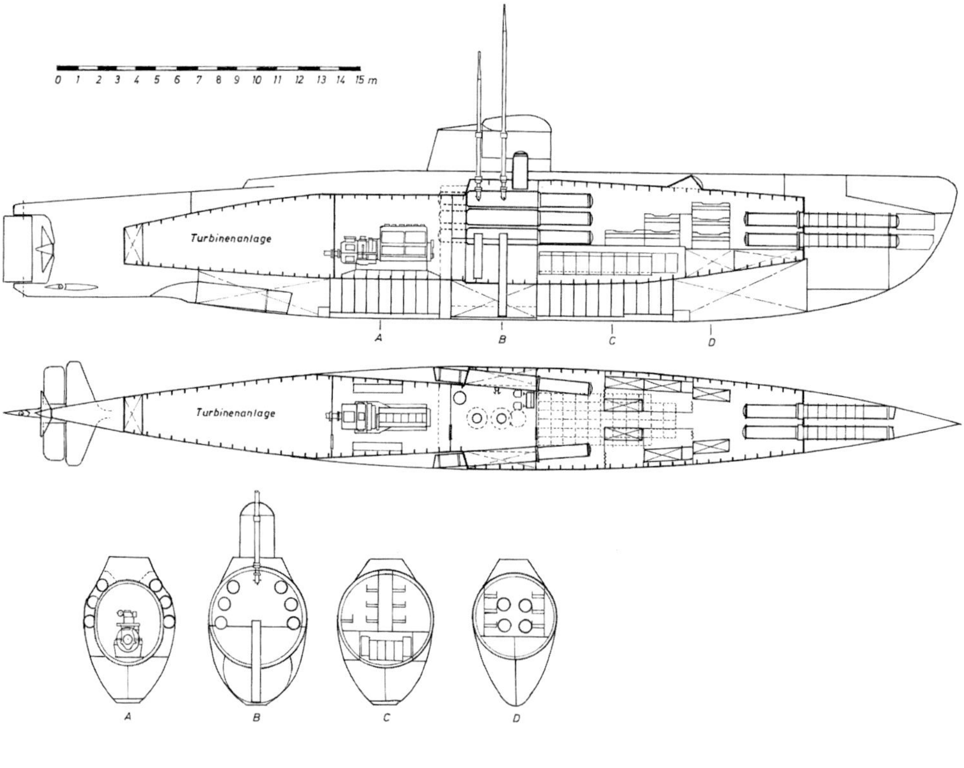

I. Vorbemerkungen

a) Der vorliegende Entwurf ist aus dem Entwurf der U-Boote vom Typ XVII entwickelt worden und berücksichtigt weitgehend die Forderungen der reinen Unterwassertaktik.
Im einzelnen ist besonders beachtet worden:
1. Länge des Bootes ist nur unwesentlich größer als Typ XVII, um die Wendigkeit des kurzen Bootes zu erhalten.
2. Hohe Unterwassergeschwindigkeit.
3. Große Fahrbereiche.
4. Wesentliche Verstärkung der Torpedobewaffnung mit 7 m Torpedos.
Aus diesen vier Hauptforderungen für die Unterwassertaktik ergeben sich folgende Konsequenzen:
1. Treibstoff- und Treibölvorräte für ausreichende Fahrbereiche für Dieselmotor und Turbine.
2. Luftrohr [Schnorchel].
3. Verhältnismäßig starke Akku-Batterie.
4. Verhältnismäßig kurze Ladezeit durch entsprechende Bemessung der Leistung des Dieselmotors und des E-Generators.

b) Bei den bekannten Schwierigkeiten in der Beschaffung ausreichender Werkstoffmengen und im Hinblick auf die für den Kriegsschiffbau nur im beschränkten Umfange zur Verfügung stehenden Arbeitskraft ist versucht worden, die obenstehenden Forderungen in einem Boot mit kleinstmöglicher Verdrängung unterzubringen. Der Entwurf stellt eine Lösung dar, die es gestattet, mit geringstem Aufwand an Werkstoff, Arbeitsleistung und Bauzeit ein kampffähiges Boot zu bauen.

c) Um den Bau der Boote an bereits laufende Serienfertigungen anschließen zu können, ist bei der Auswahl der einzelnen Bauelemente wie z.B. Dieselmotor, E-Maschine, Akku-Batterie, Hilfsmaschinen, Torpedorohre, Sehrohre und dergleichen weitgehend auf Teile zurückgegriffen worden, die bereits in anderen Serien laufen.

II. Einzelheiten.

1. Genauere Angaben über den Entwurf selbst gehen aus den Anlagen hervor. ....
2. Vergleich der verschiedenen Antriebsanlagen:
Die wesentlichen Vorteile des dieselelektrischen Antriebes werden in der einfacheren Bauweise und in der einfacheren Bedienung gesehen. Da die Boote im wesentlichen doch unter Wasser fahren werden, und daher der Diesel vornehmlich zum Aufladen der Akku-Batterie gebraucht wird, dürfte der Nachteil des schlechteren Wirkungsgrades der dieselelektrischen Leistungsübertragung bei der heutigen Unterwassertaktik nicht ins Gewicht fallen. Der Vorteil der dieselmechanischen Anlage wird einmal in dem besseren Wirkungsgrad bei Überwasserfahrt gesehen, zum anderen in der durch die direkte Schaltung des Diesels auf die Welle größeren Reserve an Maschinenschaltmöglichkeiten gegenüber dem dieselelektrischen Antrieb.

Am 13. November 1943 kam es dann zum Vortrag über die neuen Entwürfe mit Seitentorpedorohren beim ObdM in Berlin. Von den U-Bootabteilungen des K-Amtes wurden die Entwürfe Typ XXI B mit 2 x 3 Seitenrohren, Typ XXI C mit 2 x 2 x 3 Seitenrohren und Typ XXIV (ein vergrößerter Typ XVIII) mit 2 x 3 Seitenrohren und zusätzlich 10 Reservetorpedos vorgelegt und erläutert. Dr. Fischer präsentierte das HWK-Projekt 477 A5 – W 903 und verglich es mit dem neuen Walter-Typ XXIV des K-Amtes. Er nannte dabei folgende Verhältnisse, die nach seiner Meinung deutlich für den Entwurf der Firma Walter sprechen würden:

	W 903		Typ XXIV
Gewicht	1	:	3
Torpedos	1	:	2,2
↑- Fahrbereich	3500 sm	:	8000 sm
↓ Geschwindigkeit	26 kn	:	23 kn
↓ Fahrbereich bei Walter-Antrieb	1	:	1,5

Dönitz erklärte dazu, daß eine Entscheidung über die neuen Atlantik-U-Boote noch nicht getroffen werden könnte. Der Typ XXI B sollte jedoch später einmal den Typ XXI ablösen.

Am 14. Dezember 1943 fand in Neustrelitz eine Tagung der Schiffbaukommission statt, bei der die Ausführungen von Prof. Schnadel (Vorstand des Germanischen Lloyds) über die Massenfertigung der alliierten LIBERTY- und VICTORY-Frachter im Mittelpunkt standen. Zu dieser Tagung hatte Hellmuth Walter in Zusammenarbeit mit Hellmut Lensch einen Vortrag über die Entwicklung des Walter-Antriebes und seine Anwendungen für Unterseeboote ausgearbeitet. Vermutlich sollte durch sie die Überlegenheit dieses Antriebes gegenüber dem Kreislauf-Verfahren herausgestellt werden, da nach erfolgreichen Probeläufen des MB 501-C-Dieselmotors im Abgaskreislaufbetrieb mit Sauerstoffzuführung im November 1943 sowohl der Hauptausschuß Schiffbau als auch das OKM dem Projekt eines U-Bootes mit einem derartigen Antrieb zugestimmt hatten.
Die Abreise von Walter und Dr. Fischer zu dieser Tagung am 13. Dezember verzögerte sich durch den Tagesangriff von 349 viermotorigen Bombern der 8. USAF auf Kiel, bei dem 173 Spreng- und ca. 2500 Brandbomben sowie ca. 35 große Phosphorkanister die Stadt verwüsteten und auch auf den Werften größere Schäden anrichteten. Walter und Dr. Fischer unterbrachen die Abfahrt nach Neustrelitz und halfen bei Löschversuchen des brennenden Opernhauses.
Das Manuskript seines Vortrages vor der Schiffbaukommission blieb erhalten. Seine wesentlichen Passagen lauten:

Die zunächst selbst gestellte Forderung nach einer Unterwassergeschwindigkeit von etwa 30 Knoten bei relativ langer Ausdauer hatte zur Folge, daß von allen Möglichkeiten und Mitteln der Energieversorgung das System Sauerstoff-Brennstoff als das leistungsfähigste übrig blieb. Da die Forderung nach Spurfreiheit gestellt werden mußte, schieden fernerhin stickstoffhaltige Sauerstoffträger wie z.B. Salpetersäure aus, und es blieben übrig: Sauerstoff in flüssiger oder gasförmiger Phase und Wasserstoffperoxid (H_2O_2), mit Tarnbezeichnung auch T-Stoff, Ingolin oder Aurol genannt. Obgleich damals, also 1933, erst 45%iger T-Stoff hergestellt werden konnte, schien dieser Stoff bezüglich seiner Handhabung und Verwendung im US-Boot gegenüber dem reinen Sauerstoff sehr viele Vorteile zu bieten. Das wurde später auch durch eingehende Untersuchungen durch das OKM bestätigt. Eine Schwierigkeit stellte zunächst, wie gesagt, die Beschränkung in der Höhe der bis dahin erreichten Konzentration dar. Sehr bald jedoch konnte 60%iger und nach einigen Jahren bereits 85%iger T-Stoff zur Verfügung gestellt werden. Da der T-Stoff nicht nur ein Sauerstoffträger ist, sondern darüber hinaus in ihm beträchtliche Wärmemengen chemisch gebunden sind, lag sehr bald der Gedanke nahe, ihn auch für andere Zwecke nutzbar zu machen.
Es dürfte zweckmäßig sein, die Entwicklung bis zu dem einfachsten und leistungsfähigsten Verfahren, dem sogenannten "direkten" kurz zu umreißen.
Es versteht sich, daß ich anfangs sowohl beim Motoren- wie beim Turbinenantrieb nur an die Einheitsmaschine gedacht habe. Eine solche läßt sich auch schaffen! Warum es dann doch nicht dazu kam, wird später zu schildern sein.

Während des ersten halben Jahres (Anfang 1933) schwebte mir das Motorkreislaufverfahren vor. Dieses darf ich als bekannt voraussetzen: es ist in meinen Eingaben an das OKM beschrieben und ist in den letzten Jahren wiederholt vorgeschlagen worden. Der Sauerstoff sollte durch Katalyse aus dem T-Stoff freigemacht und dem Kreislauf zugeführt werden. Der Motor sollte bei Unterwasserfahrt mit einem CO_2-O_2-Gemisch betrieben und die laufende Produktion von CO_2 und H_2O aus dem Kreislauf entfernt werden.
Schon bei den ersten Versuchen in München zeigte sich, daß die Katalyse mit einer beträchtlichen Wärmeentwicklung verbunden war. Eine genaue Nachprüfung zeigte, daß diese 50% derjenigen Wärmemenge betrug, die durch die Verbrennung erzeugt werden kann. Da die gebundene Wärme im Motor nicht verwertet werden kann, lag es nahe, an einen Dampfkreislauf zu denken.
Also auch hier zunächst ein Kreislauf der Verbrennungsgase! Ein bezeichnendes Beispiel dafür, wie schwer es ist, aus den Bahnen des gewohnten Denkens herauszufinden; denn ein Kreislauf ist hier gar nicht notwendig.

Über die endgültig bestehenden Möglichkeiten herrschten alsbald klare Vorstellungen. Es bestehen jetzt hauptsächlich drei Verfahren zum Betrieb von Wärmekraftmaschinen: alle selbstverständlich ohne Kreislauf; denn dieser wurde ja, wie gezeigt, durch Anwendung von T-Stoff überwunden.

Das direkte Verfahren
Bei dem direkten Verfahren wird der T-Stoff mittels einer Kreiselpumpe aus dem T-Stoffbunker in einen Zersetzer gefördert, in dem er durch Oberflächenkatalyse in ein Gasgemisch aus Wasserdampf und Sauerstoff gespalten wird. In der nachgeschalteten Brennkammer verbrennt der Brennstoff mit dem freien Sauerstoff. Das hierbei entstehende Gasdampfgemisch wird, um günstige beherrschbare Temperaturen für den Arbeitsdampf zu erhalten, durch Einspritzen von Wasser, das hierbei vollkommen verdampft, gekühlt. Dieser Arbeitsdampf gibt seine Leistung in der Antriebsturbine ab und wird in einem Einspritzkondensator niedergeschlagen. Mittels eines Gasabscheiders werden die Abgase aus dem Kondensat abgeschieden. Eine Kondensatpumpe fördert das Wasser durch einen außerhalb des Druckkörpers angeordneten Rückkühler, der von Meerwasser durchströmt wird.
Zur Einhaltung des für eine bestimmte Betriebstemperatur erforderlichen Mischungsverhältnisses von T-Stoff, Brennstoff und Wasser ist ein automatischer Mengenregler eingeschaltet.

Das indirekte Verfahren
Beim indirekten Verfahren wird aus Brenngas über Wärmeaustauscher Wasserdampf erzeugt, dessen Wärme in bekannter Weise in einer Dampfkraftanlage in mechanische Arbeit umgesetzt wird.
Das Verfahren umfaßt zwei durch Tauschflächen getrennte Systeme: den 'Heizkreislauf' und den Wasserkreislauf. ....[*Die Bezeichnung 'Heizkreislauf" ist irreführend, da das Abgas-Dampf-Gemisch der Brennkammer vollständig abgeführt wird.*]
In der Brennkammer des 'Heizkreislaufes' verbrennen stöchiometrische Verhältnisse von Treibstoff und Brennstoff zu Brenngas. Dieses besteht theoretisch zu 70% aus H_2O und 30% aus CO_2. Die Brenngase durchströmen den Wärmeaustauscher, wobei sie nacheinander die Überhitzerwärme, die Verdampfungswärme des Wasseranteils und zum Teil die Flüssigkeitswärme abgeben. ...
Der durch das Verfahren bedingte hohe Druck im 'Heizkreislauf' läßt es besonders geeignet erscheinen für den Unterwasserantrieb von U-Booten. Die Leistung der Maschinenanlage wird damit unabhängig vom Außendruck.

Das Motorverfahren
Aus einem Dampferzeuger wird der an sich überhitzte T-Stoffdampf über einen Dampfkühler, der die Dampftemperatur auf etwa 100° absenkt, in den Arbeitszylinder eines Dieselmotors geleitet, in welchem die Verbrennung in bekannter Weise erfolgt. Das Abgas mit einer Temperatur von etwa 700° wird in einem kombinierten Einspritz- und Oberflächenkühler niedergeschlagen. Die nicht kondensierbaren Gasbestandteile werden hier mittels eines CO_2-Verdichters nach See gefördert. Das Kondensat dient einmal wieder als Einspritzwasser und kann zum anderen nach einer Wasserzelle im Boot fließen oder auch nach See gedrückt werden. Als Kühlwasser für den Motor, den Dampfkühler und den Abgaskühler (Oberflächenkondensator) dient Seewasser, das mittels entsprechender Pumpen gefördert wird. Diese Pumpen können Kolbenpumpen oder turbinenangetriebene Kreiselpumpen sein, die durch T-Stoffdampf betrieben werden.

Von diesen drei Verfahren steht das direkte als wichtigstes im Vordergrund des Interesses. Bei den Projekten und Bauten der letzten Zeit ist dieses Verfahren stets zugrunde gelegt worden.
Das indirekte Verfahren würde einen verhältnismäßig langen Unterwassermarsch gestatten und ist aufgrund der Kriegslage wieder wichtig geworden. Eine Versuchsanlage befindet sich in Bau.
Nach dem Motorverfahren sind eine Reihe von Versuchsmotoren betrieben worden, darunter eine Einzylindermaschine 1000 Stunden lang. Dieses Verfahren war für das Projekt V 300 vorgesehen, das außer einer Hauptanlage von 4000 PS eine Marschmotorenanlage von 600 PS erhalten sollte. Die Motorenversuche wurden bei meiner Firma auf Wunsch des OKM abgebrochen, damit wir das Schwergewicht auf das direkte Verfahren legen konnten. Wir übertrugen die Arbeiten der Firma Luftschiffbau Zeppelin GmbH, Friedrichshafen, wo sie vor kurzem endgültig eingestellt worden sind.

Da für die im Bau befindlichen Boote eine Marschanlage demnach nicht vorgesehen war, habe ich am 19. Mai 1943 dem Oberbefehlshaber der Kriegsmarine das Luftrohr, später "Schnorchel" genannt, vorgeschlagen. Eine entsprechende Konstruktion wurde bei uns entworfen und erprobt und ergab die bekannten guten Resultate. Der Schnorchel wird für jedes U-Boot in Zukunft zu einem unentbehrli chen Hilfsmittel werden.

Die U-Bootabteilungen im K-Amt waren von dem neuen Walter-Entwurf eines mittleren U-Bootes mit der starken Torpedobewaffnung sehr beeindruckt und begannen sofort mit der Ausarbeitung eigener Vorschläge, wobei sie den bei der Konstruktion des Typs XVIII von Dönitz geäußerten Wunsch nach einem Turm und einer Flak-Bewaffnung berücksichtigten. Dadurch wurde das Boot wesentlich größer als W 903. Durch Weglassen des Torpedoluks versuchte man die Abmessungen zu verringern. Allerdings bedeutete dies, daß die Torpedos nur im Dock von außen in die Rohre nachgeladen werden konnten. Dieser Entwurf erhielt die Typbezeichnung XXVI A, während die größere Version mit der Innenbeladung die Bezeichnung Typ XXVI B bekam. Zum Vergleich wurden sowohl im K-Amt als auch beim IBG in Blankenburg Elektro-U-Boote mit ähnlichen Abmessungen und Bewaffnungen entworfen.
Für den Einsatz im Atlantik hatte der kleinere Typ W 903 zu geringe Treibölvorräte. In dieser Hinsicht waren ihm die größeren Amtsentwürfe überlegen. Das führte zu einer Vergrößerung des Walter-Bootes, das die Bezeichnung Typ XXVI W erhielt. Der Durchmesser des Druckkörpers wurde um 40 cm erweitert, die Räume mit den Antriebsmaschinen um 80 cm und die Zentrale sogar um 3 m verlängert. Im Dieselraum war dadurch Platz für einen zusätzlichen Dieselgenerator. In der Zentrale konnten jetzt Funk- und Ortungsräume zusammen mit den Schiffsführungseinrichtungen im oberen Teil untergebracht werden. Am 6. Februar 1944 war die Überarbeitung des Projektes Typ XXVI W abgeschlossen. Das Ergebnis wurde in dem umfangreichen Bericht S 62 der Fa. Walter (Dr. Fischer) mit Plänen und Anlagen dem OKM und dem Hauptausschuß Schiffbau (HAS) vorgelegt. In ihm wurde u.a. ausgeführt:

I. Aufgabe.
Die Aufgabe für den Entwurf des vorliegenden Projektes XXVI W haben wir uns selbst gestellt.
Es wurde dabei von der Erkenntnis ausgegangen, daß Kampf-U-Boote eine gewisse größte Verdrängung, die wir in Anlehnung an die U-Boote vom Typ VII C mit rund 700 t angesetzt haben, nicht überschreiten dürfen, wenn sie ihre wertvollsten Eigenschaften nicht verlieren sollen.
Es wurde deshalb versucht, mit dieser Verdrängung ein möglichst kurzes und wendiges Boot mit stärkster Torpedobewaffnung, großen Unterwassergeschwindigkeiten und Fahrbereichen bei ausreichender Überwasserhöchstgeschwindigkeit zu entwerfen; ein Boot also, das die durch die Kriegslage aufgezwungenen Forderungen der reinen Unterwassertaktik weitgehend erfüllt.
Gleichzeitig sollte im Hinblick auf die Rohstoff- und Arbeiterlage versucht werden, mit dem geringsten Aufwand an Werkstoffen und Arbeitskraft auszukommen. Bei den gegenüber den Booten vom Typ XXI kleineren Abmessungen sind damit erhebliche Vereinfachungen und Beschleunigungen im Serienbau zu erreichen. Diese bei der Projektbearbeitung gesteckten Ziele sind nur mit einem Einwellenboot zu erreichen. ....
II. Konstruktionsgrundsätze.
1.) Militärische Eigenschaften des Entwurfs
a) Bewaffnung
Torpedo. Sämtliche mitgeführten 10 Stück Torpedos sind in Torpedo-Ausstoßrohren (vorn 4 und an den Seiten 2 x 3 = 6 Stück) gelagert. Die Torpedos können von innen geladen und gewartet werden. Bei Beladung der Torpedorohre von außen hätten sich für Unterbringung der Besatzung günstigere Wohnverhältnisse erzielen lassen. Eine derartige konstruktive Lösung kann jedoch nicht verantwortet werden, denn:
a) die Torpedos müssen zur Wartung in bestimmten Fällen in ihrer ganzen Länge nach innen gezogen werden können;
b) die Beladung von außen bedeutet eine zusätzliche Abhängigkeit von Stützpunkteinrichtungen (Docks);
c) bereits bei der Durchführung der Schießabschnitte während der Ausbildungszeit würden derartige Anforderungen an die Dockgestellung entstehen, daß allein dieser konstruktive Vorschlag des Beladens der Rohre von außen einmal den Schießabschnitt unverhältnismäßig verlängern und komplizieren würde, zum anderen aber auch den zusätzlichen Bau von Dockeinrichtungen erforderlich machen würde .... .
Flak. Es wurden Entwürfe mit verschiedenartiger Anordnung von Flak untersucht. Der einzige zu verantwortende Vorschlag sieht 2 Stück 3 cm-Zwillinge (wie auf den U-Booten vom Typ

XXI und XVIII) vor, da nur dann keine toten Winkel für die Flak entstehen und auch nur dann in jeder Richtung eine ausreichende Feuerkraft erzielt werden kann. ...
Gegenüber dem Projekt ohne Flak müßte das Projekt mit Flak etwa 400 t größer werden. Selbst unter der Voraussetzung, daß dann durch Vergrößerung der Antriebsleistung des Dieselmotors und der E-Maschine und durch Vergrößerung des Treiböl- und Treibstoffvorrates die mit Diesel und E-Maschine zu erreichenden Geschwindigkeiten und Fahrbereiche in den gleichen Werten wie für das Projekt ohne Flak beibehalten werden können, sinkt die Unterwasserhöchstgeschwindigkeit mit Turbine auf 21 kn ab. Denn die Turbine muß in dem z.Zt. vorhandenen Baumuster übernommen werden; ihre Leistung kann in dem zur Erreichung einer größeren Höchstgeschwindigkeit erforderlichen Ausmaße nicht gesteigert werden, es sei denn, es würde eine völlig neue Turbinenanlage entworfen, wofür jedoch keine Zeit mehr vorhanden ist. ...

Geschwindigkeit. Die Unterwassergeschwindigkeit sollte so hoch wie technisch möglich sein. Zur Verfolgung und zum Angriff auf schnelle Geleitzüge muß die Geschwindigkeit heute schon etwa das 1½-fache der "Victory"-Schiffe, die etwa 17 kn laufen, ausgelegt sein. Da nach dem heutigen Stand der Technik feindliche Sicherungsfahrzeuge bis etwa 18 kn noch Schallortung durchführen können, muß die Geschwindigkeit des U-Bootes, um ein sicheres Entkommen zu ermöglichen, größer als 18 kn sein. Es interessiert also eigentlich erst der Geschwindigkeitsüberschuß über rund 18 kn. ....
Die Überwassergeschwindigkeit richtet sich nach den vorhandenen Dieselmotoren und der Schiffsform. ...An Dieselmotoren für U-Boote des vorliegenden Entwurfes stehen zur Verfügung eine MWM-Maschine von 580 PS und eine Deutzer Maschine von rd. 1100 PS. Die MWM-Maschine ist auf den U-Booten vom Typ XXIII vorgesehen und bereits in der Marine erprobt; die Deutzer Maschine hat bereits eingehende Probeläufe erfolgreich überstanden, hat jedoch ihre Bewährung im U-Bootsbetrieb noch nicht nachgewiesen. Mit dem MWM-Motor sind etwa 11 bis 12 kn Höchstgeschwindigkeit zu erreichen, mit dem Deutzer Motor etwa 14 bis 15 kn. ....
Falls der Nachweis gelingt, daß auch der Deutzer Zweitaktmotor einwandfrei im Schnorchelbetrieb arbeitet, bestehen keine Bedenken dagegen, diesen Motor vorzusehen, da dann in ihm eine gewisse Leistungsreserve vorhanden ist. Wenn jedoch U-Boote des vorgeschlagenen Typs schnell gebaut werden sollen, wird zunächst auf die MWM-Maschine zurückgegriffen werden müssen. ...

Fahrbereich.. Der Unterwasserfahrbereich mit der elektrischen Anlage ist bei 2 kn genau so groß wie bei den U-Booten vom Typ VII C. Bei höheren Unterwassergeschwindigkeiten setzt sich die überlegene Unterwasserform des vorliegenden Projektes durch ...Zu beachten sind die im Vergleich zum Typ VII C Boot großen Fahrbereiche bei 4 und 6 kn und die erreichbare Höchstgeschwindigkeit mit E-Motor von 10,5 kn, die etwa 1½ Std. gefahren werden kann.
Die Unterwasserfahrbereiche mit Turbine: .... Die Werte zeigen, daß die Höchstgeschwindigkeit von etwa 25 kn rd. 6 Stunden durchgehalten wird, und daß eine Geschwindigkeit von 15 kn, die für U-Boote vom Typ XXI annähernd Höchstgeschwindigkeit darstellt und jeweils nur 1½ Std. möglich ist, etwa 15 Std. gefahren werden kann.

III. Technische und wirtschaftliche Grundsätze.

Soweit wie irgend möglich sind Maschinen, Geräte und Einrichtungen für den vorliegenden Entwurf vorgesehen worden, die bereits in der Kriegsmarine erprobt sind oder in Serie für andere U-Boottypen laufen. ...
Um die Fertigung der Boote schnell anlaufen zu lassen, wurden z.B. die vorderen Endböden der Druckkörper von den U-Booten vom Typ VII C übernommen. Da der Stahlguß für die Gesamtindustrie ein Engpaß ist, wurde auf den Turm verzichtet.
Die Maschinenanlage mit Ausnahme der Turbinenanlage wird in allen wesentlichen Einzelteilen mit den gleichen Maschinen und Bauteilen wie Typ XXIII gebaut. Ähnlich ist es mit den Hilfsmaschinen.
..... Für die Turbinen- und Getriebeanlagen der ersten Boote können die vom Typ XVIII bestellten und bereits in Fertigung begriffenen Teile genommen werden. (Insgesamt Anlagen für 5 Wellen, d.h. für 5 Boote des Typs XXVI W.)
Desgleichen stehen von den sistierten Anlagen der U-Boote vom Typ XVII [B] etwa 7 Anlagen zur Verfügung, die kurzfristig hergerichtet werden könnten, so daß es möglich ist, aus vorhandenen Teilen eine Vorserie von etwa 12 Booten zu bauen, vorausgesetzt, daß die Arbeitskapazität auf zwei Werften zur Verfügung gestellt werden kann. ...[Es} sollte im Hinblick auf den überlegenen militärischen Wert

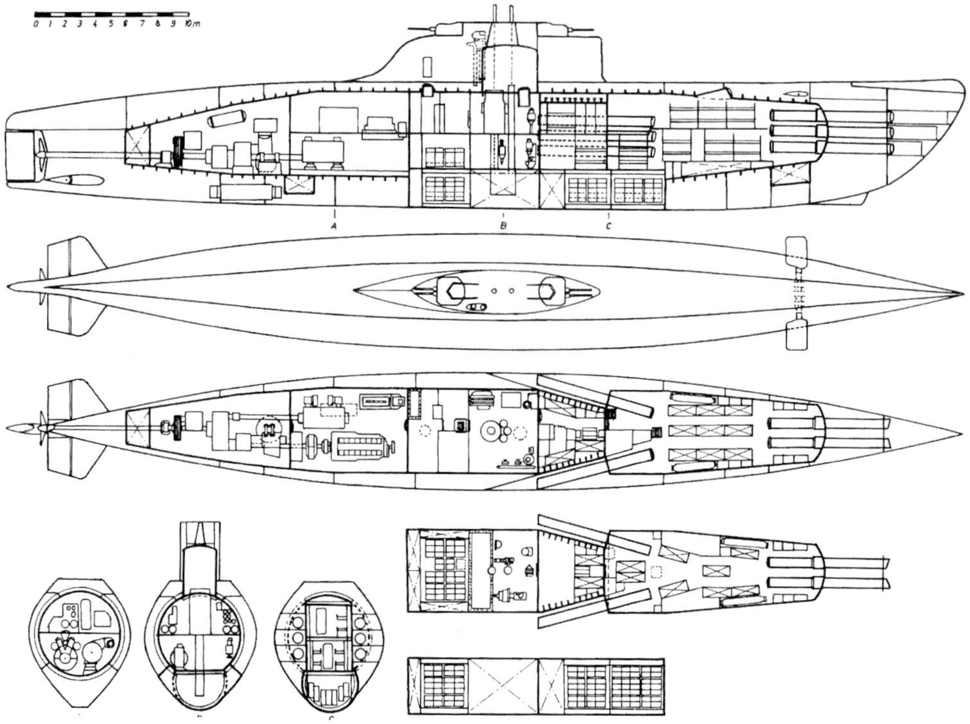

Enrichtungsplan des OKM-Entwurfes U-Boottyp XXVI B vom 15.2.1944.

Einrichtungsplan des Walter-Entwurfes U-Boottyp XXVI W vom Juli 1944.

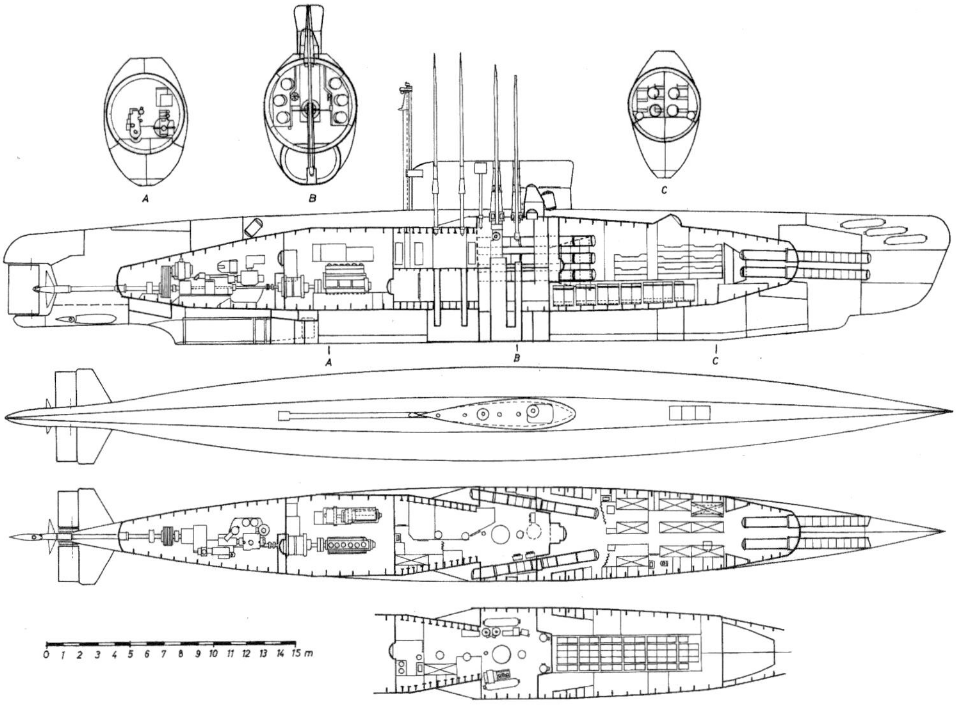

dieser Boote umgehend mit dem Bau dieser Vorserie begonnen werden mit dem Ziele, diese Boote bis Ende 1944 fertigzustellen.

Vergleich der Hauptangaben der Typ XXVI-U-Boote mit Walter-Antrieb (Stand 15.2.1944):

	Typ XXVI A	Typ XXVI B	Typ XXVI W
Schiffskörper:			
↑-Verdrängung	950 m³	1050 m³	772 m³
↓-Verdrängung	ca. 1025 m³	1125 m³	ca. 850 m³
Länge ü.a.	58,8 m	61,3 m	53,8 m
Größte Breite (ohne Flossen)	6,7 m	6,7 m	5,3 m
Länge des Druckkörpers	41 m	43,5 m	37,8 m
Max. ∅ des Druckkörpers	5,1 m	5,1 m	5,3 m
Maschinenanlage:			
Dieselmotor	1 x 2200 PS dauernd	1 x 2200 PS dauernd	580 PS oder 1100 PS
Hilfsdiesel	1 x 100 PS	1 x 100 PS	1 x 100 PS
E-Maschine	1 x 1670 PS	1 x 1670 PS	1 x 580 PS
Schleich-E-Motor	1 x 75 PS	1 x 75 PS	1 x 35 PS
Turbinenanlage	1 x 7500 PS	1 x 7500 PS	1 x 7500 PS
Akku-Batterie	2 x 62 Zellen 44 MAL 740 E 12150 Ah (50 Std.)	2 x 62 Zellen 44 MAL 740 E 12150 Ah (50 Std.)	1 x 62 Zellen 21 MAL 740 11600 Ah (50 Std.)
Geschwindigkeiten und Fahrbereiche:			
↑ max. Dauergeschwindigkeit ohne Hilfsdiesel	15,5 kn	14,5 kn	12,2 kn bei 1100 PS
↓ max. Dauergeschwindigkeit mit Turbine	22,5 kn	21,5 kn	25,0 kn
↓ max. Dauergeschwindigkeit mit E-Maschine		13 – 13,5 kn	11 kn
↑ Fahrbereich mit Diesel		8000 sm/10 kn	6920 sm/10 kn MWM
↓-Fahrbereich mit E-Antrieb		160 sm / 4 kn	128 sm/4 kn
↓-Fahrbereich mit Turbine		143 sm /20 kn	202 sm/20 kn
Treibmittelvorräte:			
Treiböl		115 t	60,5 t
T-Stoff (Aurol))		83 t	90 t
Leichtöl		10 t	9,8 t
Bewaffnung:			
Bugrohre	6	6	4
Seitentorpedorohre	6	6	6
Fla-Bewaffnung	2 x 3cm	2 x 3cm	-

Am 17. Februar 1944 fand im K-Amt eine Ämterbesprechung über die Entwürfe XXVI A, XXVI B und ein entsprechendes Elektro-U-Bootprojekt für die Vorlage beim ObdM statt. Dabei wurde das kürzere Boot XXVI A mit Außenbeladung der Torpedorohre abgelehnt.

Der neue Walter-Typ XXVI fand in Anbetracht der Anlaufschwierigkeiten beim Typ XXI und der ungeklärten Frage, wie der große T-Stoffbedarf für eine umfangreiche Serie von größeren Walter-U-Booten zu decken sei, sowohl in Marinekreisen als auch in Speers Hauptausschuß Schiffbau nicht nur Zustimmung. Da Sauerstoff leichter zu erzeugen war und nahezu unbegrenzt zur Verfügung stand, wurden für lange Unterwasserfahrten auch Antriebsmethoden für mitgeführten Sauerstoff untersucht und erprobt. Dies veranlaßte Hellmuth Walter am 20. Februar vor der entscheidenden Konferenz mit dem ObdM über den Typ XXVI zu einen persönlichen Brief an Dönitz. Darin führte er aus:

Sehr geehrter Herr Großadmiral !
Im folgenden möchte ich mir erlauben, zu einigen Problemen des Unterseeschnellbootes Stellung zu nehmen:

1. *Die Treibstofflage.*
   Demnächst wird die Erzeugung etwa 20000 Jahrestonnen betragen. Im Bau befinden sich drei Großwerke, die zusammen mit den vorhandenen bis Ende 1945 eine Gesamterzeugung von etwa 84000 Jahrestonnen liefern werden, wenn die Werke programmgemäß erstellt werden. Die Vorräte betragen zur Zeit etwa 10000 t.
   Wenn die Marine ab Ende 1945 von der Gesamtproduktion 60000 Jahrestonnen für ihren Bedarf fordern und erhalten würde, so könnten damit, wenn man den sonstigen Marinebedarf (Torpedos, Versuche) abzieht, bei 100 t Treibstoff pro Boot 500 volle Einsätze im Jahr gemacht werden. Das würde bedeuten, daß nach meiner Schätzung etwa bis Ende 1945 200 Boote gebaut und durch eine entsprechende Zahl von Nachbauten auf diesem Stand gehalten werden könnten.
   Da hierdurch der Verbrauch der anderen Wehrmachtsteile zweifellos eingeengt werden würde, wäre es meines Erachtens zu empfehlen, wenn das OKM an den GB Chemie die Forderung nach den Bau eines 100000 t Werkes richten würde, welches bis Ende 1946 zu erstellen wäre. Es könnte dann das Bauprogramm später noch erhöht werden.
2. *Militärischer Wert der hohen Unterwassergeschwindigkeit.*
   Zur Begründung für dieses umfangreiche Vorhaben möchte ich wiederholt darauf hinweisen, daß der Ortungskampf nur bei sehr hoher Eigengeschwindigkeit des Bootes gewonnen werden kann. Ich bin davon überzeugt, daß sich die Funkmeßortung aus der Luft ausschalten läßt, wenn wir den Schnorchel anwenden und diesen gegen Reflexion für alle Wellenbereiche schützen. Ich bin aber eben so sehr überzeugt, daß die Ortung von Schiff zu Schiff nur bei hoher Unterwassergeschwindigkeit ausgeschaltet werden kann. Das geräuschlose, vollkommen schwarze U-Boot ist zwar gegen die meisten Ortungsmittel geschützt, es ist jedoch taktisch zu unbeweglich. Es muß deshalb hier wie beim Schnorchel der Ortungskampf auf eine andere Ebene verlagert werden. Das Mittel hierfür ist die hohe Geschwindigkeit. Diese kann nur mit einer Turbinenanlage erreicht werden, und die Forderung nach einer relativ langen Unterwasserfahrtstrecke wird nur dann erfüllt, wenn man den bekannten Treibstoff anwendet; nicht dagegen Sauerstoff in gasförmiger oder flüssiger Form. Ich bin deshalb fest überzeugt, daß der von mir beschrittene Weg der richtige ist, nachdem ich schon vor zehn Jahren z.B. den Kreislauf praktisch versucht und wegen zu großer Kompliziertheit und zu geringen Leistungsvermögens abgetan habe. Die Herstellung des Treibstoffes ist zwar schwieriger als die des Sauerstoffes. Dafür hat man aber die Schwierigkeiten nur im Binnenlande, nicht aber in dem Stützpunkt oder gar an Bord verlagert. Im übrigen bin ich der Ansicht, daß das ursprünglich gesteckte Ziel – ein 30 Meilen U-Boot zu bauen – nur auf dem eingeschlagenen Weg in absehbarer Zeit verwirklicht werden kann.
   Ich verbleibe mit freundlichen Grüßen .... Ihr sehr ergebener Walter.

Die Konferenz beim ObdM über den U-Boottyp XXVI fand am 22. Februar 1944 in seinem Hauptquartier Koralle statt. Anwesend waren außer Dönitz der Hauptamtschef K Adm. Fuchs mit Vertretern, der Hauptamtschef MWa Adm. Backenköhler mit Vertretern, Vertreter von Abt. C/Skl (Chef des Stabes), Chef der Operationsabteilung (1.Skl) K.Adm. Wagner, BdU Op., Bauaufsicht Fa. Walter (MOBaurat Fischer), Chef MND (K.Adm. Stummel), 1. Skl IIIa und Schiffbaukommission (MOBaurat Waas). Der Aktenvermerk der 1.Skl IIIa enthält folgende Protokollangaben, wobei berücksichtigt werden muß, daß der Protokollant sicher nicht mit allen Problemen, die hier erörtert wurden, vertraut war:

K [Fuchs]): Die Feststellungen haben ergeben, daß die Schneeorgel auf Typ XXI eingebaut werden kann. Daraus hat sich der Typ XXI B ergeben. Dieser ist aber etwas zu groß. Es liegen nunmehr 4 Entwürfe vor, die eine Verkleinerung des Bootes bezwecken. Und zwar zwei Entwürfe des OKM, ein Entwurf von Walter, ein Entwurf von Oelfken-Glückauf.

1. Entwurf XXVI B (OKM), 2. Entwurf XXVI W (Walter),
3. Entwurf XXVI E1 (Oelfken), 4. Entwurf XXVI E2 (OKM).

1. Welcher von diesen Entwürfen soll genommen werden?
2. Damit entsteht die prinzipielle Frage, soll das Walter- oder Elektro-Boot weitergebaut werden?
3. Sollen die Boote mit Turm und Flak oder ohne diese gebaut werden?

K IU macht eingehende Angaben über die Daten der einzelnen Entwürfe. Daraus geht hervor, daß die ↓-Geschwindigkeit der nach dem Walter-Prinzip arbeitenden Boote erheblich höher ist, als die der anderen. ...
Nach den Ausführungen von K IU fragt **ObdM**, ob die Entwicklung des Walter-Bootes so fortgeschritten sei, daß man seinen Bau fordern kann.
OBaurat Fischer (Bauaufsicht Walter) bejaht dies. Die Probefahrten der letzten beiden Tage seien gut verlaufen, jedenfalls in der Hinsicht, die das Walter-Prinzip beträfe. Die dabei aufgetretenen Versager hätten nichts damit zu tun gehabt und seien außerdem geringfügiger Natur gewesen.
ObdM erkundigt sich nach dem Stand der Aurol-Fertigung.
SBK [Schiffbaukommission; OBaurat Waas]: Es können monatlich nicht mehr als 70 Boote im Frontbetrieb damit versorgt werden. Er stellt daher fest, daß gar nicht entschieden werden könne, ob [nur] E- oder [nur] Walter-Boote weitergebaut werden sollten, weil für letztere nur im begrenztem Umfange der Betriebsstoff zur Verfügung stehen würde. Ebenso wenig aber könnten nur E-Boote weiter gebaut werden, weil die Bleilage ab 45 den Bau der E-Boote zwangsläufig einschränkt.
ObdM erkundigt sich, ob eine Steigerung der Aurol-Fertigung möglich sei.
SBK verneint, weil dies die Erstellung neuer Werke und ungeheuren Aufwand bedeute, was in der nächsten Zeit nicht darzustellen sei.
Auf die Frage des **ObdM**, ob der Marine die gesamte Fertigung zur Verfügung stände, antwortet **OBaurat Waas** (SBK), daß es nur die Hälfte sei, die andere Hälfte würde von der Luftwaffe gebraucht.
Auf die Frage des **ObdM**, durch wen die Verteilung erfolgt sei und in welcher Zeit, teilt **MWa** mit, daß dies schon vor Jahren durch das OKW geschehen sei.
ObdM hält eine Neuverteilung des Aurols für erforderlich.
ObdM kommt zu den einzelnen Entwürfen und stellt fest, daß das E-Boot in der Leistung unbefriedigend sei, was **K** mit Bezug auf das kleine Boot bejaht.
ObdM: Wie lange ist es bleimäßig möglich, Typ XXI weiterzubauen?
SBK: Im Sommer 45 muß auf den neuen Typ übergegangen werden.
ObdM fragt, ob der Übergang auch früher möglich sei.
SBK: Nicht vor Frühjahr 1945.
ObdM kommt dann wieder auf die vier Neuentwürfe zu sprechen und stellt fest, daß XXVI E1 und E2 ein Rückschritt seien.
Es entspinnt sich eine längere Debatte über großes oder kleines U-Boot, wobei **OBaurat Fischer** die Bedenken äußert, daß die Werte des großen E-Bootes XXI im Verhältnis zu dem kleinen Boot zu günstig seien, so daß in der Berechnung ein Fehler vorliegen müsse.
Der **ObdM** befiehlt, daß die Vergleichszahlen noch geklärt werden müssen.
ObdM stellt fest, daß die hohe ↓-Geschwindigkeit des Walter-Bootes und sein ↓-Fahrbereich sehr stark für das Boot sprächen. Er wendet sich dann der Frage der Schnorchelfahrt zu und fragt, ob der Schnorchel nicht schwarz (unortbar) gemacht werden kann.
Chef MND hofft dies, kann aber erst nach den Feststellungen im März darüber berichten. Nach seiner Meinung wird die Ortung nur auf ganz kurze Entfernung möglich sein.
ObdM hat trotzdem starke Bedenken gegen die Schnorchelfahrt wegen der erhöhten Horchgefahr. Diese Bedenken werden auch aus dem **BdU**-Bereich geäußert, wobei Beispiele aus der Praxis gegeben werden. Von Seiten **K IIU** wird betont, daß die Schnorchelfahrt nur für das Aufladen gedacht gewesen sei. Im übrigen könne das Motorengeräusch innerhalb 10 Sek. abgestellt werden.
ObdM wendet sich der letzten Frage zu, ob die Boote mit oder ohne Turm und Flak gebaut werden sollen.
Chef MND kann nicht zusagen, daß die Funkortung schon einen vollkommenen Schutz für das Boot darstellt.
C/Skl ist daher der Meinung, daß die Boote ohne Geschütze, also ohne Turm nicht möglich sein könnten. Eine dauernde ↓-Fahrt ist nicht möglich, und für die Zeit des Überwasserseins müssen die Boote einen Schutz haben. Er sei überzeugt, daß die Kommandanten von turmlosen Booten binnen kurzen einen solchen und die dazu gehörige Flakbewaffnung fordern würden. **BdU Op** ist der gleichen Meinung.
Es entspinnt sich über die Turm- und Flakfrage eine längere Debatte.
ObdM entscheidet zum Schluß:
1. Es werden Walter-Boote gebaut.

2. Bevor die Entscheidung zu den vier Entwürfen von ihm gefällt wird, soll MWa die Aurol-Frage klären. K soll prüfen, wann der Übergang auf das Walter-Boot möglich sei, und ob der Übergang auf den kleinen Typ zweckentsprechend wäre. Dabei sollen die Daten für Typ XXI noch einmal durchgerechnet und mit den kleinen Typen verglichen werden.
3. Ferner sollen die in der Debatte über die Bewaffnung der Boote entstandenen Fragen geklärt werden, bevor ObdM die Entscheidung über den Bau mit oder ohne Turm fällt.

In einem Schreiben vom 26. Februar teilte Admiral Fuchs dem Hauptausschuß Schiffbau, der ja für die bauliche Ausführung zuständig war, das Ergebnis dieser Konferenz mit folgenden Worten mit:

Der ObdM hat am 22.2.1944 entschieden, daß nach Maßgabe der Blei- und Aurolversorgung das Bauprogramm Typ XXI zum Teil auf Boote mit Walter-Turbinenantrieb umgestellt werden soll. Die nähere Entscheidung über den Bootstyp hat der ObdM sich vorbehalten. Die Walter-Turbinenanlage wird durch diese Entscheidung indessen nicht beeinflußt. Es wird damit gerechnet, daß die Erstellung der Turbinenanlagen neben den Torpedorohren maßgebend für die Termingestaltung sein wird. Der Hauptausschuß Schiffbau wird aus diesem Grunde bereits jetzt unterrichtet, um entsprechende Vorbereitungen für ein Anlaufen des Turbinenprogramms treffen zu können.

Zu der Frage, ob die neuen Boote des Typs XXVI einen Turm und eine Flak-Bewaffnung haben müßten, hatte die Firma Walter in einer weiteren Anlage zu ihrem Bericht vom 6. Februar sehr ausführlich Stellung genommen und durch sie entstehende Nachteile begründet. Sie würden zwangsläufig zu dem erheblich größeren und mit dem Turbinenantrieb langsameren Typ XXVI B führen.
Diese Nachteile des Amtsentwurfes und die bei der Mitfahrt auf dem Walter-Boot U 794 am 23. März gemachte Erfahrung mit den Fahreigenschaften eines Untersee-Schnellbootes veranlaßten Dönitz zu seiner Entscheidung für den Walter-Entwurf Typ XXVI W. Seine Aufforderung, die Eigenschaften eines entsprechenden mittleren Elektro-U-Bootes mit denen des Typs XXI nochmals genau zu vergleichen, erschien nach seiner Entscheidung für die Walter-Version des Typs XXVI nicht mehr dringlich. In den U-Bootabteilungen des K-Amtes beschäftigte man sich im März mit der Frage, wie man Transport- und Versorgungs-U-Boote besser an die Situation des U-Bootkrieges anpassen und schneller zum Einsatz bringen könne. Als Lösung schlug man entsprechende Abwandlungen des Typs XXI mit den Typbezeichnungen XXI D und XXI E vor. Am 27. März 1944 sollten diese neuen Entwürfe von K vor dem ObdM vorgetragen werden. Dönitz stellte jedoch zuerst die Frage, ob der Walter-Typ XXVI W nach den vorliegenden Unterlagen gebaut werden könne. Dazu äußerte der K-Amtschef, daß wegen der sehr engen Raumverhältnisse das Boot wohl um 1,2 m verlängert und sein ↑-Deplacement auf etwa 850 m^3 vergrößert werden müßte. Er kritisierte dabei die seiner Meinung nach unzureichenden Wohnverhältnisse im Bugraum. Dem wurde aber von K.Adm. (Ing.) Thedsen widersprochen. Auch die Forderung von K nach einer zweiten Tieflenzpumpe wurde abgelehnt. Danach entschied Dönitz trotz der geäußerten Einwände für den Bau der Ausführung XXVI W.

Das Problem der unzureichenden T-Stoffversorgung blieb jedoch trotz der Planungen neuer Produktionsstätten vorerst bestehen. Da inzwischen der Hochleistungsdieselmotor MB 501, der in großer Stückzahl für den Schnellbootantrieb hergestellt wurde, im außenluftunabhängigen Abgaskreislaufbetrieb seine Bewährungsprobe mit einem zehnstündigen Dauerlauf am 23. Dezember 1943 bestanden hatte, wurde beschlossen, für ihn ein Versuchs-U-Boot mit der äußeren Form des Typs XVII zu bauen. Der Bauauftrag wurde auf Kosten eines Typ XVII B-Bootes (U 1410 von B&V) am 15. Februar 1944 der Germaniawerft erteilt. Die Kiellegung erfolgte dort am 23. April 1944 auf Helling VII links unten. Zum Einbau der Maschinenanlage wurde U 798 am 16. Februar 1945 zur Maschinenhalle der GW transportiert und dort abgesetzt. Zum Einbau der Kreislaufanlage kam es aber nicht mehr.

Die direkte Verwendung von Sauerstoff, dessen Herstellung einfacher, billiger und ausreichend gewährleistet war, machte den Abgaskreislaufbetrieb mit Sauerstoffzuführung in dieser Situation zu einer ernsthaften Alternative zum Walter-Antrieb, auch wenn die Unterbringung des Sauerstoffs unter hohem Druck in Gasflaschen und tiefgekühlt in flüssiger Form in Thermosbehältern der T-Stoff-Unterbringung erheblich unterlegen war und mit einem Dieselmotor nicht die hohe Leistung einer Turbine und damit auch nicht die hohe ↓-Geschwindigkeit zu erreichen war. Der große Vorteil des Kreislaufdiesels war jedoch sein erheblich besserer Wirkungsgrad im Marschfahrtbereich, und damit ein größerer ↓-Fahrbereich. Am 4. Mai 1944 führte MOberbaurat Kurzak, der als Beauftragter des OKM für den Bau des Kreislaufversuchs-U-Bootes U 798 bei der Germaniawerft tätig war, in der Ausarbeitung "Die Fahrbereiche von U-Booten mit Antrieb durch Kreislaufdieselmotoren und Walter-Turbinenanlagen bei Verwendung von Sauerstoff und Aurol" u.a. aus:

Im Walter-Bericht S 71 vom 5.4.44 sind Berechnungen der Fahrbereiche für U-Boote vom Typ XVII (B&V) mit verschiedenen Antriebsanlagen und verschiedenen Antriebsmitteln (Sauerstoff und Aurol) erfolgt und die Ergebnisse einander gegenübergestellt. Im folgenden Bericht wird gezeigt, daß durch eine für das Gesamtboot geringe Änderung der Voraussetzungen und durch Abstellung einiger Unstimmigkeiten, die durch ungenügende Kenntnis des Kreislaufverfahrens bedingt sind, eine erhebliche Verschiebung der Verhältnisse zu Gunsten des Dieselmotors erfolgt. ...

Es folgten umfangreiche Berechnungen, durch die eine wesentlich bessere Beurteilung der Eigenschaften eines U-Bootes mit einem Dieselkreislaufantrieb nachgewiesen wurde als im Walter-Bericht angegeben war.

Die Fertigkonstruktion des Walter-U-Boottyps, der jetzt nur noch die Bezeichnung XXVI trug, sollte im zentralen U-Bootkonstruktionsbüro Glückauf (IBG) in Blankenburg erfolgen. Um dort schnell mit der neuartigen Antriebsform vertraut zu werden, wurde die zuständige Konstruktionsabteilung der Firma Walter mit den Initiatoren dieses Entwurfes, Hauptabteilungsleiter S Dr. Fischer und dessen engen Mitarbeiter Dipl.-Ing. Ulrich Gabler, zum IBG überführt. Es handelte sich dabei um das Büro S 2b mit 10 Mitarbeitern unter der Leitung von Dr.-Ing. Stateczny. Es war konsequent, daß Dr. Fischer im April 1944 zum Betriebsführer des IBG und Nachfolger von Oelfken berufen wurde, der in das K-Amt zurückkehrte und hier im November 1944 die Leitung von K IIU übernahm.
Der Rüstungsminister Speer war über die Entscheidung von Dönitz für den Serienbau eines neuen Walter-U-Bootes sicher nicht begeistert, da sein Ministerium mit den vielen Problemen des verzögert anlaufenden Typ XXI-Baus ständig konfrontiert wurde. Auf einer Rüstungsbesprechung am 8. Dezember 1943 hatte er deutlich gefordert, daß nicht mehr soviel in die mittelbare Rüstung und den Ausbau neuer Kapazitäten gesteckt werden sollte, sondern alles in Waffen, die noch 1944 herausgebracht werden könnten. Der neue U-Boottyp XXVI gehörte sicher nicht dazu.
Jedoch Merkers HAS bemühte sich, den beschlossenen Typ XXVI in seinem Programm unterzubringen. Bereits am 3. Mai 1944 wurde bei der 10. Rüstungsbesprechung der Marine und der zuständigen Hauptausschüsse für die Marinerüstung folgender Terminplan für die Ablieferung der Typ XXVI-Boote im Jahr 1945 aufgestellt:

3	4	5	6	7	8	9	10	11	12	Σ 1945
2	-	2	4	8	10	10	10	10	10	66

Ab Serienbeginn des Typs XXVI im August 45 sollte das Ablieferungssoll für den Typ XXI und den Typ XXIII auf je 10 Boote gedrosselt werden.
Bei der nächsten Rüstungsbesprechung am 17. Mai wurde vom HAS erklärt, daß der Stahlbau für die Ablieferungen ab Mai 45 mit seiner Arbeit im November 1944 beginnen müsse. Dafür sei erforderlich, daß die zugehörigen Zeichnungen vom IBG bereits im Juli 1944 fertig sein

müßten. Schwierigkeiten bereiteten die neuen Torpedorohrsätze. Direktor Schamberger von der Gruppe Torpedowaffe im Hauptausschuß Waffen teilte mit, daß die ersten Torpedorohrausrüstungen erst im Januar 1945 geliefert werden könnten.
Auch beim Typ XXVI war wieder ein Sektionsbau vorgesehen. Für den Sektions- und den Zusammenbau hatte der HAS den Danziger Raum ausgewählt, da er hier schon bei den Vorbereitungen den im Westen gut eingespielten Typ XXI-Bau weniger stören würde und auch durch Luftangriffe weniger gefährdet schien. Für die Einarbeitung in die hier völlig neue Konstruktion mit dem Walter-Antrieb wurden einige Konstrukteure der Schichau-Werft, die für den Zusammenbau vorgesehen war, zum IBG nach Blankenburg abgestellt. Sie wurden hier besonders beim Bau eines 1:1–Modells aus Holz eingesetzt, damit sie dadurch einen Einblick in die Bootskonstruktion erhielten.
Mit Verfügung OKM K IUc 9999/44 geh. vom 26. Mai 1945 bekam die Werft Schichau Danzig unter Bezugnahme auf die mit dem HAS geführten Verhandlungen den Auftrag für den Bau und die Lieferung von 100 U-Booten Typ XXVI. Die Boote erhielten die Bezeichnungen U 4501 – U 4600 und die Bau-Nummern SD 1801 – 1900. Gleichzeitig wurde Schichau in Kenntnis gesetzt, daß der dortige Typ XXI-Bau im Frühjahr 1945 nach dem 49. Boot auslaufen würde. In dem Werftbericht vom Juni 1944 wurde dazu ausgeführt:

U-Bootbau Typ 26 W

Die ersten beiden Boote sollen von uns stahlbaumäßig als auch ohne Sektionswerften als Typ-Boote erbaut werden. Ab 3. Boot läuft dann die Fertigung wie bei Typ 21, d.h. mit Einschaltung der Stahlbaufirmen und der Sektionswerften. Die Ausbringung dieses Typs (Beginn März 1945 – 1. Boot) wird von Monat zu Monat bis auf 12 Boote monatlich (erreicht Oktober 1945) gesteigert. Die Verteilung der einzelnen Lieferumgsumfänge an die Stahlbaufirmen und an die Sektionswerften ist noch nicht erfolgt. Bisher sind 100 Boote in Auftrag gegeben worden; Fertigstellung des letzten Bootes April 1946.

Auf der 12. Rüstungsbesprechung am 31. Mai 1944 war die Verschiebung des Ablieferungsbeginns auf März 1945 angesichts nicht einzuhaltender Zulieferungstermine und die Erhöhung der monatlichen Ablieferung auf 12 Boote ab Oktober 1945 beschlossen worden.
Die Verteilung der einzelnen Lieferungsumfänge an Stahlbaufirmen und Sektionswerften im Danziger Raum, die bereits beim Typ XXI große Probleme ergaben, bereiteten erhebliche Schwierigkeiten. Insbesondere die große Sektion 2 mit der Walter-Turbinenanlage setzte Erfahrungen beim Bau dieses neuartigen Antriebs voraus, die in Danzig nicht vorhanden waren. Ein Schiffstransport von B&V nach Danzig war indiskutabel. Dies war der Fertigungsabteilung FT des IBG schon Mitte Mai klar gewesen, und es wurde hier bereits zum Zeitpunkt der Auftragsvergabe an Schichau Danzig damit gerechnet, daß die neuen Walter-Boote bei B&V gebaut werden müßten. So wurde am 24. Mai 1944 beim IBG in Blankenburg die Anlieferungstermine und ein Bauplan für den Typ XXVI in einer Besprechung mit den B&V-Vertretern Cammerer (UPM) und Kramer (Büro 106) im Entwurf festgelegt. Die Aktennotiz der B&V-Teilnehmer für die Firmenleitung (Dir. Berendt) enthält folgende Angaben:

Grundsätzlich sollen möglichst Bauteile von vorhandenen U-Boots-Typen verwendet werden, wie z.B. Armaturen von den Typ VII C-U-Booten, Diesel, E-Maschinen, Batterie von Typ 23, Hilfsmaschinen von Typ XVII usw. Bei der Herausgabe der Bestellungen durch die Konstruktions-Büros müssen die Teile mit längerer Fertigungszeit bevorzugt herausgegeben werden und zwar die ersten Termin-Abteilungen [Baubeginn beim Stahlbau] vorweg. ...
Wir wiesen die Herren [vom IBG] besonders darauf hin, daß die Herausgabe der Bestellungen, vor allem der ersten Termin-Abteilung, beschleunigt werden muß. Nach dem vorgelegten Bauplan, der die Ablieferung der Boote in folgender Staffelung vorsieht

2 Boote März 45	8 Boote Juli 45	weiter je Monat 12 Boote
2 Boote Mai 45	10 Boote August 45	bis insgesamt 110 Boote,
4 Boote Juni 45	12 Boote September 45	

sind für die Mo-Werften 7 Wochen, die S-Werften 6 Wochen und den Stahlbau 8 Wochen Bauzeit vorgesehen. Zwischen der Bauzeit des Stahlbaus und der S-Werft sind 4 Wochen für Reserve und

Transport vorgesehen. Unter Annahme, daß das erste Boot am 15.3.45 auf der Mo-Werft fertiggestellt werden soll, ergibt sich der Baubeginn der Mo-Werft etwa am 25.1.45, der S-Werft etwa am 10.12.44 und des Stahlbaus am 16.9.44.
Somit müssen die Armaturen der Termin-Abteilung 1 zum 16.9.44 zum Einbau bereit stehen. Unter Anrechnung einer Fertigungsdauer von nur 6 Wochen für die Armaturen TA 1 ergibt sich ein Arbeitsbeginn der Herstellerfirmen zum 1.8.44, ein Termin, der bestimmt auf außerordentliche Schwierigkeiten stoßen wird, da weder der Entwurf der Maschinenanlage endgültig ist, noch Schaltpläne vorliegen. Die Herren von Glückauf wurden auch darauf aufmerksam gemacht, daß genügend Zeit vorgesehen werden muß, um den Bestellgruppen die Möglichkeit zur Unterbringung der Teile zu geben.
Nach einer bei Glückauf vorliegenden Niederschrift einer Besprechung zwischen HAS und den Stahlbaufirmen hat Herr Desch [Marine Bevollmächtigter in Saurs Technischem Amt und später in Speers Rüstungsamt] für die Vorbereitungsarbeiten der Schüsse 6 Monate und für die Herstellung 2 Monate verlangt.

Erst am 21. Juli 1944 rang sich der HAS dazu durch, dem OKM mitzuteilen, "daß die U-Boote Typ 26 W im Hamburger Raum gebaut werden sollen, um die dortigen bisherigen Erfahrungen beim Bau der Walter-Boote auszunutzen". Die Schichau-Werft Danzig erhielt davon eine Kopie zur Kenntnisnahme. Durch OKM K IUc 15010/44 geh. vom 3.8.44 wurde Schichau dann auch von dieser Stelle informiert, daß die 100 Boote Typ XXVI zu B&V verlagert worden sind. Der entsprechende Auftrag an Schichau Danzig wäre dadurch hinfällig.
Mit der Übertragung des Typ XXVI-Bauauftrages an B&V wurde vom HAS am 21. Juli dem OKM auch folgende Festlegung der Sektionswerften genannt:

Sektion 1	Deutsche Werft	Bunker FINK 2 Boxe 4
Sektion 2	Blohm & Voss	Bunker FINK 2 Boxe 3
Sektion 3	Howaldt Hbg	Bunker ELBE 2 Boxen 1 u. 2
Sektion 4	KMW W'haven	Bunker FINK 2 Boxe 2
Sektion 5	Deutsche Werft	Bunker FINK 2 Boxe 5

Für die fünf Rohsektionen der Serienboote waren folgende Stahlbaufirmen ausgewählt worden: Nordd. Eisenbau, Sande bei W'haven, Gebr. Heyking, Danzig, Beuchelt & Co, Grünberg (Schlesien), Eggers & Co, Hamburg, MAN, Mainz-Gustavsburg.

Die Alliierte Invasion am 6. Juni 1944 in der Normandie führte zu neuen Überlegungen über den Vorrang bestimmter Vorhaben bei der Marinerüstung. Am 14. Juni kam es im Anschluß an die 13. Rüstungsbesprechung zu der Grundsatzentscheidung von Dönitz und Speer, daß die U-Bootprogramme Typ XXI und XXIII "scharf durchgezogen werden müßten", dagegen für den Typ XXVI eine Dringlichkeitsrückstufung zu Gunsten der Kleinkampfmittel- und S-Boot-Fertigung erforderlich sei. Dies wirkte sich bei der Fertigstellung der Konstruktionsunterlagen in Blankenburg aus, da hier jetzt das Kleinst-U-Boot SEEHUND Vorrang hatte. Bei der 16. Rüstungsbesprechung am 26. Juli wurde mitgeteilt, daß dadurch beim Typ XXVI bereits eine Verzögerung von drei Wochen bestände. Bei der T-Stoff-Versorgung läge eine Entscheidung des OKW-Chefs Keitel vor, daß zunächst die Abfangjäger (Me 163), dann die Ingolin-Torpedos und die V 1-Katapulte zu berücksichtigen seien. Die Walter-U-Boote kämen erst danach an die Reihe. Der HAS erbat deshalb eine grundsätzliche Entscheidung durch den ObdM, ob der Walter-Typ XXVI oder nicht ein Elektro-U-Boottyp entsprechender Größe gebaut werden sollte.

Im Juni 1944 war von der 2/Skl BdUop die Forderung nach einem mittleren Elektro-U-Boot gestellt worden. Das große Typ XXI-Boot, das ursprünglich ja nur den Typ IX ersetzen sollte, war nach ihrer Meinung für den Geleitzugkampf im Nordatlantik zu aufwendig. Man griff also wieder Gedanken auf, die im Februar 1944 zur Vorlage der Projekte XXVI E1 und E2 geführt hatten, die aber damals zu Gunsten des Walter-Typs zurückgestellt worden waren.

Turbinenraum des Walter-Entwurfes Typ XXVI W

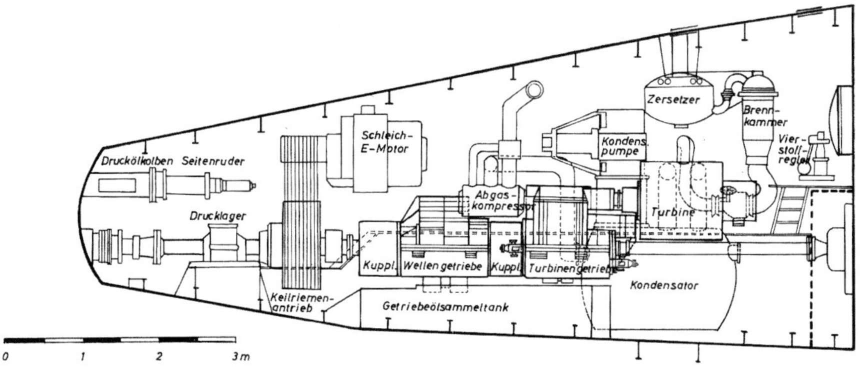

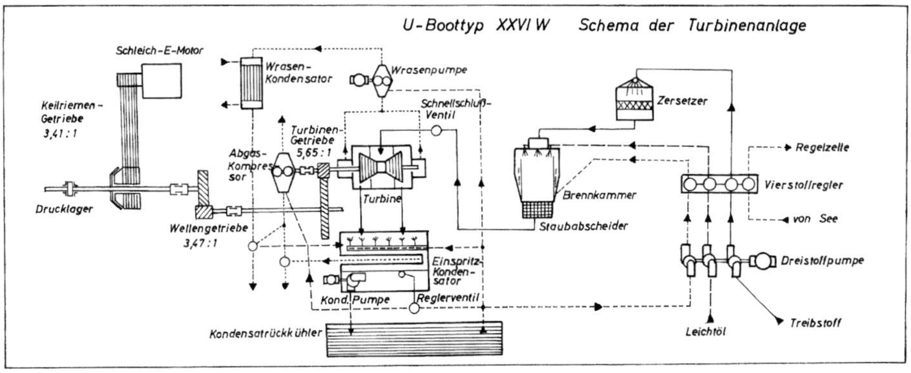

Erprobungsstand der 7500 PS-Walter-Anlage des U-Boottyps XXVI W bei der HWK (nach Kriegsende, z.T. demontiert).

Die Boote sollten nicht größer als 1000 t sein, die halbe Maschinenanlage des Typs XXI und mehr Torpedorohre besitzen. Die U-Bootabteilungen des K-Amtes begannen sofort mit den Entwurfsarbeiten und konnten schon am 13. Juli mit der Sammelbezeichnung Typ XXIX eine Projektreihe derartiger U-Boote mit 8 Bugtorpedorohren vorlegen. Dazu wurden auch größere Entwürfe mit der gleichen Maschinenanlage aber mehr Torpedorohren für den Einsatz in entfernteren Einsatzgebieten ausgearbeitet.
Auf Grund der positiven Beurteilung der Eigenschaften eines U-Bootes mit Dieselkreislaufantrieb durch MOBR Kurzak wurden in die Studienreihe Typ XXIX auch vier U-Boottypen mit einem derartigen Antrieb aufgenommen, wobei eine höhere ↓-Geschwindigkeit von ca. 21,5 kn in einem 930 t-Boot (Typ XXIX K3) nur mit einer problematischen Massierung von vier MB 501 C-Motoren zu erreichen war. Auch zwei Vorschläge für kleinere Küsten-U-Boote mit Dieselkreislaufantrieb (Typ XXXIII und Typ XXXIV) wurden im Herbst 1944 noch vorgelegt und diskutiert.
Schließlich beschäftigte man sich im K-Amt Ende 1944 auch noch mit der Möglichkeit, U-Boote mit einer Turbinenantriebsanlage auszurüsten, bei der in die Brennkammer statt zersetztem Aurol mit Wasserdampf verdünnter Sauerstoff eingeführt werden sollte, obwohl dieses Verfahren wesentliche Änderungen der Walter-Anlage verlangt hätte und noch keine Versuchsergebnisse dafür vorlagen. Es handelte sich um die letzten U-Bootprojekte (Typ XXXV und Typ XXXVI) der deutschen Kriegsmarine.

Der Chef der Marinerüstung, Admiral Backenköhler, zögerte mit seiner Stellungnahme zu diesen Projekten. Bei nüchterner Betrachtung der Kriegslage bestanden nur für den erprobten Walter-Antrieb und die fertig konstruierten Walter-U-Boote eine brauchbare Einsatzchance. Die Arbeiten am Typ XXVI sollten deshalb vorläufig weiterlaufen, jedoch ohne Terminfestsetzungen.
In dieser Zeit wurde vom IBG eine genaue Übersicht über die erforderlichen Arbeiten für den Typ XXVI bei den vorgesehenen Sektionswerften erstellt. Dabei waren die Baustellen für die Sektionen 4 und 5 vertauscht worden.

Bei der 19. Rüstungsbesprechung am 6. September mahnte der Vertreter des Rüstungsamtes Desch eine Entscheidung über den U-Boottyp XXVI an: Das Protokoll vermerkt über seine Ausführungen:

Dipl.-Ing. Desch erbittet schnellste Entscheidung über Weiterbau XXVI W. Fertigung läuft seit 26. März. Starke Terminverzögerungen sind ohne Höhereinstufung unvermeidbar. Bei Verzicht auf XXVI W Ersatz durch anderen Bootstyp nicht rechtzeitig möglich, da erforderliche Umstellung der Industrie unter erschwerten Kriegsbedingungen nicht mehr durchführbar.

Admiral Backenköhler wollte nun eine 'schnellste Entscheidung' durch den ObdM veranlassen. Direktor Merker sollte einen neuen Lieferplan unter Berücksichtigung einer einmonatlichen Terminverschiebung für die Anbringung der ortungsmindernden Schutzschicht 'Alberich' aufstellen.

Am 14. September 1944 hielt der Vorsitzende der Schiffbaukommission, Vizeadmiral Topp, vor dem ObdM einen Vortrag über die neuen U-Bootentwürfe und ihre Probleme. Die wichtigsten Passagen des Protokolls lauten:

Vor einem dreiviertel Jahr hatte u.a. wegen des Bleimangels der ObdM in Aussicht genommen, den Typ XXI zu einem späteren Zeitpunkt durch ein kleineres, weniger aufwendigeres und manövrierfähigeres Boot zu ersetzen. Nach der eindeutigen Zusage des Rüstungslieferungsamtes ist aber die Bleiversorgung bis weit in das Jahr 1946 gesichert. Nach Angabe des HAS ist überdies ein Abgehen vom Typ XXI frühestens mit dem 250. Boot, also frühestens im Juli 1945 möglich. Nach den bisherigen Erprobungen sind die Taucheigenschaften des Typs XXI sehr gut (18 Sek.)

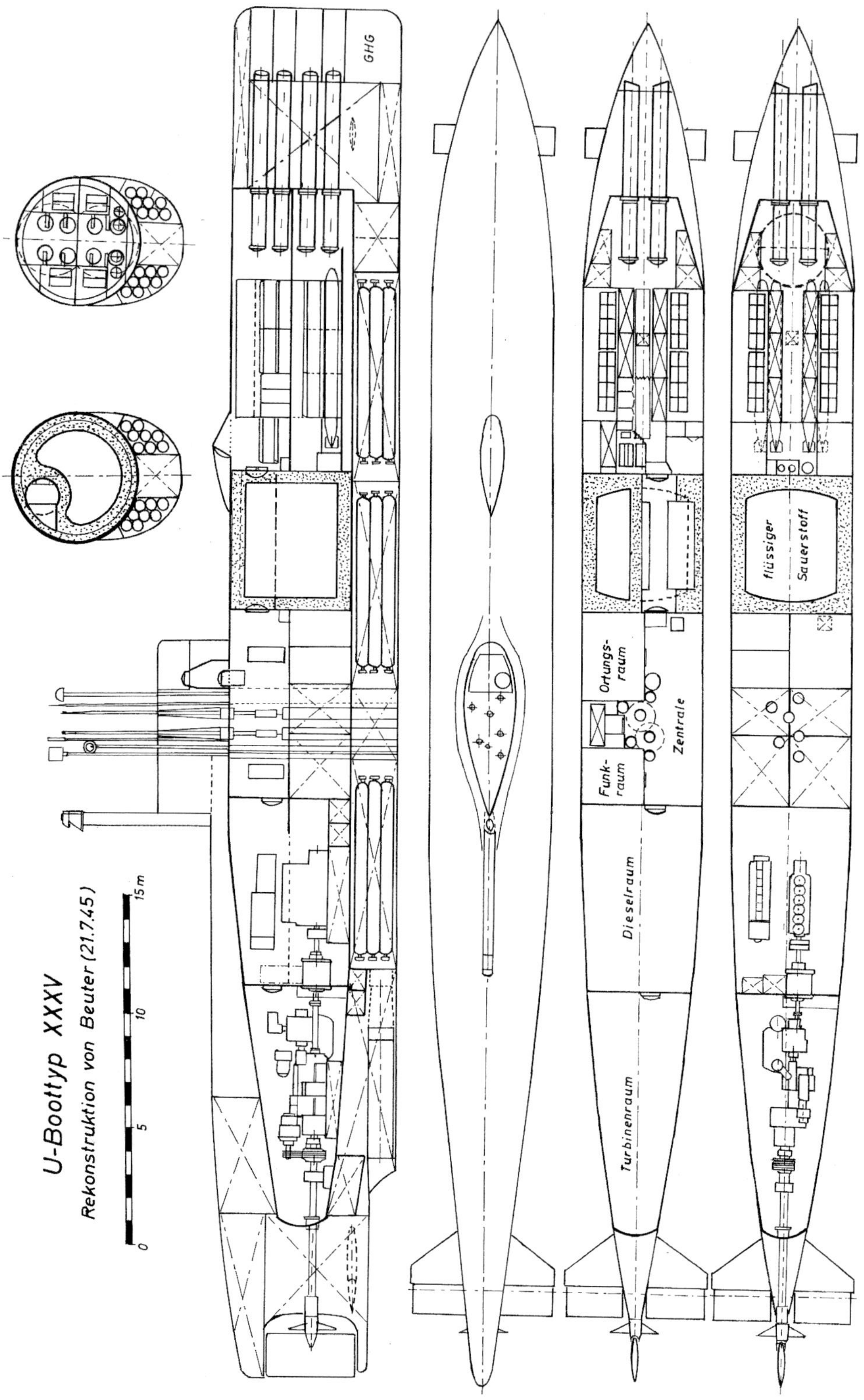
U-Boottyp XXXV
Rekonstruktion von Beuter (21.7.45)
0
5
10
15m
GHG
flüssiger
Sauerstoff
Ortungs-
raum
Zentrale
Funk-
raum
Dieselraum
Turbinenraum

Sollten die Nachrichteneinrichtungen des Typs XXI im Jahre 1946 nicht mehr ausreichend sein, ist dies auch kein Grund, von ihm abzugehen. Es wäre einfacher, durch entsprechende Umbauten der Sektion 5 den nötigen Platz dafür zu schaffen, als einen völlig neuen Typ zu bauen. Es ist deshalb verfrüht, bereits jetzt über einen neuen Typ zu entscheiden. Außerdem sollten erst einmal die UAK- und Agru-Front-Erprobungen abgeschlossen werden (bis Mitte Oktober) und die ersten Feindfahrten abgewartet werden (Mai 1945). Viel dringlicher wäre ein Ersatz des Typ XXVI, falls nicht genügend T-Stoff zur Verfügung steht. Dieses Boot müßte aber die gleichen Eigenschaften des Typs XXVI besitzen.
Stand der T-Stoff-Produktion:

1. Höllriegelkreuth (bei München) zerstört. Wiederinbetriebnahme von 30% (125 moto) ist möglich und zu empfehlen. (Ausschlachtung des Restes für Lauterberg und Rhumspringe ist bereits im Gange.)
2. Lauterberg (am Harz) läuft voll im Oktober 44 mit 1200 moto an.
3. Rhumspringe I (am Harz) liefert ab 1. Februar 45 mit 750 moto. Einige wesentliche Zulieferungen aus dem Westraum sind allerdings ausgefallen. Ausweichlösungen werden noch gesucht.
4. Rhumspringe II beginnt frühestens Mitte 45 mit 750 moto.
5. Rhumspringe III mit 750 moto ist etwa Mitte 1946 möglich, wenn der Aufbau an Ort und Stelle erfolgt. Bei Verlagerungen sind Verzögerungen einzurechnen.
6. Zwei kleine Anlagen von Henkel (Düsseldorf) und Degussa (Rheinfelden) bringen etwa 375 moto. Eine Ausbaumöglichkeit ist hier aber nicht vorhanden.
7. Die Renal-Anlage Heydebreck (Oberschlesien) nach dem IG-Verfahren läuft voraussichtlich Mitte 45 mit 2000 moto an. Erhebliche Anlaufschwierigkeiten sind zu erwarten, so daß ein brauchbares Ergebnis vor Ende 45 nicht vorliegen wird.
8. Die Geprol-Anlage Waldenburg (Schlesien) läuft nicht vor Mitte 46 mit 2000 moto an. Gleiches Verfahren wie Heydebreck. Deshalb sind gleiche Schwierigkeiten zu erwarten.
9. Der Ausbau Rhumspringe muß unbedingt in das Geilenberg-Programm (für die Treibstoffversorgung) aufgenommen werden, da von den Neubauwerken einzig für sichere T-Stoffversorgung der Marine geeignet. Das IG-Produkt wurden noch nicht in Walter-Turbinen erprobt. ...

Es muß unter diesen Voraussetzungen geprüft werden, ob das Typ XXVI-Programm eingeschränkt oder völlig gestoppt werden soll.
Die Schiffbaukommission schlägt vor, noch nicht über einen Nachfolgetyp zu beschließen, sondern die Typen XXI, XXIII und XXVI weiterzubauen, bis etwas 'Umwälzendes' im Sinne des Führererlasses konstruiert worden ist.

Dönitz entschied in diesem Sinne. Auf der 20. Rüstungsbesprechung am 21. September 1944 wurde seine Entscheidung, daß der Typ XXVI weitergebaut wird, verkündet.
Am 28. September erhielt B&V nun endlich auch den offiziellen Bauauftrag des OKM:

Unter Bezugnahme auf die vorangegangenen Verhandlungen und oben genannten Vorgang (B-Nr. K IUc Nr. 15191/44 geh.) wird hiermit bestätigt, daß der der Firma Schichau/Danzig mit K IUc 9999/44 geh. vom 26.5.1944 erteilte Auftrag auf Lieferung von 100 U-Booten Typ XXVI der Firma Blohm & Voss übertragen wird. Die U-Boote erhalten die Bezeichnung U 4501 bis U 4600.
Für den Bau der ersten drei Boote ist die Dringlichkeitsstufe DE genehmigt. Die Auftrags-Nr. lautet daher abweichend von der oben genannten: DE 7034/1220/44. Die DE-Nr. für diese Boote lautet 1500 M VII/45. Die DE-Stufe für die ersten 3 Boote läuft demnach mit dem 31.7.45 ab. ...

Nachdem bei der Fertigkonstruktion des Typs XXVI beim IBG einige Änderungen notwendig geworden waren, wurde hier am 15. Oktober 1944 ein neue Übersicht der Hauptangaben erstellt:

Schiffskörper:

↑-Verdrängung ($\gamma = 1{,}00$)	ca. 852 m^3	Mittl. Tiefgang	ca. 6,00 m
Länge ü.a.	56,20 m	Länge Druckk. ohne Endböden	30,965 m
Max. Breite über Mallkante	5,440 m	Max. ⌀ des Druckkorpers	5,35/5,40 m
Max. Breite über Außenhaut	5,448 m	Tauchtiefe bei 2,5 facher Sicherh.	135 m

Maschinenanlage:
a) Dieselmotor 1 x MWM RS 34 mit 580 PSe (dauernd)
b) E-Maschine 1 x GV 446-8 mit 536 PSe (1 ½ Std.)
c) Schleich-E-Motor 1 x GV 323/28 mit 71 PSe (dauernd)
d) Hilfs-Dieselmotor mit Generator 1 x MAN W8V 17,5/22 A mit 265 PSe
e) Turbine: 1 x BKC mit 7500 PSe (dauernd)
f) Akkubatterie: 2 x 31 Doppelzellen Typ 2 x 21 MAL 740 E/23 mit 5000 Ah/50 Std.

Betriebsstoffe:
a) Treiböl: ohne (mit) Regelbunker 63 (70) t
b) Treibstoff 97 t
c) Leichtöl 10,5 t
d) Schmieröl 3,25 t

Stabilität:
↑ (MG) 208 mm
↓ (FG) 309 mm
Tauchzelleninhalt: 86 m³

Max. Geschwindigkeiten:
↑ mit Dieselmotor 11,0 kn
↓ mit Schnorchel 10,0 kn
↓ mit E-Maschine 10 kn/1,5 Std.
↓ mit Turbine 24 kn
↓ mit Schleichmotor (Dauer) 5 kn

Fahrbereiche:
↑-Fahrbereich 9400 sm/8 kn
↓-Fahrbereich mit E-Masch. 103 sm/4 kn
↓- Fahrbereich mit Turbine 224 sm/15 kn
↓- Fahrbereich mit Turbine 159 sm/24 kn
↓- Fahrbereich mit Schnorchel 10100 sm/6 kn

Ladezeit der Batterie: ↓ Schnorchelfahrt 4 Std./5,0 kn
Bewaffnung: 4 Bugrohre und 6 Seitenrohre (zehn 7 m-Torpedos)
Besatzung: 55 Mann in 25 Kojen

Die Propulsionswerte waren berechnet und mit den HSVA-Messungen überprüft worden, wobei sich eine gute Übereinstimmung ergab. Die HSVA-Versuche waren bereits am 3. März 1944 von der Firma Walter beantragt worden, konnten jedoch erst im Juni mit dem Modell 2511 ausgeführt werden. Es wurde besonders darauf hingewiesen daß das erstmals bei einem U-Boot angewandte Star-Contra-Ruder im Zusammenhang mit der gewählten vierflügeligen Schiffsschraube einen Propulsionsgewinn von 2-3,6 % ergab.

Ein neuer verbindlicher Ablieferungsplan für den Typ XXVI wurde erst am 19. Oktober auf der 21. Rüstungsbesprechung vorgelegt. Er lautete:

4	5	6	7	8	9	10	11	12	Σ 1945
1	1	-	-	2	4	8	10	12	38

Vom IBG wurde darauf am 24. Oktober ein neuer Terminplan für die ersten 5 Boote aufgestellt:

	U 4501	U 4502	U 4503	U 4504	U 4505
Beginn Stahlbau	8.10.44	9.11.44	5. 1.45	3. 2.45	10.12.45
Beginn S-Bau	17.12.44	16. 1.45	12. 3.45	7. 4.45	15. 4.45
Beginn M-Bau	21. 2.45	23. 3.45	13. 5.45	5. 6.45	13. 6.45
Ablieferung	22. 4.45	22. 5.45	10. 7.45	31.7.45	8. 8.45

Für den Sektionsbau der Serienboote waren jetzt endgültig folgende Ausbaustätten vorgesehen:

Sektion 1: KMW W'haven im Bunker FINK II, Box 3 mit Stahlbau durch Stülcken
Sektion 2: B&V in FINK II, Box 4 und 5
Sektion 3 und Brückenaufbau: Howaldt-Hbg im Bunker ELBE II
Sektion 4 und 5: DW (4 ungeschützt in Finkenwerder, 5 in FINK II, Box 2)

In einer Reihe von Besprechungen beim IBG in Blankenburg und bei B&V wurden durch unvollständige Zeichnungen und verspätet eingehende Zulieferungen entstandene Probleme zu lösen versucht. Am 25. September fand bei der U-Planung (Cammerer) von B&V eine interne Bestandsaufnahme des vorgesehenen Arbeitsablaufes statt, an der die leitenden Mitarbeiter Franzenburg, Jacob, Kellner, Schaa, Felsche, Schulz, Vollstedt, Eger, Dr. Wendel, Rehse, Hitzler, Seeberger, Kronenbitter, Peters, Junge und Cammerer teilnahmen. Das Protokoll darüber lautete:

Für die ersten vier Boote werden die Sektionen 1, 4 u. 5 in [der Maschinenfabrik] M II, die Sektionen 2 u. 3 in der Osthalle schiffbaulich zusammengebaut, fertiggestellt und maschinenbaulich ausgebaut. Beim großen Kran werden die Boote auf je einem Arbeitsponton zusammengebaut. Es wird angestrebt, mit 2 Arbeitspontons auszukommen.
Für den Bau dieser 4 Boote werden nur die notwendigsten Vorrichtungen und Einrichtungen angefertigt. Auf den Bau einer Attrappe der Sektion 2 wird verzichtet, weil die Originaleinbauteile und die Zeichnungen so spät kommen, daß die Attrappe nicht mehr zur Ausgestaltung der Sektion 2 für das 1. Boot dienen könnte. Soweit es irgend geht, soll die Holzattrappe in Blankenburg zur Klärung der Platzverhältnisse herangezogen werden. Nur für einzelne besondere Ecken werden evt. naturgetreue Modelle aufgebaut. Da somit die ersten Boote als Muster für die Serienboote dienen, sind Änderungen nach dem 4. Boot nicht mehr zulässig.
Die Sektion 2 wird in den Boxen 4 u. 5 von FINK II in einer sorgfältig vorbereiteten Serienbauweise ausgebaut. In FINK II werden nur Werkstattvorrichtungen für kleinere Nacharbeiten vorgesehen. Die Zentrale ist die Stammwerft. Es wird eine regelmäßige Transportverbindung nach FINK II eingerichtet. Als Sammelstelle ist die Ecke im Werfthafen neben der Armaturenwerkstatt vorgesehen. Hier wird eine Anlegestelle für eine Schute eingerichtet, die in regelmäßigen Abständen nach FINK II geschleppt wird. ...
Schiffbaulich werden die Sektionen 2 auf der Werft (ob beim großen Kran oder in der Osthalle, wird noch geprüft) fertiggestellt, soweit es vom Stahlbau nicht möglich ist. ...
Für den Zusammenbau der ersten 3 Serienboote ist Helgen 7 vorgesehen (am 1.5.45 Helgen klar) und für weitere 3 Boote Helgen 6 (am 15.5.45 Helgen klar). Muß jedoch das Alberich-Verfahren bei uns auf der Werft durchgeführt werden, so können nur 2 Boote nebeneinander liegen, und es muß um jeden Liegeplatz ein Wellblechhaus gebaut werden. Die Liegezeit müßte auch erheblich länger sein.
Die Sektion 1 wird nach der Wellenmitte in Sektion 2 ausgerichtet, der Stoß geschweißt und die Bohrung für die Wellenlager ausgebohrt. Die Ruderdurchführungen im hinteren Endboden werden bereits beim Sektionsbau eingeschweißt und in der Maschinenfabrik ausgebohrt. Die gesamten hinteren Ruderanlagen sollen komplett von der Sektionswerft eingebaut werden. ...

In einer Aufzeichnung über die Sitzung der Unterkommission U-Boote vom 28. September wurde zur Alberich-Tarnung der Typ XXVI-Boote ausgeführt:

Marineseitig (Prof. Küpfmüller, Korv.Kpt. Meckel) wurde verlangt, daß bereits die Boote 3 und 4 die Tarnung erhalten sollen. Von Herrn Merker und Herrn Berendt [B&V] wurde die noch völlig ungeklärte Lage in bezug auf die Durchführung der Arbeiten dargelegt und daher erst das Einsetzen der Alberich-Tarnung bei einem späteren Boot als möglich bezeichnet. Herr Merker schlug das 9. und 10. Boot dafür vor. Da marineseitig dem nicht zugestimmt wurde, nahm Herr Merker den Wunsch der Marine zur Kenntnis, erklärte aber ausdrücklich, daß eine Festlegung zurzeit noch unmöglich ist, weil einmal als Grundlage die Lieferungsmöglichkeit des Tarnmaterials und andererseits die Art der Durchführung der Arbeiten für die Aufbringung der Tarnmasse noch zu klären sind. ...

Der Schußbau für das erste Boot U 4501 begann am 8. Oktober 1944 in den Schiffbauhallen von B&V. Ab 9. November folgte dann die Arbeitsaufnahme für die Schüsse von U 4502. Bisher konnte der Plan einigermaßen eingehalten werden. Die Auswirkungen der beiden Luftangriffe am 4. und 21. November machten aber Terminverschiebungen bei den ersten beiden Booten unvermeidlich.
Am 8. Dezember wurde in einer Terminbesprechung, an der u.a. MBauDir. Sperling und Dir. Arndt vom HAS, Dr. Fischer vom IBG, Dir. Schliephake vom Rüstungsstab, die Direktoren bzw. zuständigen Abteilungsleiter der am Typ XXVI-Bau beteiligten Werften DW, Howaldt-Hamburg, Stülcken, Kriegsmarinewerft W'haven und B&V sowie der Bestellgruppen Edelstahl und HWK teilnahmen, auf die erheblichen Probleme beim Typ XXVI-Bau hingewiesen:

Die Besprechung war von B&V angesetzt, da nach Erkundigungen von B&V viele Zulieferungen nicht wie vorgesehen zu dem ursprünglichen Termin B (Beginn des Sektionsausbaus am 17.12.44) angeliefert werden können, und ferner bei B&V infolge zu später Anlieferung der Bauunterlagen von IBG sowie infolge Fliegerschäden eine Terminverschiebung bei der Herstellung der Schüsse für die ersten vier Boote unvermeidlich geworden ist.
Herr BauDir. Sperling erklärte, daß eine Planung auf lange Sicht bei den augenblicklichen Verhältnissen im Ruhrgebiet nicht möglich sei. Für Typ 21 und 23 sei das Walzmaterial allerdings zum großen Teil abgewalzt, für Typ XXVI W sind aber bisher, außer dem Walzmaterial für die ersten vier Boote, nur 800 t fertig. Daher kann zunächst überhaupt nur über die ersten vier Boote Typ XXVI W gesprochen werden, über die Serienboote vielleicht in 4 Wochen. ....
Bei der Besprechung der Zuliefertermine Typ XXVI W stellte sich heraus, daß der Hauptengpaß bei den Getrieben liegt. Da Krupp in Glatz und Essen Bombenschaden hat, so kann das erste Getriebe frühestens in der ersten Hälfte Februar geliefert werden. Das Getriebe ist aber bestimmend für den Terminpunkt B, da die übrige Hauptmaschinenanlage einschl. Wellenleitung nach dem Getriebe ausgerichtet wird.
Herr Dr. Fischer bittet zu prüfen, ob weitere wesentliche Engpässe bei den Zulieferungen bestehen. ....
Von B&V wurde erwidert, daß eine Reihe von Teilen etwa 6 Wochen später, als ursprünglich vorgesehen, kommen werden; hierbei sind auch viele Teile für die Walter-Anlage. D.h. der Terminpunkt B müßte abgesehen von der Getriebelieferung vom 17.12. auf den 1.2. verlegt werden. Herr Dr. Süchting erklärte hierzu, daß der B&V-Schiffbau mit den Stahlbauarbeiten noch zu weit im Rückstand sei und am 1.2. den Schuß [2] für den Beginn der Montage noch nicht freigeben kann. Der Terminpunkt B müßte mit Rücksicht auf die Stahlbauarbeiten etwa am 20. Februar liegen. ...

B&V wurde darauf aufgefordert am 12. Dezember diese Fragen mit Dir. Merker in Berlin zu besprechen. Dort wurde jedoch nur genehmigt, den Ausbaubeginn für U 4501 auf den 1. Februar 1945 zu verschieben. Die Abnahmefahrt müßte dann am 30. Mai 1945 stattfinden. Das Getriebe würde dafür frühzeitig genug geliefert werden.
Noch ehe eine neue Gesamtplanung aufgestellt werden konnte, erfolgte am 31. Dezember 1944 ein weiterer schwerer Luftangriff auf B&V, der den Typ XXVI-Bau weiter beeinträchtigte. In einem Bericht vom 6. Januar 1945 wurde dazu festgestellt:

Der mittlere Schuß von Sektion 3 liegt in der schwer beschädigten Osthalle. Ein Abtransport von dort ist nicht möglich. Daher muß die Sektion dort zusammengebaut werden. Ein 75 t-Kran ist hier aber frühestens am 15.1. betriebsklar. 5 Tage werden dann für das Aufräumen der Osthalle benötigt. Am 20.1. muß auch die Breitspurgleisanlage zur Osthalle wieder betriebsklar sein, um die übrigen Teile hineinbringen zu können. Dann sollen die Schüsse in Tag- und Nachtschicht zur Rohsektion zusammengebaut werden, so daß am 18.2. mit dem Ausbau der Sektion 3 durch den Maschinenbau begonnen werden kann.
Sektion 2 wird jetzt bei ELBE 17 neben den Typ XVII B Walter-U-Booten zusammengebaut. ...

Am 17. Januar 1945 traf die Werft wieder ein Luftangriff, der besonders beim Typ XXI-Bau große Schäden verursachte. Zu den Auswirkungen für den Typ XXVI wurde am 26. Januar vermerkt:

Sektion 1 ist auf dem Weg zur Maschinenfabrik II durch Bombenschäden festgehalten. Falls die Gleisanlagen zur M II und der Kran in der großen Halle am 4.2. wieder benutzbar sind, dann kann die Sektion am 5.2. in der M II zum Ausbohren stehen und am 20.2. wieder dem Schiffbau übergeben werden. Die Sektion stände dann am 5.3. in der M II fertig zum Ausbau.
Sektion 2: Die 3 Teile des Druckkörpers liegen unbeschädigt bei ELBE 17, desgleichen die Einbauten. Stark beschädigt sind die Treibstoffbunker. Sie müssen vom 2. Boot genommen werden und stehen in ca. 10 Tagen zum Anbau fertig. Dies ergibt eine Verzögerung von 20 Tagen. Der Ausbaubeginn kann erst am 20.3. in der Osthalle beginnen.
Sektion 3: Von den 3 Teilen des Druckkörpers liegt der Mittelteil unbeschädigt in der Osthalle. Die beschädigte Regelzelle muß repariert werden. Wenn die Gleise zur Osthalle und der Kran dort benutzbar sind, kann der Zusammenbau zur Rohsektion am 10.2. beginnen.

Stahlsektion 2 in der Osthalle fertig zum Ausbau.

Rohsektion 1 mit Teilen des Außenschiffes in der Maschinenfabrik II.

Sektion 4: Die wird in der Schiffbauhalle 7 zusammengebaut und dort geschweißt. Sie ist am 5.3. fertig zum Ausbau in der M II.
Sektion 5: Einzelteile dafür liegen in den Schiffbauhallen 3, 4 und 7. Sie ist am 20..3. fertig zum Ausbau in der Osthalle.

Die letzte Terminplanung von B&V für den Typ XXVI vom 28. Januar 1945 wurde nur noch für die vier Vorlaufboote U 4501 – U 4504 aufgestellt

	U 4501	U 4502	U 4503	U 4504
Beginn Stahlbau	8.10.44	24. 2.45	11. 4.45	28. 5 45
Beginn S-Bau	10. 3.45	15. 4.45	1. 6.45	15. 7.45
Beginn M-Bau	17. 5.45	3. 7.45	16. 8.45	6.10.45
Ablieferung	15. 7.45	1. 9.45	15.10.45	30.11.45

Werftmodell vom U-Boottyp XXVI W.

Nach dem Zusammenbruch der deutschen Weichselfront und dem Vordringen der Roten Armee nach Ost- und Westpreußen, nach Pommern, an die Oder und nach Schlesien, also in das deutsche Kernland, war vom Rüstungsminister Ende Januar 1945 ein Notprogramm beschlossen worden, in dem vorrangig nur noch das Kriegsgerät produziert werden sollte, das sofort oder in Kürze fertiggestellt werden könnte. Der Serienbau des Typs XXVI fiel sicher nicht darunter und wurde von Merker gestoppt. Dönitz konnte sich noch nicht dazu durchringen, die Annullierungen dafür auszusprechen. Erst am 24. März 1945 wurde mit Geheimer Reichssache Nr. 138 die Annullierung aller Typ XXVI-Boote ab U 4505 verfügt.

Im Februar 1945 konnten die Arbeiten an den Rohsektionen von U 4501 relativ ungestört fortgesetzt werden. Im März setzten dann wieder die alliierten Bombenangriffe auf B&V ein, wobei zwar die Typ XXVI-Bauteile nicht zerstört wurden, die Arbeiten daran jedoch weiter verzögert wurden. Die Aussicht, wenigstens noch U 4501 fertigstellen zu können, nahm rapide ab. Ende März befanden sich die Rohsektionen 1 und 4 in Maschinenfabrik II, die Rohsektionen 2 und 3 in der Osthalle und die Rohsektion 5, vermutlich noch nicht zusammengebaut, in einer Schiffbauhalle. Zum Beginn des Ausbaus kam es dann aber nicht mehr, obwohl inzwischen fast alle Einbauteile eingetroffen waren. Bei dem schweren Luftangriff am 11. März war der große Hammerkran am Veersmannkai durch Volltreffer vernichtet worden, so daß hier der geplante Zusammenbau auf einem Ponton nicht mehr möglich war. Nach dem Großangriff der RAF am 8. April auf Hamburg, bei dem wiederum B&V schwer (mit etwa 250 Sprengbomben) getroffen worden war, wurde der U-Bootneubau hier weitgehend eingestellt.

Nur noch an U-Booten, die kurz vor der Ablieferung standen oder repariert werden mußten, wurde weitergearbeitet, an den Sektionen für U 4501 jedoch nicht mehr. Sie fielen bei der Besetzung der Werft durch britische Truppen am 3. Mai fast unbeschädigt in die Hand des Gegners.
In einem Bericht der britischen Besatzungsmacht vom 4. Juni 1945 wurde angegeben, daß für den Typ XXVI im Gebäude 39 von B&V sechs Rohsektionen (ohne Einbauten), davon eine beschädigt, vorhanden seien. Vermutlich handelte es sich dabei um die Osthalle mit den Sektionen II, III und V sowie Teilen davon. Im Gebäude 26, vermutlich die Maschinenfabrik II, wurden eine Heck-(I) und eine Mittschiffsrohsektion (IV) festgestellt. In den Gebäuden 21 und 22 (vermutlich die Schiffbauhallen 3 und 4) wurden neun 'Rohsektionen' (vermutlich Druckkörperschüsse für das zweite Boot U 4502) gefunden. Weitere acht 'Rohsektionen' für den Typ XXVI sollten auf dem Freigelände zwischen der Helling III und dem großen Trokkendock 17 liegen. Doch ist dies zweifelhaft. Auf Fotos wurden neben dem beschädigten U 1409 nur fünf Schüsse des annullierten Typ XVII B Walter-U-Bootes U 1410 entdeckt.
Am 25. Juni 1945 wurde dann von der gleichen Stelle gemeldet, daß bei B&V je fünf Sektionen für zwei Typ XXVI-U-Boote vorhanden seien, was wohl auch etwas übertrieben war.

Der U-Boottyp XXVI war der US Navy bereits seit Februar 1945 durch die Entschlüsselung eines Funkspruches des japanischen Marine-Attachés in Deutschland an seine Regierung bekannt. Dennoch spielte dieser nicht zum Fertigbau gelangte Walter-Typ für die Westalliierten nicht die gleiche Vorbildrolle wie für die sowjetische Marine. Die bei B&V aufgefundenen Rohsektionen veranlaßten allerdings am 22.Juni 1945 britische Verhöroffiziere zu der Anfrage an BauDir. Dr. Fischer und OBaurat Waas, welche Möglichkeiten für den Bau von zehn Typ XXVI-Booten bei B&V beständen.. Dr. Fischer hielt den Fertigbau der begonnenen zwei Boote innerhalb von 6 – 12 Monaten für möglich. Doch für die höheren politischen Instanzen hatte die als Kriegsziel deklarierte Zerstörung der für die Rüstung tätig gewesenen deutschen Industrie immer noch Priorität, und dazu gehörte auch die völlige Auslöschung von B&V.

Das Druckmodell der Sektion 3 vor dem Abdrücken im Drucktank der GW.

Nur die Durchführung eines noch vor Kriegsende bei der GW vorbereiteten Druckversuches mit einem Modell der Sektion 3, deren Festigkeit wegen der Nischen für die Seitentorpedorohre schwer zu berechnen war, wurde aus wissenschaftlichem Interesse gestattet. Das Modell war von der KMW W'haven im Maßstab 1:1,47 hergestellt worden und hatte dadurch für den Drucktank der GW passende Abmessungen. Der Druckversuch erfolgte im September 1945 unter Leitung von Dir. Naß (GW) und Dipl.-Ing. Gabler (IfS) und britischer Aufsicht. Bei Drücken ab 27 atü beulten die druckfesten Regelzellen ein. Bei 28,5 atü kam es dann bei ihnen zum Bruch. Die Untersuchung ergab, daß bei der Herstellung des Modells zwei Schalenspanten in der Nähe des Schotts versehentlich weggelassen worden waren. Nach Fluten der Regelzellen wurde der Versuch fortgesetzt. Bei 32 atü trat dann im zylindrischen Teil die Zerstörung der Druckkörperhaut zwischen den Spanten 16 und 17 ein. Somit wurde für diese Sektion ein Zerstörungsdruck von 32 atü ermittelt, was einer Konstruktionstauchtiefe von 128 m bei 2,5 facher Sicherheit entspricht.

8. Walters schnelles Kleinst-U-Boot - SCHWERTWAL

Auf Anregung der TVA wurde im Sommer 1944 im K-Amt untersucht, ob ähnlich wie bei dem aus einem G 7e-Torpedo abgeleiteten NEGER auch aus einem Ingolin-Torpedo ein Einmann-Kleinst-U-Boot geschaffen werden könnte. Das Projekt erhielt die Typbezeichnung XXVII F. Wie beim NEGER sollte als Waffe ein unter dem Rumpf gehalteter Torpedo dienen. Der Fahrer saß im Bugteil, der über dem Steuerstand einen größeren Aufbau mit Sehrohr hatte. Um die Torpedoabmessungen nicht zu sehr vergrößern zu müssen, war eine Regelzelle nicht vorgesehen. Dadurch war das Boot beim Start zu schwer, was durch einen abwerfbaren Auftriebsbehälter ausgeglichen werden sollte, und am Ende seiner Fahrt zu leicht, was bei der hohen Geschwindigkeit dynamisch kompensiert werden könnte. Das erforderliche Wasser für die Brennkammer war wie bei den Torpedotypen WAL und SCHILDBUTT Seewasser. Da sich diese Antriebe aber noch bei der Firma Walter in der Erprobung befanden und man diese Waffe schnell zum Einsatz bringen wollte, ging man von diesem Projekt ab und entwickelte unter der Bezeichnung Typ XXVII F2 ein Kleinst-U-Boot für die erprobte BARSCH-Turbinenanlage mit Frischwassereinspritzung. Durch das mitgeführte Frischwasser mußten auch noch Ausgleichzellen untergebracht werden. Dadurch wurde das Boot wesentlich größer als der Typ XXVII F, die ↓–Verdrängung stieg auf 7,9 m^3, der Durchmesser auf 1,05 m und die Länge auf 11,28 m.

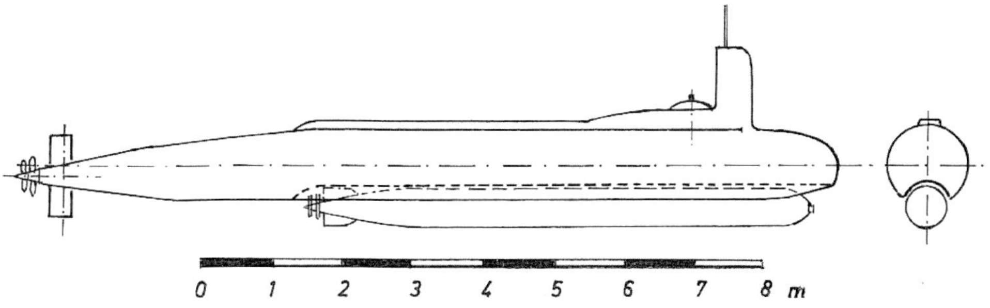

Entwurf des Kleinst-U-Bootes XXVII F2 mit Walter-Torpedoantrieb.

Für diesen Typ XXVII F2 wurden im August 1944 Schleppversuche bei der HSVA mit dem Modell 2549 durchgeführt. Trotz der Einbettung des Torpedos in einer Mulde unter dem Rumpf war der Widerstandszuwachs durch den Torpedo erheblich. Im Bericht 891 führte die HSVA dazu aus:

Bei 20 kn beträgt die Widerstandserhöhung 50 PS, das sind ca. ein Drittel des Gesamtwiderstand des Bootes ohne Torpedo. Dabei beträgt der Eigenwiderstand des Torpedos nur ungefähr 16 bis 17 PS. Die restlichen 34 PS, also zwei Drittel der Gesamt-Widerstandserhöhung, kommen auf das Konto der ungünstigen gegenseitigen Beeinflussung der Umströmung von Torpedo und Boot. Es ist denkbar, daß bereits ein kleiner Zwischenraum zwischen Torpedo und Boot genügt, um die Strömung an beiden Körpern ungestörter verlaufen zu lassen und damit zu einer Widerstandsverminderung trotz der hierbei notwendigen Halteprofile zu gelangen. ...
Nach den Rudermessungen üben die Tiefenruder bei kopflastiger Anstellung kein genügend großes kopflastiges Moment aus, um das steuerlastige Moment des Bootes bei Bootslagen über 3° steuerlastig zu überwinden. Das Boot wird also bei Unterwasserfahrt mit dieser Gewichtstrimmung unstabil sein. ...

Nach den Messungen konnte das Boot bei einer Antriebsleistung von 300 PS ↓ ohne Torpedo 22,6 kn und mit Torpedo 20 kn erreichen. Trotz des größeren Ingolin-Vorrates war der Fahrbereich zu gering. Eine Weiterentwicklung dieses Projektes im K-Amt unterblieb, da alle nicht unbedingt kriegswichtigen Entwicklungsvorhaben, besonders solche, deren Einsatz nicht absehbar war, einzustellen waren.

Etwa gleichzeitig mit dem Typ XXVI F war von der Firma Walter unter der Auftrags-Nr. 5627 ein torpedoförmiges Kleinst-U-Boot entworfen worden, das von vornherein größer ausgelegt war, so daß zwei Mann Besatzung und zwei mitgeführte Torpedos möglich waren. Die Konstruktion erfolgte unter Mitwirkung des Versuchskommandos 456 des K-Verbandes. Die Abmessungen betrugen:

Formverdrängung	11,25 m^3	Länge ü.a.	11,20 m
Max. Durchmesser	1,26 m	Vord. Tiefenruderfl.	0,27 m^2
Gewicht des Bootes	10,6 t	Seitenruderfläche	0,108 m^2

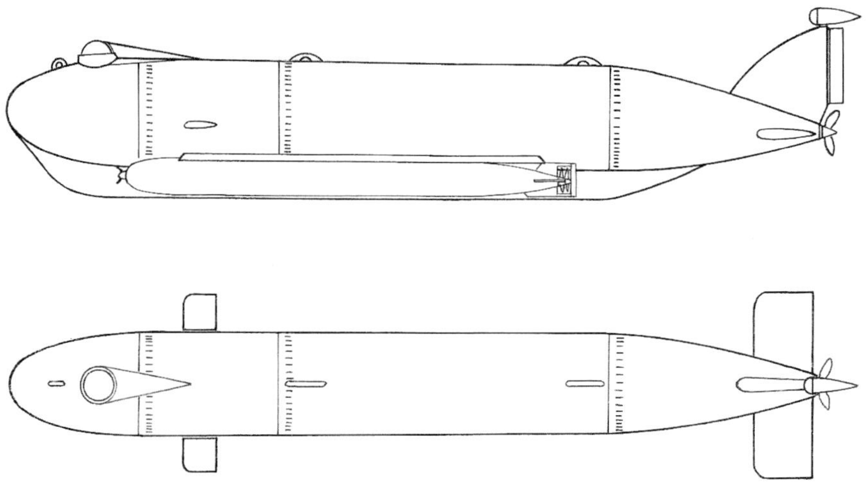

Außenansicht des SCHWERTWAL.

Dieses Projekt erhielt die Bezeichnung SCHWERTWAL (SW). Es sollte noch keine endgültige Ausführung für den Einsatz darstellen, sondern nur der Borderprobung der aus dem WAL-Torpedotriebwerk Bo VI mit Seewassereinspritzung für dieses Kleinst-U-Boot abgewandelten 500 PS-Anlage sowie für die Erprobung seiner Fahreigenschaften bei hohen ↓-Geschwindigkeiten dienen.

Das Boot hatte die Form eines vergrößerten Torpedos. Führerstand und Zentrale lagen im Bugteil, dann folgten Reglerzelle und Ingolinbunker für etwa 5 t Treibstoff und schließlich die Antriebsanlage im Heck mit den gegenläufigen Torpedopropellern. Das Einstiegluk über dem Führersitz war als kleine Beobachtungskuppel aus Plexiglas ausgeführt. Auf dem Heck saß ein Leitwerk mit einem Seitenruder und starren Stabilisierungsflossen. Das Tiefenruder war vorn in Höhe der Zentrale angebracht.

Der Bootskörper war im Windkanal der Luftfahrtforschungsanstalt bei Braunschweig geprüft und mit Hilfe des 1:3-Modells 2557 im September 1944 bei der HSVA geschleppt worden. Dabei ergab sich, daß das Boot ohne Torpedos für die angestrebte max. ↓-Geschwindigkeit von 30 kn hätte 562 WPS aufbringen müssen. Da bei dem benutzten Turbinengetriebe jedoch das Drehmoment von 214 mkp nicht überschritten werden durfte, hätte die zur Verfügung

Heckansicht des HSVA-Modells vom SCHWERTWAL.

stehende Leistung von 500 WPS mit den vorhandenen Propellern hoher Steigung (D = 470/460, H = 876/849, Z = 6) nicht ausgefahren werden können. Es hätte nur mit 350 WPS, n = 1170, eine ↓-Geschwindigkeit von 25,6 kn ohne Torpedos und 22,0 kn mit verkleideten Torpedos erreicht werden können. Ein für eine Leistung von 500 WPS ausgelegter Einschraubenpropeller, der dabei das Drehmoment von 214 mkp nicht überschritt, war in Vorbereitung. Als Fahrbereich wurde angegeben: Anmarsch mit 15 kn und zwei Torpedos 100 km, Angriff mit 22/25 kn 50 km, Rückmarsch mit 15 kn ohne Torpedos 100 km, also insgesamt 250 km.

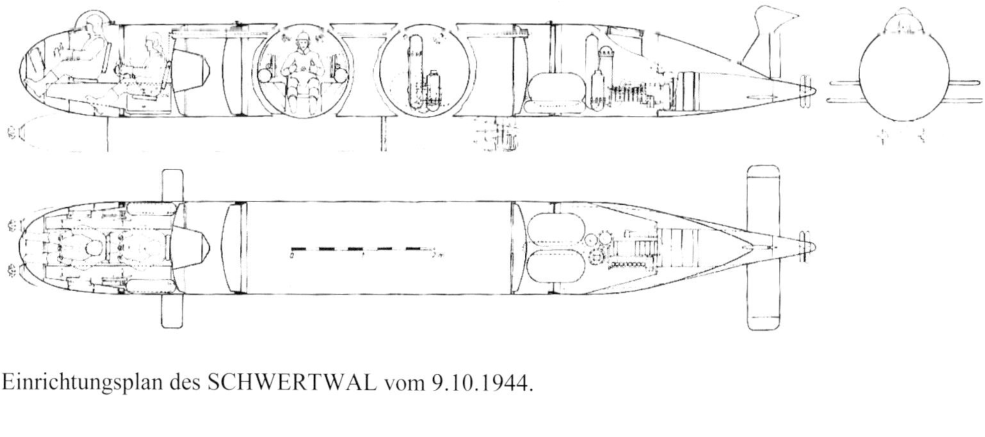

Einrichtungsplan des SCHWERTWAL vom 9.10.1944.

Der SCHWERTWAL sollte unter Wasser schnell und beweglich – ähnlich wie ein Jagdflugzeug in der Luft – operieren können. Er wurde deshalb auch als Unterwasserjäger bezeichnet. Für den Angriff auf kleinere Ziele, insbesondere U-Jagdfahrzeuge, war von der Firma Walter

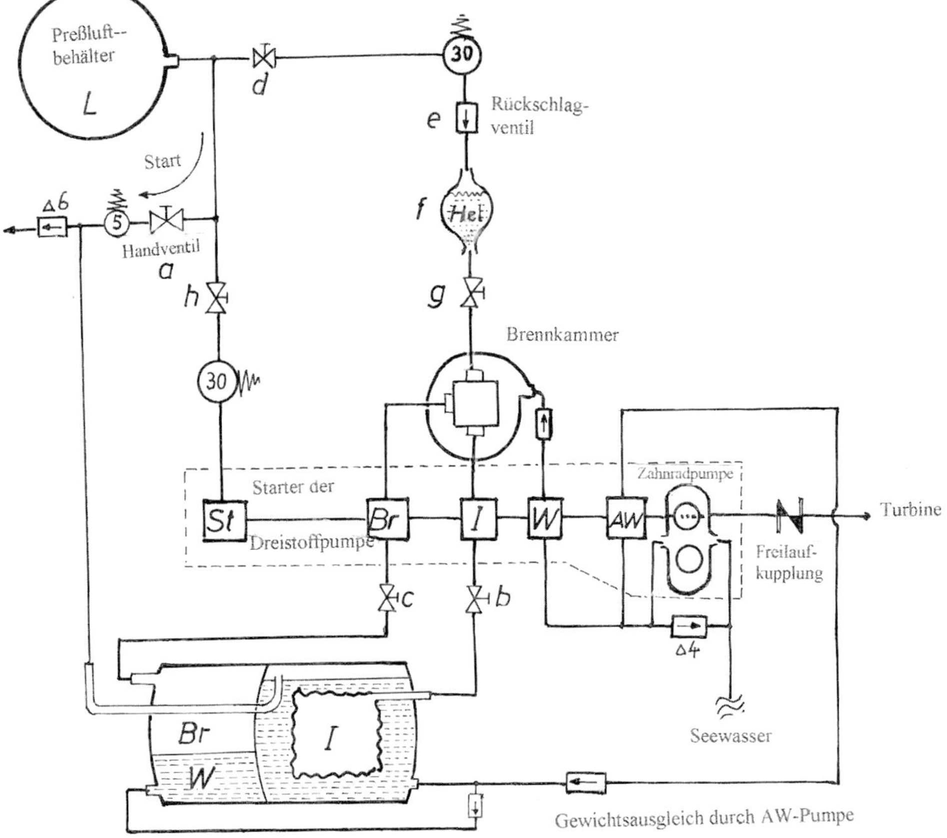

Br Brennstoff
I Ingolin
W Wasser

Die Ventile b, c, d, g bilden einen Schaltkomplex, der die Schalthandlungen automatisch in der richtigen Reihenfolge ausführt.

(1) Start a - b – c
(2) Helman-Zündung d – e – f – g
(3) Beginn der Antriebsphase h (Start der Dreistoffpumpe – Seewasserpumpe) b geöffnet
(4) c geöffnet – Turbine läuft
(5) d, g und h werden geschlossen – Antrieb der Dreistoffpumpe durch Turbine.
(6) Stoppen der Anlage: b und c schließen.

Schema der Walter-Antriebsanlage des SCHWERTWAL.

ein kleiner Raketentorpedo mit der Bezeichnung UGRA (Unterwassergerät mit Raketenantrieb) entwickelt worden, der auch vom SCHWERTWAL eingesetzt werden sollte. Neben den als Hauptwaffe vorgesehenen zwei K-Butt-Torpedos wurden auch die Grimsche Schleppmine als mögliche Einsatzwaffe diskutiert.

Da wegen der hohen Geschwindigkeit ein Sehrohr nicht benutzt werden konnte, war zur Feststellung des Gegners eine Vorausortungsanlage vorgesehen. Für die Orientierung war eine kreiselstabilisierte Flugzeugkompaßanlage der Firma Patin, Berlin, mit automatischer Steuerung für die Seite und Tiefe eingebaut, die bei Erprobungen einwandfrei arbeitete. Der Mutterkompaß befand sich in einem stromlinienförmigen Aufsatz auf dem Seitenleitwerk.

Der SCHWERTWAL-Rumpf ohne Leitwerk und Propeller vor dem Katapult für Lufttorpedos und Flugkörper der Walter-Erprobungsstelle bei Bosau.

Anfang 1945 war SCHWERTWAL schiffbaulich fertiggestellt. Die Prüfstandserprobungen des Triebwerkes waren abgeschlossen. Der Einbau in das Walter-Kleinst-U-Boot und die ersten Versuche sollten in der Außenstelle der HWK in Stadtbek bei Bosau am Großen Plöner-See erfolgen. Doch dazu kam es nicht mehr. Das Boot lag im Frühjahr 1945 am Anlegesteg vor den drei Schleudern der Versuchsanlage. Bei Kriegsende wurde es auf dem See versenkt.

Walter-Kleinst-U-Bootprojekt SCHWERTWAL 2.

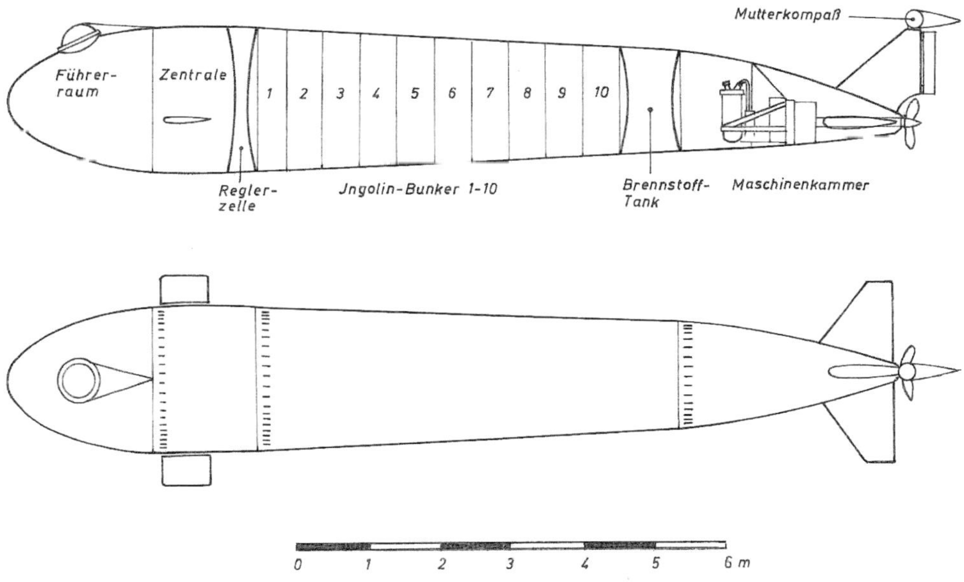

Etwa zwei Monate später konnte es von einer britischen Sucheinheit geortet und gehoben werden. Da die RN an diesem unfertigen kleinen Fahrzeug nicht interessiert war, wurde es auf ihre Anordnung hin in Kiel verschrottet.

Auf Grund der Erfahrungen beim Bau des SCHWERTWAL wurde Anfang 1945 eine verbesserte Version entworfen, welche die Bezeichnung SCHWERTWAL 2 erhielt. Sie hatte eine vollkommenere Stromlinienform des Rumpfes mit einem max. Durchmesser von 2 m, einer Länge von 13,5 m und einem Gewicht von 18 t, wovon 10 t auf den Ingolin-Treibstoff entfielen. Für den Antrieb sollte das WAL-Triebwerk auf 800 PS verstärkt werden, womit eine maximale ↓-Geschwindigkeit von 32 kn möglich war. Als ↓-Fahrbereich mit dieser Geschwindigkeit wurden ca. 100 sm angegeben. Die Vergrößerung des Bootes gestattete eine geräumigere Ausgestaltung des Führerraumes und den Einbau einer kleinen E-Antriebsanlage, die mit einem 25 PS-Motor Manöver- und Schleichfahrten bis 8 kn ermöglichen sollte.

9. Walter-U-Boote nach dem Krieg in Großbritannien und der UdSSR.

Bei der Besetzung Deutschlands durch die alliierten Armeen war ein wichtiges Ziel, die Erbeutung überlegener deutscher Kriegstechnologie und deren Entwicklungsunterlagen sowie die Einvernahme deutscher Spezialisten auf diesem Gebiet für eine schnelle Anpassung der eigenen Rüstungsindustrie an den deutschen Vorsprung. Während die Westmächte nach der deutschen Kapitulation in der tristen Situation des weitgehend zerstörten Deutschland kaum Schwierigkeiten hatten, die dafür geeigneten Wissenschaftler, Konstrukteure, Ingenieure und mit diesen Entwicklungen vertrauten Amtsmanagern als willige und billige Helfer zu gewinnen, wurde der gleiche Effekt von den Russen durch Angst vor Repressalien erreicht. Der Marine-Oberbaurat Waas schrieb in einer Denkschrift für die Britische Besatzungsmacht am 29. Juli 1945 zu diesem Thema u.a.:

In den von den Russen besetzten Deutschland werden nach übereinstimmenden Nachrichten die Rüstungswerke einschließlich Belegschaft nach dem Osten verlagert. Dies bedeutet eine wesentliche Stärkung des russischen Rüstungspotentials. Wenn Rußland beabsichtigt, sich eine starke Marine aufzubauen – woran nicht zu zweifeln ist -, wird es als Landmacht großes Gewicht auf eine leistungsfähige moderne U-Bootwaffe legen. Es ist deshalb anzunehmen, daß es alles, was es auf diesem Gebiet von Deutschland holen kann, auch gründlichst ausschöpfen wird. Vorhanden ist im russischen Gebiet nicht nur alles über die Boote Typ XXI mit sämtlichen Zulieferungen, sondern auch weitgehende Unterlagen über die Walter-Anlagen (Brückner-Kanis, Dresden, Weinrich in Chemnitz) und über das Boot Typ XXVI. Für dieses war ein Modellraum bei Telefunken in Berlin im Bunker aufgebaut, wo vor allem sämtliche neu entwickelten Ortungsgeräte für die Unterwassertaktik der schnellen U-Boote dargestellt waren. Bei der Gründlichkeit der Russen ist anzunehmen, daß das alles rechtzeitig vor Besetzung durch die Anglo-Amerikaner aus Berlin weggebracht wurde, mit den Menschen.
Im Berliner Raum lagen die meisten Firmen, die für Ausrüstung der neuen U-Boottypen mit Ortungsgeräten, Spezial-Funkgeräten, Torpedo-Feuerleit- und Fliegerwarngeräten maßgeblich waren, ebenso Forschungsstätten wie das Heinrich Hertz-Institut, wo vor allem die Gesetze der Unterwasserortung erforscht wurden und gerade in den letzten Monaten dieses Krieges zu Erkenntnissen über schiffbauliche Folgerungen im U-Bootbau geführt haben, die im Typ XXVI und auch den weiteren Studienprojekten bis Typ XXXV nicht mehr verwirklicht werden konnten. Die unter den ungünstigen Bedingungen gegen Ende des Krieges errungenen Erfolge unserer nur sehr behelfsmäßig für die reine Unterwasserverwendung hergerichteten U-Boote müßten jedem, und sicher auch den Russen, zu denken geben. ...
Wir standen also in der U-Bootsentwicklung Anfang 1945 mitten in einer Wende. Der Typ XXVI war nicht der Abschluß, sondern erst der Anfang für eine Reihe echter Unterwasser-Bootstypen. Diese Tatsache kann den Russen nicht verborgen geblieben sein, und es ist sicher, daß sie versuchen werden, diese Entwicklungswege in großzügigster Weise fortzusetzen. ...
Gerade bei der reinen Unterwassertaktik, die mit Tarnmitteln und Täuschungsmitteln arbeitet, ist die Bekämpfung mit so großen Problemen behaftet, daß hierfür Jahre der Entwicklung erforderlich sein können. Als Beispiel für eine der vielen Möglichkeiten sei genannt: Ein U-Boot wird in reiner Unterwasserfahrt in 50 m Tiefe mit den neuen Ortungs- und Führungsmitteln aus 60 sm Entfernung an einen Geleitzug herangeführt, erfaßt seine Ziele in seinem Panoramagerät und schießt seine Torpedos, die Laufstrecken von 8000 m haben und mit zielsuchenden Einrichtungen versehen sind. Es ist selbstverständlich, daß hier das Flugzeug mit seinen heutigen Funk[meß]geräten, bisher die wichtigsten Gegenwaffen gegen das U-Boot, ganz versagen wird. ...

Während westalliierte Marineoffiziere, welche die Überlegenheit der deutschen U-Bootentwicklung bei Kriegsende klar erkannten, für die Erhaltung der deutschen damit befaßten Industrien und Versuchseinrichtungen und deren Weiterarbeit für ihre Zwecke plädierten, hielten sich die der Politik verpflichteten Besatzungsdienststellen an die Demontage- und Zerstörungsbefehle für alle Objekte, die der deutschen Kriegsführung gedient hatten, auch nachdem ihnen in der Sowjetunion ein neuer Gegner erwachsen war und ihr Besatzungsgebiet in Deutschland in ihre Abwehrfront einbezogen werden mußte.

In den ersten Maitagen, als sich die Besetzung Kiels durch britische Truppen abzeichnete, wurden bei der H. Walter KG sämtliche schriftliche Unterlagen über die wichtigsten Entwicklungsarbeiten auf dem Werkshof verbrannt. Allerdings waren sie vorher auf Mikrofilm aufgenommen worden. Diese Filme mit 50000 Aufnahmen waren in 6 Blechtrommeln aufbewahrt, die von Walter an einem geheimen Ort an der Nordseeküste vergraben wurden. Von den im Werk vorhandenen Prüfständen und Entwicklungsgeräte ließ Walter wichtige Teile ausbauen und in Teichen und Seen versenken. Das große Treibstofflager mit 300 t T-Stoff wurde unter starker Dampfentwicklung in eine benachbarte Baugrube entleert.
Bei dem Einmarsch der britische Truppen am 4. Mai in Kiel war ein Hauptziel das Walterwerk und der Verbleib der Walter-U-Boote. Die britische Sondereinheit '30th Assault Unit Spezial' für das Aufspüren und die Sicherstellung der sehr begehrten technologischen Kriegsbeute hatte in Hamburg auf dem Gelände von Blohm & Voss die beiden stark beschädigten Walter-U-Boote U 1407 und U 1408 entdeckt und damit erstmals diese geheimnisvollen schnellen U-Boote zu Gesicht bekommen. Es begann sofort eine fieberhafte Suche nach den anderen fertiggestellten Booten mit Walter-Antrieb. Eine Abteilung dieser Spezialeinheit unter Leitung von Commander Aylen besetzte am 5. Mai das Walterwerk, verhörte Walter und verlangte die Herausgabe aller Unterlagen und die Wiederherstellung der aufgefundenen Geräte und Versuchsstände. Dazu kam noch Captain Mumma mit seinem Team der US-amerikanischen ALSOS Mission, die eine ähnliche Aufgabe hatte, jedoch sich im Umgang mit den deutschen Wissenschaftlern und Ingenieuren konzilianter verhielt.
Nachdem Walter von Dönitz die Anweisung erhalten hatte, nach Eintritt der Waffenruhe alle Unterlagen der Besatzungsmacht auszuhändigen, holte er die Mikrofilme aus dem Versteck und vereinbarte eine Art Zusammenarbeit zur Erfüllung der alliierten Forderungen.

Bis Juni 1945 war den Besatzungsmächten der genaue Ort der selbstversenkten Walter-U-Boote nicht bekannt. Dann wurden zuerst die im Audorfer See versenkten U 792 und U 793 entdeckt, gehoben und nach Kiel transportiert. Hier wurden sie mit einem Schwimmkran vor dem Verwaltungsgebäude der Kieler Howaldtswerke an Land gesetzt. Am 1. Juni war von der britischen Admiralität verfügt worden, daß von den drei größeren Kieler Werften nur die Howaldtswerke AG weiter bestehen sollte.
Anfangs bestand die Absicht, diese beiden Walter-Boote hier wiederherzustellen zu lassen. Wegen der Zerstörungen im Turbinenraum, dem schlechten Zustand der Boote und der fehlenden Bauunterlagen erwies sich dies jedoch als schwierig. Die Germaniawerft, die davon gehört hatte, machte am 1. August 1945 dem britischen Flag Officer für Schleswig Holstein das Angebot, die Wiederherstellungsarbeiten auszuführen, da sie im Gegensatz zu den Howaldtswerken Erfahrungen mit dem Bau von Walter-U-Booten besäße. Allerdings hätte sie keine Pläne von den beiden B&V-Booten, könnte diese jedoch anfertigen. Vermutlich hoffte die Krupp-Tochter GW, durch dieses Angebot die drohende Demontage und Zerstörung ihrer Werftanlagen hinauszuschieben oder ganz verhindern zu können. Doch war dieses Angebot zu diesem Zeitpunkt bereits gegenstandslos.

Am 24. Juni 1945 hatte Konteradmiral Godt in Flensburg Commander Beesley, RNVR, davon in Kenntnis gesetzt, daß die beiden gesuchten Walter-U-Boote U 1406 und U 1407 vermutlich in Cuxhaven versenkt seien. Sie wurden dann von einer britischen Kommission dort ausfindig gemacht. Sie spürte die Besatzungen auf, die am 1. Juli bei der Hebung ihrer Boote mithelfen mußten. Anschließend wurden die beiden Boote nach Kiel gebracht.
Auf der Schleppfahrt durch den K.W.-Kanal sackte U 1407 zweimal ab und mußte nochmals gehoben werden. Die beiden Typ XVII B-Boote wurden dann bei den Kieler Howaldtswerken

an der Stelle abgesetzt, wo bisher U 792 und U 793 gelegen hatten. Diese waren vor die zerbombte Schiffbauhalle am Schwentine-Ufer gebracht worden und dienten nur noch als Ersatzteilspender und Demonstrationsobjekt. 1946 wurden die beiden ausgeschlachteten Walter-Boote dann zur Wracksammelstelle Mönkeberg transportiert und zur Verschrottung freigegeben.

Die in Hamburg und Kiel sichergestellte Walter-Kriegsbeute wurde im Herbst unter Großbritannien und USA aufgeteilt. Großbritannien erhielt U 1407, die noch brauchbaren Einrichtungen und Maschinen von U 792 und U 793 sowie den Prüfstand mit der 7500 PS-Turbine für den U-Boottyp XXVI, die USA U 1406, die noch brauchbaren Teile von U 795, U 1408 und

Oben U 792 (Wa 201) im Juni 1945 und unten U 1406 (Typ XVII B) im August 1945 nach der Hebung vor dem stark beschädigten Verwaltungsgebäude der Kieler Howaldtswerke.

Typ XVII-Testanlage in geschlossener U-Bootsektion auf dem Gelände der H. Walter KG in Kiel-Tannenberg.

Verladung von U 1406 auf den US-amerikanischen Transporter SHOEMAKER am 14. September 1945.

U 1409 sowie den in einer geschlossenen U-Bootsektion angeordneten Prüfstand mit der 2500 PS-Turbine für den Typ XVII. Vom 25. Juni bis 6. Juli konnte diese Versuchsanlage in allen Betriebszuständen vorgeführt werden. Zu den Beobachtern dieser Versuche und weiterer Demonstrationen von Walter-Geräten sowie der Vorführung des sehr eindrucksvollen Werksfilmes gehörten viele hochrangige Persönlichkeiten der westalliierten Streitkräfte, so der US Marineminister James Forrestal mit großer Begleitung, der Zivillord der Britischen Admiralität, Mr. Alexander, und Admiral Cunningham..

Für den Abtransport der noch verwertbaren Anlagen und Geräte wurden deutsche Werftarbeiter verpflichtet. So waren vom 26. August bis 1. September 1945 bei U 795 vier GW-Angehörige zusammen mit Spezialisten von HWK mit dem Ausbau der beschädigen Walter-Anlage beschäftigt. Am 11. August wandte sich der Abteilungsleiter S von HWK, Dipl.-Ing. Heep, an die GW mit der Bitte um Mithilfe bei der Verladung und dem Versand der Typ XVII-Testanlage in die USA.
Da die Westalliierten unbedingt verhindern wollten, daß der Sowjetunion bei der vereinbarten Aufteilung der maritimen Kriegsbeute Walter-U-Boote in die Hände fielen, wurde beschlossen, die nur gering beschädigten U 1406 und U 1407 möglichst bald nach England bzw. USA zu schaffen und die weitgehend ausgeschlachteten U 792, U 793 und U 795 im Kieler Hafen zu versenken. U 1407 wurde bereits Ende August mit dem deutschen Marineschlepper FÖHN 2 nach England geschleppt. Mitte September verließ U 1406 Kiel als Decksladung des US-Transporters SHOEMAKER in Richtung USA. Die Selbstversenkung der drei verbliebenen Walter-Boote unterblieb jedoch, da angenommen werden konnte, daß die UdSSR an den leeren Bootshüllen kein Interesse mehr haben würde.

Nach dem Abschluß der Demonstrationsversuche und dem Abtransport der Walter-Beute wurden das Walterwerk Ende 1945 geschlossen und die hier noch tätigen Betriebsangehörigen entlassen. Nur zwei kleine Gruppen von Spezialisten, die man als Berater für die weitere Beschäftigung der britischen Ingenieure mit dem Walter-Antrieb benötigte, wurden mit Dienstverträgen zur Weiterarbeit in England verpflichtet. Die Royal Navy hatte dafür den Firmenchef Walter, seinen engen Vertrauten Kruska, die beiden Abteilungsleiter der Sektion Schiffbau Dipl.-Ing. Heep (S) und Dipl.-Ing. Oestreich (S4 + S6), den erfahrensten Schiffsingenieur für den Walter-Antrieb von U-Booten Ullrich (S7), den Abteilungsleiter Forschung Dipl.-Ing. Lensch (F) und die beiden Angehörigen seiner Abteilung Dipl.-Chem. von Döhren und Ing. Kalkschmidt ausgewählt. Von der Royal Air Force wurden der Leiter der Abteilung L (Raketenantrieb für Flugzeuge) Dr.-Ing. Schmidt und fünf Angehörige seiner Abteilung übernommen.

Walter und seine sieben Mitarbeiter kamen nach Barrow, wo bei Vickers U 1407 wiederhergestellt und ein eigenes großes Walter-U-Boot mit zwei 7500 PS-Turbinen gebaut werden sollten. Nach einem halben Jahr konnten sie ihre Familien nachholen, waren jedoch vorerst sehr beengt untergebracht. Aus Geheimhaltungsgründen war ihre Bewegungsfreiheit stark eingeschränkt.

Mitte 1946 wurde Emil Kruska nach Deutschland entlassen. Heep wurde zur Unterstützung der US Navy bei ihren Versuchen mit den Walter-Antrieben von U 1406 und der Typ XVII-Testanlage zum Naval Research Lab. in Annapolis, USA, abgeordnet. Eine Zeit lang wurde er dort von Ing. Kalkschmidt unterstützt. Die US Navy hatte jedoch nicht die Absicht, U 1406 wieder herzustellen und Walter-U-Boote zu bauen. Bereits 1945/46 hatte Dr. Abelson die Idee, den fortschrittlichen U-Boottyp XXVI statt mit einer Walter-Anlage mit einer Dampfturbinenanlage zu betreiben, bei der die thermische Energie nicht aus H_2O_2 sondern einem Kernreaktor gewonnen werden sollte. Auf dieses Ziel richtete sich in den Nachkriegsjahren

Walter und seine Mitarbeiter Anfang 1946 in Barrow-in-Furness, England. Von links nach rechts Kruska, Lensch, Ullrich, Walter, von Döhren, Kalkschmidt, Heep und Oestreich.

die US-U-Bootentwicklung aus. Bereits 1951 konnte der Bau des ersten Atom-U-Bootes , der NAUTILUS, für die US Navy in Auftrag gegeben werden. Weitere folgten in kurzen Zeitabständen.
Im Herbst 1946 stellte die britische Admiralität der verkleinerten Gruppe um Walter ein größeres Haus, das Landhaus Rock Lea in Barrow, zur Verfügung, wo jetzt jede Familie mehrere Zimmer bewohnen konnte. 1947 vergrößerte sich die Freizügigkeit. Besuche von und nach Deutschland wurden möglich.
1949 liefen dann ihre Verträge in Barrow ab. Von Döhren und Lensch konnten noch eine Zeit lang im Materials Laboratory in der Nähe von Bournemouth weiterarbeiten. Walter, Ullrich und Kalkschmidt kehrten über London nach Deutschland zurück.

Das Walter-Verfahren mit Wasserstoffperoxid wurde in England High Test Peroxide (HTP) genannt. Die Wiederherstellung von U 1407 nahm längere Zeit in Anspruch, da einmal größere Umbauarbeiten (Ausbau der 5 m-Torpedorohre, Umstellung der Batterie auf Einzelabsaugung, Einbau eines zusätzlichen Luftverdichters mit E-Antrieb, Erneuerung durch das Seewasser unbrauchbar gewordener elektrischer Anlagen und Motoren und Konstruktion und Bau eines neuen Zentralaufbaus) vorgesehen waren und zum anderen die Walter-Anlage ausgebaut, überholt und dann an Land erprobt werden sollte. Im Frühjahr 1947 war das Boot ohne Walter-Anlage fertiggestellt. Es erhielt im Juni 1947 den neuen Namen METEORITE. Die Walter-Anlage wurde von Juli bis September 1947 an Land erprobt. Das Boot führte bis März 1948 Probefahrten ohne Walter-Anlage durch.
Im Juli 1948 wurde die Walter-Anlage bei METEORITE eingebaut. Zuerst wurden mit ihr nur ↑-Fahrten durchgeführt, wobei maximal 14,5 kn Geschwindigkeit erreicht wurden. Ab

METEORITE (ex. U 1407) bei einer Probefahrt im September 1948.

Oktober 1948 folgten dann ↓-Fahrten mit Walter-Betrieb. Bei fast allen diesen Fahrten nahm Ingenieur Ullrich als Berater teil. Am 8. Juli 1949 waren die Versuchsreihen abgeschlossen und METEORITE wurde außer Dienst gestellt. 1950 wurde dieses Boot der British Iron and Steel Corporation zur Verschrottung übergeben.
1947/48 war im Schiffbauprogramm der britischen Marine ein zweites U-Boot mit HTP (Walter)-Antrieb in Auftrag gegeben worden. Dazu bestand die Planung, daß von den vorgesehenen 14 U-Booten der PORPOISE-Klasse, welche die S-Klasse ablösen sollte, die letzten 6 U-Boote mit HTP-Antrieb ausgerüstet werden sollten. Doch nach dem Abschluß der Versuche mit METEORITE war man von dieser Planung wieder abgerückt. Statt der 6 HTP-Boote wurden 1956 12 U-Boote der OBERON-Klasse mit konventionellem Antrieb in Auftrag gegeben. Die beiden bereits in Auftrag gegebenen HTP-U-Boote wurden nur noch als reine Versuchsboote ohne Bewaffnung gebaut. Die Kiellegung des ersten Bootes mit dem Namen EXPLORER erfolgte am 20. Juli 1951, des zweiten Bootes EXCALIBUR am 13. Februar 1952 bei Vickers in Barrow.

Das britische Walter-Versuchs-U-Boot EXPLORER im Sommer 1957.

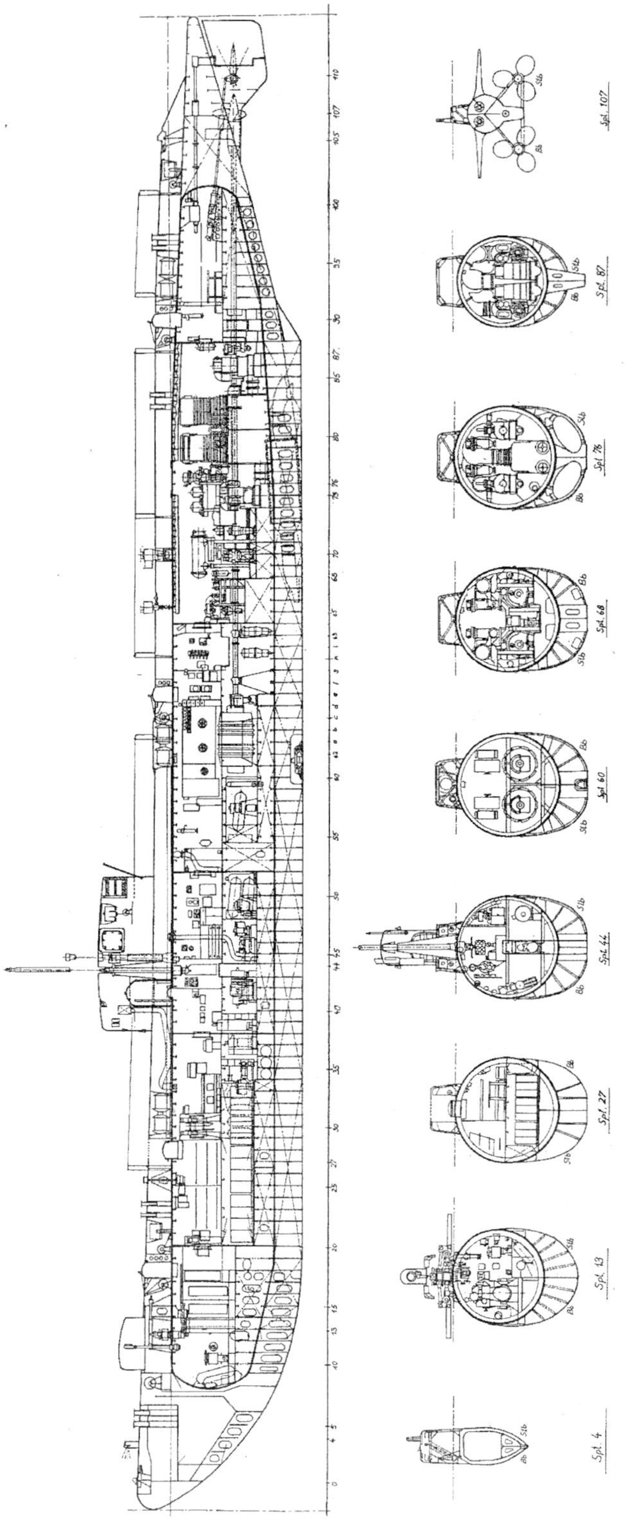

Einrichtungsplan des britischen Walter-U-Bootes EXPLORER.

Ihr Bau zog sich über fünf Jahre hin, da nach dem Entschluß der US Navy für das Atom-U-Boot, dem sich auch die RN anschließen wollte, keine Dringlichkeit mehr für die HTP-Versuchsboote bestand. EXPLORER wurde am 28. November 1956 und EXCALIBUR am 23. März 1958 fertiggestellt. Die beiden Boote besaßen nur wenig Ähnlichkeit zu deutschen Konstruktionen. Es waren Zweiwellenschiffe mit einem konventionellen Heck, die von zwei 7500 PS-Turbinen und zwei 400 PS E-Motoren angetrieben wurden. Zum Aufladen der Batterie und für den E-Antrieb war im Vorschiff ein Dieselgenerator angeordnet. Bei den Erprobungen wurden sie von den ehem. kleinen Minenlegern MINDFUL und MINISTREL begleitet. Als Depotschiff mit 111 t H_2O_2 diente der ehem. Wassertanker SPABECK (1220 ts). Der Stützpunkt für die Versuchsfahrten war Faslane. EXPLORER soll dabei ↓ maximal 26,5 kn erreicht haben. Vorgesehen waren jedoch max. 23,8 kn, die drei Stunden durchgehalten werden konnten. Bei Benutzung nur einer Turbine und Beschränkung auf 12 kn waren 15 Std. Unterwasserfahrt möglich. Die Boote waren aber bei den Besatzungen nicht beliebt. Es gab viele Störungen und Ausfälle, die langfristige Reparaturen bewirkten. Jedes Boot wurde nach einer längeren Werftliegezeit nochmals in Dienst gestellt. EXPLORER wurde endgültig im Juni 1962 a.D. gestellt und 1965 verschrottet Die A.D.-Stellung des letzten Walter-U-Bootes EXCALIBUR erfolgte Ende 1963, sein Abbruch jedoch schon im folgenden Jahr.

Die UdSSR erfuhr erst nach Kriegsende bruchstückweise von den deutschen Walter-U-Booten. Bei der Besetzung von Industriebetrieben in ihrem Besatzungsgebiet wurden sowjetische Spezialisten damit beauftragt, Unterlagen und Geräte von kriegswichtigen deutsche Entwicklungen sowie daran beteiligte Ingenieure und Wissenschaftler ausfindig zu machen. Dabei wurde auch die Turbinenfabrik Brückner-Kanis & Co untersucht. Hier wurden Pläne für eine 7500 PS Gasturbine gefunden, die offensichtlich für den U-Bootantrieb konstruiert worden war. Beim Verhör des Firmenchefs Dipl.-Ing. Kanis erklärte dieser, daß die Turbine für einen neuen U-Boottyp bestimmt war, der in Blankenburg konstruiert wurde. Da es mehrere Blankenburg im sowjetischen Besatzungsgebiet gab, mußte erst einmal herausgefunden werden, wo dieses Blankenburg lag. Man kam schnell darauf, daß dieser Ort im Ostharz liegt, das inzwischen nach dem Abzug der US-amerikanischen Streitkräfte von sowjetischen Truppen besetzt war. Hier konnten im Juli 1945 von der sowjetischen Kommandantur noch etwa 15 ehemalige Angehörige des Ingenieurbüros Glückauf aufgespürt werden, darunter der Leiter des Konstruktionsbüros S 2b der Firma Walter, Dr.-Ing. Stateczny, der sich bereit erklärte, für die sowjetische Marine zu arbeiten. Im Oktober 1945 wurde für ihn und andere IBG-Spezialisten in Blankenburg ein Büro eingerichtet. Dieses Büro war dem sowjetischen U-Bootfachmann Ing. Kpt. 1.Grades A.A.Antipin unterstellt, der hier mit Angehörigen des Leningrader Zentralen Konstruktionsbüros CBK Nr. 18, darunter dem Chef der Schiffbauabteilung S.N.Kovalev, eine Einheit bildete mit der Aufgabe, Unterlagen und Bestandteile des U-Boottyps XXVI zu sammeln und gegebenenfalls zu rekonstruieren.
Gleichzeitig wurde 1946 in Leningrad unter der Leitung des U-Bootkonstrukteurs S.A.Egorov und unter Aufsicht des Chefkonstrukteurs der sowjetischen Marine B.H.Malinin ein Konstruktionsbüro eingerichtet, das mit Hilfe einiger im ehem. K-Amt der Kriegsmarine in Berlin aufgefundener Zeichnungen und Akten sowie mit den vom Büro Antipin entdecktem Material den deutschen Walter-U-Boottyp XXVI unter der sowjetischen Bezeichnung Proj. 616 rekonstruieren sollte. Dessen Walter-Anlage wurde hier PGTU-Anlage genannt. Im Juni/Juli 1947 wurde das Büro Stateczny nach Leningrad verlegt, um hier besonders bei der Rekonstruktion der PGTU-Anlage mitzuwirken.

Parallel zur Konstruktion des Typ XXVI-Nachbaus Proj. 616 beschäftigte sich das Zentrale Konstruktionsbüro Nr. 18 in Leningrad unter Leitung von P.S.Savinov und dem aus Blankenburg zurückgekehrten S.N.Kovalew mit dem Entwurf eines aus dem Typ XXVI abgeleiteten

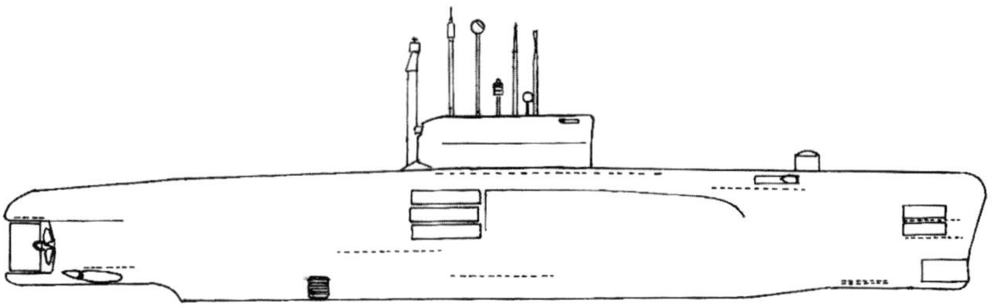

Ubootyp XXVI (1944/45)

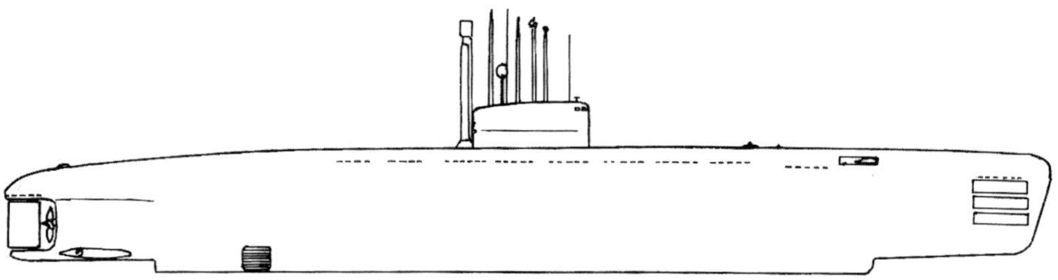

S 99 (UdSSR) 1951/52

U-Boottyps ohne die kompliziere und aufwendige Seitentorpedoanlage. Dafür erhielt dieser Entwurf die Torpedoanlage des Typs XXI mit 6 Bugtorpedorohren. Er wurde Ende 1947 mit der Bezeichnung Proj 617 vorgelegt und schien für Malinin die bessere Lösung für ein sowjetisches Walter-U-Boot zu sein.
Im Mai 1948 wurde deshalb für den Entwurf Proj. 617 in Leningrad-Shuvalovo das besondere Konstruktionsbüro SKB 143 eingerichtet. Es übernahm einen Teil des aufgelösten Antipin-Büros, darunter zehn deutsche Spezialisten. Antipin wurde Leiter des SKB 143 und war jetzt der Chefkonstrukteur des Proj. 617. Die PGTU-Anlage wurde auf dem Gelände der Sudomekh-Werft gebaut und erprobt. Hier sollten dann auch die sowjetischen Walter-U-Boote entstehen. Vorerst war jedoch nur ein Versuchsbau für das Proj. 617 geplant, das die Bezeichnung S 99 erhielt.
Im Mai 1951 wurde die 7500 PS-PGTU-Anlage nach einer 6 stündigen Dauererprobung als geeignet abgenommen und für den Einbau auf S 99 vorbereitet. Die deutschen Spezialisten wurden nun nicht mehr benötigt und zurückgeschickt.
Die Kiellegung von S 99 war am 5. Februar 1951 erfolgt. Bereits ein Jahr später lief S 99 aus der Bauhalle der Sudomekh-Werft vom Stapel. Am 6. Juni 1952 begannen die ersten Werfterprobungen. Im März 1953 kehrte das Proj. 617-Team zur CBK 18 zurück, um hier an der neuen Aufgabe „Entwicklung eines U-Bootes mit Atomkraftantrieb" mitzuarbeiten.

Die Erprobungsphase von S 99 mußte wegen verschiedener Störungen und Havarien verlängert werden, so daß das Boot erst am 21. April 1954 von der Werft an die sowjetische Marine übergeben werden konnte. Vorerst wurde das Boot von der Marine als Erprobungsboot benutzt. Es ging dabei auch um die Sammlung von Erfahrungen mit dem ungewohnten Antriebssystem, für das jedoch keine weiteren U-Boote mehr entwickelt wurden. Nach dem Vorbild der US-Navy wurde für große U-Boote mit außenluftunabhängigen Antrieb nur noch der Kernreaktor vorgesehen. Für Küstengewässer und Nebenmeere war ab 1953 in Anlehnung

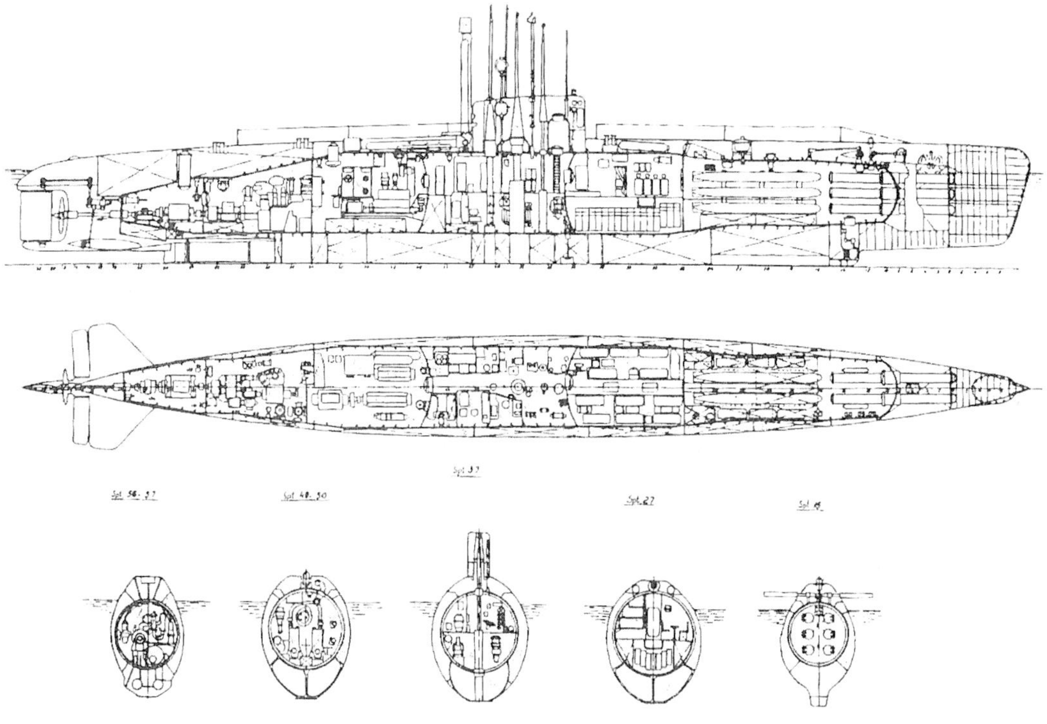

Einrichtungsplan von S 99 (Proj. 617 – NATO Code-Bezeichnung WHALE).

Stapellauf von S 99 aus der Bauhalle der Leningrader Sudomekh-Werft.

an die deutschen Entwicklungen am Ende des Krieges das 406 t-U-Boot M 254 (Proj. 615) mit einer Diesel-Kreislaufanlage und Flüssigsauerstoff von der Leningrader Sudomekh-Werft gebaut worden. Von den geplanten 95 Boote der folgenden Serie Proj. A 615 (NATO-Bezeichnung QUEBEC-Klasse) wurden jedoch nur 29 fertiggestellt. Da sich die Diesel-Kreislaufanlage nicht bewährte, wurde sie wieder aus- oder nicht mehr eingebaut. Dafür wurde die E-Anlage dieser Boote verstärkt.

Die Marineerprobungen von S 99 wurden mit einer erfolgreichen Probefahrt am 26. März 1956 abgeschlossen. Nach einer gründlichen Werftüberholung wurde das Boot Anfang 1958 offiziell in Dienst gestellt und der Baltischen Flotte zugewiesen. Sein erster Kommandant war hier K.G.Simonov. Bis 1959 ging das Boot zu Übungen mit der Baltischen U-Bootflottille 98mal in See und legte dabei über Wasser 6000 sm, unter Wasser 800 sm, davon 315 sm mit Walter-Antrieb zurück.

Am 19. Mai 1959 kam es bei S 99 zu einer Explosion im Maschinenraum. Durch ein undichtes Ventil einer H_2O_2-Vorratsleitung war H_2O_2 ausgetreten und hatte mit Schmutzöl reagiert, wobei ein kleines Leck im Druckkörper entstand. Durch den Wassereinbruch sackte das Boot auf 115-120 m ab, konnte dann aber abgefangen werden und mit eigener Kraft zum Stützpunkt zurückkehren. Das Boot wurde nicht mehr repariert. Dazu hätte der gesamte Turbinenraum ausgebaut und überholt werden müssen. Zu diesem Zeitpunkt war jedoch der Beschluß gefaßt worden, keine Baumaßnahmen für Walter-U-Boote mehr durchzuführen und alle Anstrengungen auf den Bau von Atom-U-Booten zu richten.

Vergleich der Hauptangaben der Walter-U-Boote EXPLORER und S 99:

	EXPLORER	S 99
↑-Verdrängung	1050 m^3	950 m^3
↓-Verdrängung	1120 m^3	ca. 1000 m^3
L ü.a.	68,7 m	62,2 m
B max.	4,8 m	6,08 m
T mittl.	5,4 m	5,08 m
Torpedorohre	0	6
Besatzung	50	51
Max. ↓-Geschwindigkeit	23,8 kn	20,0 kn
↓-Fahrb. bei max. Geschw.	79,5 sm	120 sm
↓-Fahrb. bei E-Antrieb	?	13,4 sm/9,3 kn
Antriebsleistung:		
Turbinen	15000 PS	7500 PS
Dieselmotor		600 PS
Dieselgenerator	?	450 PS
E-Maschinen	800 PS	540 PS
Schleich-E-Motor		140 PS

Als einzige Unterwasserfahrzeuge wurden nur noch Torpedos in der UdSSR, England und Schweden mit einem H_2O_2-Antrieb ausgerüstet.
Im Oktober 1946 war der nach Berlin entlassene ehem. Leiter der Abteilung A Ib (Walter-Torpedos) der Torpedoversuchsanstalt in Eckernförde, Dipl.-Ing. Lawitschka, von der sowjetischen Besatzungsmacht nach Oranienbaum bei Leningrad 'dienstverpflichtet' worden. Er sollte dort mit anderen den Russen in die Hände gefallenen deutschen Spezialisten für die Walter-Torpedos (Deckname Ingolin-Torpedos) den letzten Stand der G 7ut-Entwicklung rekonstruieren und die Antriebsanlage weiterentwickeln. Von der sowjetischen Marine wurde eine möglichst hohe Geschwindigkeit angestrebt. Dazu sollte die Turbine auf über 800 PS gebracht werden. Zur besseren Ausnutzung des mitgeführten Treib- und Brennstoffes wurde

wie bei den letzten deutschen Baumustern WAL und SCHILDBUTT mit Seerwassereinspritzung gearbeitet.

Die russischen Walter-Torpedos gerieten in die Schlagzeilen, als am 12. August 2000 der durch ausgetretenes Wasserstoffperoxid bei einem Torpedo ausgelöste explosive Brand zur Vernichtung des großen Atom-U-Bootes KURSK führte, bei dem die gesamte Besatzung umkam.
Auch Großbritannien hatte kein Glück mit ihren Walter-Torpedos, die aus dem MK 8 entwikkelt worden waren. Sie besaßen einen Kolbenmotor, der mit dem Dampf-Abgasgemisch des mit zersetztem Wasserstoffperoxid verbrannten Kraftstoffes betrieben wurde. Dieser HTP-Torpedo, der nach dem Vorbild des deutschen G 7ukolb entwickelt worden war, erhielt anfangs die Bezeichnung FERRY, später FANCY SR und ab 1954 Mk 12. Die Erprobungen zogen sich vermutlich wegen der ungenügenden Erfahrung im Umgang mit HTP in die Länge. Am 16. Juni 1955 explodierte ein Mk 12-Torpedo in dem britischen U-Boot SIDON, wobei 3 Offiziere und 10 Mann getötet wurden und das U-Boot sank. Als danach noch eine ähnliche Treibstoffexplosion in der Torpedoversuchsstation Arrochar auftrat, verzichtete die britische Marine auf diese Torpedotype.
Dagegen hat die schwedische Marine mit ihrem Walter-Torpedo TP 61 mit Kolbenmotorantrieb der Forenade Fabrikswerken keine derartigen Probleme. Etwa 1000 Torpedos wurden bis 1990 hergestellt und haben sich in den Marinen der Nordstaaten Schweden, Dänemark und Norwegen bewährt.
(Nähere Angaben zu den Walter-Torpedos in dem Buch des Verfassers "Die Torpedos der deutschen U-Boote", Hamburg 2005.)

10. Die Bundesmarine will keine Walter-U-Boote

Im September 1949 emigrierte Hellmuth Walter in die USA, wo ihm von der Worthington Corporation in Harrison N.J. eine Anstellung als Entwicklungsingenieur auf dem Gebiet der Gasturbinen angeboten worden war. Hier lebte er dann mit seiner Familie in Upper Montclair. 1955 wurde er in dieser Firma Director of Research für die Auslandsverbindungen. Er kam dadurch öfter nach Deutschland, wo in Hamburg eine Filiale der Worthington Corporation bestand. 1956 gründete er auf dem Gelände der HWK in Kiel-Tannenberg die Hellmuth Walter GmbH, die u.a. seine Erfindungen hier vertreten sollte. Weitere Gründungsmitglieder waren seine Frau, Emil Kruska, Hermann Petersen, Ulrich Gabler und Heinz Ullrich. Die Geschäftsleitung übernahm Petersen. Außerdem war Walter auch Gesellschafter der durch seine Initiative auf dem HWK-Gelände angesiedelten Maschinenfabrik Paul Seifert.
In USA erhielt er 1956 die US-Staatsbürgerschaft. Die Tatsache, daß er bereits 1931 der NSDAP beigetreten war, möglicherweise in der Hoffnung, daß diese Partei die damalige Wirtschaftskrise in Deutschland meistern könne, war für seine Einbürgerung kein Hinderungsgrund. Bei offiziellen Anlässen hatte er zwar das Parteiabzeichen getragen, sich jedoch nicht parteipolitisch geäußert. In einem Interview, das Walter im Sommer 1945 Margaret Bourke-White gab, erklärte er auf die Frage: „Warum glauben Sie, daß es gut für das deutsche Volk war, Juden in KZs zu sperren?“, daß er gar nicht dieser Meinung sei.

Walter beschäftigte sich in USA neben seiner Tätigkeit bei der Worthington Corperation auch wieder mit dem nach ihm benannten Ubootantrieb. Die rasante Entwicklung der Kernkrafttechnologie hatte große Fortschritte auf dem Gebiet der Wärmetauscher, also kleiner Kessel, welche die Wärmeenergie von Brennkammerabgasen mit hohem Wirkungsgrad in einen Wasserdampfkreislauf übertragen konnte, gebracht. Damit war es möglich, das Indirekte Walter-Verfahren auch für größere Energien den beschränkten Raum- und Gewichtsverhältnissen kleiner U-Boote anzupassen. Walter nannte die von ihm dafür entwickelte Methode das Walter-Austausch-Verfahren.

Walter hatte das Indirekte Verfahren bereits 1934 bei seinem ersten U-Bootprojekt mit Turbinenantrieb vorgesehen. Mitte 1943 war er zum Indirekten Verfahren mit getrenntem Heiz- und Turbinenkreislauf zurückgekehrt. Es versprach gegenüber dem Direkten Verfahren einen besseren Wirkungsgrad bei niedrigen Geschwindigkeiten, wie sie in dieser Zeit zum Erreichen großer ↓-Fahrbereiche akzeptiert wurden, und war überdies ohne zusätzlichem Kompressor tiefenunabhängig.
Im Winter 1943/44 hatte das K-Amt wohl etwas voreilig für diesen Antriebsentwurf ein spezielles U-Boot von ca. 200 m³ Deplacement und vier Bugtorpedorohren mit der Typbezeichnung XXVIII konzipiert. Bei einer niedrigen Turbinenleistung von 250 PS, wobei man eine vorhandene Dampfturbine benutzen konnte, betrug der errechnete ↓-Fahrbereich 2000 sm/6 kn. Daneben war für Schleichfahrt und zur Batterieaufladung eine kleine E-Maschine vorhanden, die von der Turbine als Generator betrieben werden konnte. Der Fahrbereich mit der E-Anlage war mit 250 sm/5 kn ebenfalls beachtlich. Das Boot hätte demnach bei einem täglichen Etmal von 144 sm (entsprechend 6 kn Geschwindigkeit) ca. 14 Tage ↓ in See sein können. Die weitere konstruktive Behandlung dieses Projektes wurde zunächst zurückgestellt, da der Entwicklungsstand der neuen Antriebsanlage mit dem Indirekten Walter-Verfahren eine genaue Durcharbeitung noch nicht zuließ. Am 27. März 1944 kam es ganz in Fortfall, als sich zeigte, daß das Indirekte Verfahren in absehbarer Zeit nicht einsatzfähig sein würde. Erhebli-

che Probleme bereitete die durch die hohe Temperatur von 2000°C thermisch sehr hoch belastete Brennkammer sowie der anschließende Vorverdampfer. Die dabei auftretenden Spannungen boten zunächst nicht die für den U-Bootbetrieb erforderliche Sicherheit
Anfang 1945 waren die Versuche mit der Indirekten Anlage bei HWK abgeschlossen und in dem Versuchsbericht S 93 dargelegt. Darin wurde am 24. Januar 1945 u.a. ausgeführt:

Bei richtig eingeregelter Verbrennung ist die Ausnutzung der zugeführten Energie 98,5 %. Der einzige Verlust liegt in den Abgasen. ...
Bei 1,49 t/Std. Dampfdurchsatz beträgt die im Brennstoff zugeführte Wärme 1078500 kcal/Std., die im Dampf abgeführte Wärme 1050000 kcal/Std. (1660 PS) entspr. 97,35 % und die Abgasverluste 28504 kcal/Std. Verbrauchter T-Stoff 609 kg/Std., B-Stoff 54,4 kg/Std. Mittlere Kammertemperatur 2140°C, Kammerdruck 32,3 atü, Überhitzer Eintritt 607°C, Überhitzer Austritt 348°C, Vorwärmer Eintritt 233°C, Vorwärmer Austritt 66°C bei 30,7 atü. ...
Der Versuch hat ergeben, daß eine Indirekte Dampferzeugungsanlage gebaut werden kann, die infolge der hohen Wärmedurchgangszahlen gegenüber anderen Dampferzeugern sehr klein ausfällt. Sie wird etwas größer sein als die Direkte Anlage, hat aber den Vorteil, daß die einzelnen Heizflächen bei der untersuchten Bauart vollkommen zwanglos im Maschinenraum verteilt werden können. Außerdem fallen die Sperrwasserpumpen mit den Sperrwasserkreisläufen und den Wasserabsperrungen an den Turbinenstopfbuchsen und Schottdurchführungen fort. ...

1957 wandte sich die H. Walter GmbH an das BMVg mit dem Angebot, eine Studie über den neuen Walter-Antrieb zu erarbeiten. Nachdem das BMVg zugestimmt hatte, konnte bereits im Juli 1958 ein Vorschlag für den Bau und die Erprobung einer Hochleistungsantriebsanlage nach dem Walter-Austauschverfahren für die neuen U-Boote vorgelegt werden.
Gleichzeitig versuchte Walter über den mit ihm befreundeten Admiral Mumma die US Navy für seine Pläne zu gewinnen, hatte dabei jedoch keinen Erfolg, da hier alle Anstrengungen auf die Entwicklung der Atom-U-Boote ausgerichtet waren.
In einer Denkschrift über "Small Submarines powered by Hydrogen Peroxide", die Hellmuth Walter am 28. Oktober 1958 in Montclaire N.J. verfaßte, grenzte er die Anwendungsmöglichkeiten von U-Booten mit dem Walter-Antrieb von den Atom-U-Booten ab. Sie lag auch in einer deutschen Version vor. U.a. führte er darin aus:

Ein solches [Walter-U-]Boot kann genau so schnell oder noch schneller als ein Atom-U-Boot sein. Es kann mit den gleichen Ortungs- und Zielvorrichtungen ausgerüstet werden und die gleichen vernichtenden Waffen – allerdings in kleineren Mengen – mit sich führen. Es ist weit weniger kostspielig, und seine Besatzung braucht nicht mehr als 10 bis 15% des Atom-U-Bootes zu betragen. Sein Wirkungsbereich und seine Ausdauer sind natürlich begrenzt. Aber während der Kampfhandlungen kann es technisch stunden- oder sogar tagelang genau so operieren wie ein Atom-U-Boot. ...
Tafel 1 enthält allgemeine Angaben über Fahrbereich, Besatzung und Bewaffnung:

Typ		I	II	III
Wasserverdrängung	t	150	350	1140
Gesamtformverdrängung	m³	250	600	2000
Geschwindigkeit	kn	30	30	30
Antriebsleistung	WPS	4400	8000	18000
Max. Einsatz in See	Tage	20	30	50
Max. Fahrbereich	sm	2000	3200	5000
Besatzung		7/9	15/18	32/36
Torpedos		2/3	6	12

Man kann sofort erkennen, daß die drei U-Boottypen innerhalb einer Reichweite von 400, 600 und 1000 sm operieren können. Es wird angenommen, daß für jeden Fall mehr als 50% Treibstoff (Brennstoff + H_2O_2) zum Operieren in dem bezeichneten Gebiet verfügbar sind.

Im Gegensatz zum Atom-U-Boot muß die Geschwindigkeit während der normalen An- und Abmarsch-Unterwasserfahrt niedrig sein, um Treibstoff für die wirklichen Kampfhandlungen verfügbar zu haben. Bei Ausfall der Hauptmaschine kann jede der drei Typen mit Dieselmaschinen und Schnor chel laufen. Der Fahrbereich beträgt ca. weitere 50% von dem, was mit der Walter-Turbine oder mit der Turbine plus Batterie erreichbar ist.

Die Antriebsanlage ist lediglich mit einigen Änderungen die gleiche wie die für die Walter-U-Boote entwickelte. Sie besteht aus einer Walter-Antriebsanlage, welche den Propeller und einen Generator antreibt und die gleichzeitig innerhalb einer Stunde ohne Rücksicht auf die Geschwindigkeit des U-Bootes die Batterie aufladen kann. Ferner ist es möglich, elektrisch mit dem Motor-Generator bei verhältnismäßig hoher Geschwindigkeit oder mit dem Schleichmotor bei niedriger Geschwindigkeit zu fahren. Sie kann auch mit einem Not-Diesel laufen bei einer Fahrgeschwindigkeit von 8 bis 12 kn. Ebenso kann der Diesel im Hafen, oder wenn die Umstände es erlauben, die Batterie aufladen.
Der Diesel-Generator von ca. 150 PS könnte durch eine Schleichanlage (Walter-Anlage) von ca. 200 PS ersetzt werden, die mit verhältnismäßig hohem Wirkungsgrad zu operieren vermag, bei der Pumpen und andere schallerzeugende Hilfsmaschinen vermieden werden können. Es muß angestrebt werden, daß die von hochtourigen Turbinen und Getrieben herrührenden Geräusche hochfrequent sein sollten. Die Anlage muß in einem Block montiert und vollständig schalldicht isoliert sein. Die höchste wirtschaftlich noch günstige Marschgeschwindigkeit liegt bei etwa 10 kn. Bei niedrigeren Geschwindigkeiten kann die Batterie gleichzeitig aufgeladen und bei kleinster Geschwindigkeit - Sperrenoperation – braucht die Maschinenanlage nur wenige Stunden pro Tag zu arbeiten, und die Antriebsenergie kann aus der Batterie für die übrige Zeit entnommen werden. Mit dieser zusätzlichen Marschanlage ist es möglich, den Fahrbereich um ca. 30% bei niedriger Fahrgeschwindigkeit auszudehnen und einen Selbstverrat durch Eigengeräusche zu vermeiden. Für Fälle äußerster Not könnte ein 10 PS Diesel-Generator bereitgestellt werden. ....
Die Versorgung von H_2O_2 aus Europa und USA ist für die nächsten Jahre sichergestellt. Neue chemische Verfahren sind entwickelt worden, die die Produktion vereinfachen. Der Transport kann durch U-Boottanker und auf dem Lande durch Eisenbahntankwagen geschehen.
Der Verfasser glaubt, daß das chemisch angetriebene U-Schnellboot auf Grund seiner Eigenschaften immer eine Zukunft hat. ...

Das Angebot der H. Walter GmbH für die deutsche Bundesmarine mit der Bezeichnung W 15 enthält eine Dampfturbinenanlage von 3-4000 PS, die nach dem Indirekten Walter-Austauschverfahren mit gekoppeltem Kreislauf arbeitet. In dem beigefügten Schema dieser Antriebsanlage vom 16. April 1958 sind Dreistoffpumpenblock, Vierstoffregler, Zersetzer und Brennkammer in üblicher Weise vorhanden. Durch die Einspritzung von Wasser mit 75 ata Druck in die Brennkammer wird die Verbrennungstemperatur auf 697°C beschränkt. Im

Schema der Walter-Anlage mit dem Austauschverfahren vom 16.4.1958.

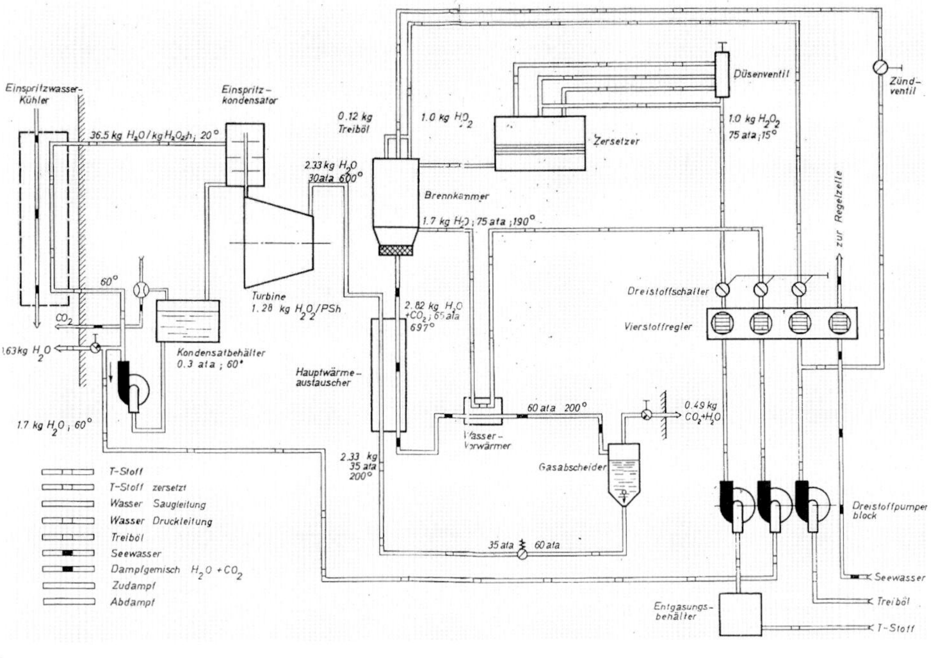

Wärmetauscher gibt das Abgas-Wasserdampfgemisch seine Wärmeenergie an den Sekundärkreislauf ab und erhitzt dort den Wasserdampf auf 600°C, der nun mit 30 ata Druck der Turbine zugeführt wird. Das Abgas-Dampfgemisch verläßt den Wärmetauscher mit 200°C und 60 ata. In einem Gasabscheider wird der Wasserdampf vom CO_2-Abgas getrennt und nach Druckminderung in den Sekundärkreis eingespeist, während der Turbinenabdampf nach Abkühlung in einem Einspritzkondensator auf 60°C wieder der Dreistoffpumpe als Einspritzwasser für die Brennkammer zugeführt wird. Das Wasser für den Einspritzkondensator wird dem Kondensatbehälter entnommen und in einem Außenkühler durch Seewasser auf ca. 20°C abgekühlt. Das CO_2-Abgas wird mit 60 ata nach außen abgeführt. Die Turbine ist auf eine Maximalleistung von 4000 PS bei 18000 U/Min. ausgelegt.

Für die Anwendung dieses Antriebsverfahrens wurde auch noch eine Zeichnung und die Beschreibung eines von Walter projektierten kleinen U-Bootes beigefügt, das etwa seinem Entwurf I der angegebenen Denkschrift und der Größenbegrenzung für die neuen deutschen U-Boote entspricht. In der Beschreibung ist u.a.angegeben:

Der Entwurf für das U-Boot wurde im Rahmen unseres Auftrages nur soweit ausgearbeitet, wie dies für das Bestimmen der Leistung der Turbine und des ↓-Fahrbereiches notwendig ist. Auch mußte die Forderung nach einer sachgemäßen Lagerung des Treibstoffes, die unmittelbaren Einfluß auf die Form hat, berücksichtigt werden. Darüber hinaus haben wir unsere Erfahrungen mit den ersten Walter-U-Booten V 80 und Typ XVII sinngemäß hineingearbeitet. Das Ergebnis ist der beiliegende Vorschlag W 15. Er mag als Diskussionsbeitrag gewertet werden.
Dem Entwurf liegt der Gedanke zugrunde, ein Boot von etwa 150 t mit höchster Leistung vorzuschlagen. Es soll:

1. ein Maximum an Geschwindigkeit, Reichweite und Beweglichkeit besitzen,
2. auf lange Zeit, etwa 10 Jahre, seinen militärischen Wert behalten und nicht etwa nach kurzer Zeit von anderen besseren Ausführungen überholt werden.

Soweit man heute die Lage beurteilen kann, besonders auch im Hinblick auf die mögliche Weiterentwicklung des Atomantriebes nach kleineren Einheiten hin, besitzt die geplante Bootsgröße diese Voraussetzung. Dafür spricht auch noch ein anderer Grund. Falls der Bau von Atomkraftanlagen von solcher Größe in diesem Zeitraum möglich wäre, würden die mit dem Bau und Betrieb verknüpften Kosten und allgemeinen Umstände ihre Anwendung sehr stark einengen, so daß es durchaus denkbar ist, daß beide Antriebsarten nebeneinander bestehen könnten.

Für das Boot wählen wir eine Form mit geringem Widerstand, die zugleich die Möglichkeit bietet, den Treibstoff auf die von uns angestrebte Weise zu lagern. Das Ergebnis ist ein stromlinienförmiger Körper, in dem der zylindrische Druckkörper gelagert und mittels Außenspanten mit diesem verbunden ist. Zwischen den Spanten befinden sich die Treibstoffbeutel bzw. –behälter. In der Mitte des Bootes liegt unterhalb des Bereiches des Druckkörpers in günstiger Schwerpunktlage die Batterie. Im gleichen Bereich der Spanten neben der Batterie sind die Regelzellen zum Ausgleich des Gewichtsunterschiedes zwischen Treibstoff und Seewasser angeordnet. Der Raum oberhalb des Druckkörpers kann als Kanal zur Aufnahme der Treibstoffleitungen ausgebildet werden. Die Steuerung ist nicht eingezeichnet worden, da ihre Form noch nicht bestimmt ist.

Es wird vorgeschlagen, am Bug Entstabilisierungsflossen vorzusehen, die um 90° gedreht werden können. In vertikaler Stellung wird die Stabilität um die Hochachse verringert. Damit verringert sich der Drehkreis, das Boot wird wendiger. In horizontaler Stellung geschieht das gleiche um die Querachse. Die Tiefensteuerung wird namentlich bei geringer Fahrt verbessert und das Wegtauchen erleichtert. Vordere Tiefenruder können wahrscheinlich ganz vermieden werden.
Für die Lagerung der Torpedos werden druckfeste Abgangsbehälter vorgeschlagen, die so tief wie möglich im Druckkörper untergebracht werden.

Die Walter-Anlage ist im Heckraum untergebracht. Dieser kann zugleich als Luftpuffer zwischen Dieselmotor und Schnorchel geschaltet werden. Dadurch wird er gut durchlüftet, und die bewohnten Räume werden nicht durch unangenehme Druckschwankungen beim Schnorchelbetrieb beeinträchtigt. Der Kühler zum Rückkühlen des Einspritzwassers [für den Einspritzkondensator] und Schmieröls

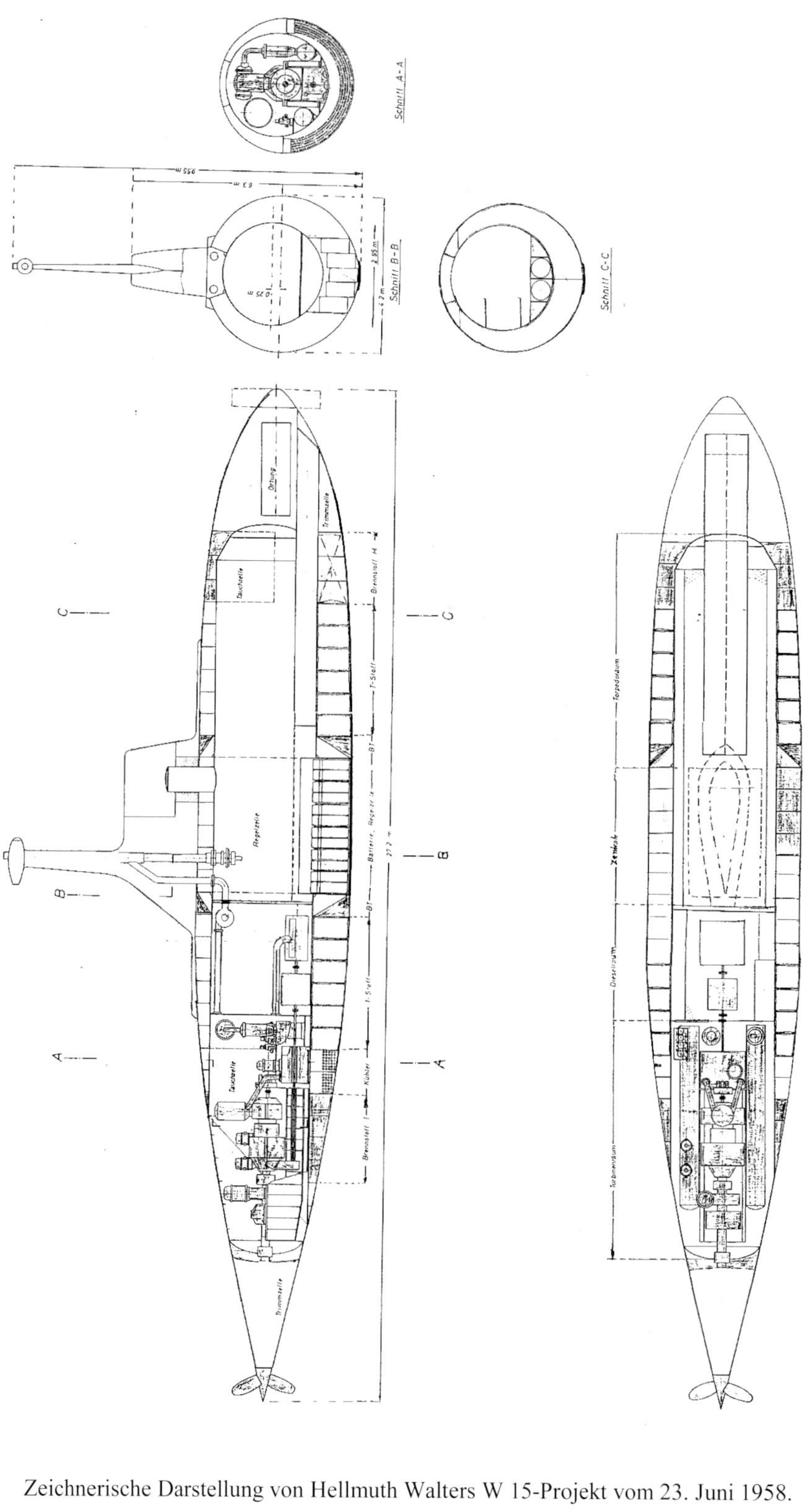

Zeichnerische Darstellung von Hellmuth Walters W 15-Projekt vom 23. Juni 1958.

befindet sich zwischen zwei Spanten im unteren Bereich außerhalb des Druckkörpers. Soweit wie möglich werden alle Maschinen auf Gummi gelagert. Auch wird man, wo dies durchführbar ist, schallschluckende Massen einbauen. So könnte z.B. die Trennwand zwischen Maschinenraum und Zentrale mit einer dicken Schaumstoffschicht verkleidet werden.

Der Batterieraum ist gasdicht abgekleidet und an die Vakuumpumpe der Turbine angeschlossen, wodurch das beim Aufladen entstehende Gas abgesaugt werden kann. D.h. die Batterie kann auch bei Fahrt durch die Turbine aufgeladen werden. Auf diese Weise ist es möglich, während der ↓-Fahrt, ohne vorher auftauchen zu müssen, geräuscharme Strecken bei kleiner Geschwindigkeit mittels E-Motor zurücklegen. Die Kraftübertragung vom Schleichmotor zur Welle erfolgt über ein Schneckengetriebe, das abgeschaltet werden kann.
Sehrohr und Schnorchel sind in einem stromlinienförmig verkleideten Mast vereinigt, der einziehbar gebaut werden kann. Dies würde wesentlich zur Verringerung des Widerstandes beitragen. ....

Schon 1958 hatten die Firmen Atlas-Werke und IKL mit Hellmuth Walter Kontakt aufgenommen, wie in einem Schreiben der Atlas-Werke (Dr. Maaß) an das BMVg vom 29. Juni 1960 ausgeführt wurde:

Bereits in der Ihnen übergebenen Arbeitsstudie Jäger-U-Boot [später IK 6 – Klasse 202] war bei der Aufgabenstellung eines Entwicklungsprogramms Jäger-U-Boot [von 1956] neben einer Lösung mit konventionellem Antrieb auch die Aufgabe der Projektierung eines kleinen Jäger-U-Bootes mit einem von der Außenluft unabhängigen Hochleistungsantrieb gestellt. Eine Fühlungnahme zu diesem Thema fand bereits im Februar 1958 zwischen Herrn Prof. Walter [den Professor-Titel hatte er 1944 als besondere Auszeichnung erhalten], Herrn Dipl.-Ing. Gabler und uns statt, worüber Ihnen mit unserem Schreiben vom 19.2.58 berichtet wurde. Wir schlugen damals vor, diese Aufgabe von vornherein entsprechend dem Umfang und der Vielzahl der verschiedenartigen Teilfragen in Gruppenarbeit durchzuführen. .....

Das von Walter vorgeschlagene Projekt eines kleinen für seinen Antrieb geeigneten U-Bootes führte beim BMVg zu Überlegungen, dazu vom IKL ein Gutachten und evt. einen eigenen Vorschlag ausarbeiten zu lassen, der den Bedürfnissen der Bundesmarine möglicherweise. besser entsprechen könnte. Am 13. April 1959 teilte Gabler mit, daß das BMVg beabsichtige, dem IKL einen Gutachterauftrag für ein Walter-U-Boot mit einer 3000 PS-Turbine zu erteilen.

Nach der Vorlage des IKL-Projektes IK 10 (Klasse 201), das die gesamte zulässige Tonnage von 350 ts ausschöpfte und mit acht Bugtorpedorohren eine starke Bewaffnung besitzen sowie mit dem Weitsonargerät auch ortungsmäßig gut ausgestattet werden sollte, hatte die Marine im Spätherbst 1959 kein Interesse mehr an dem kleinen Jäger-U-Boot, das ihr in jeder Hinsicht unterlegen erschien. Überdies war bei einer amagnetischen Bauweise und der dafür erforderlichen Umkonstruktion an eine schnelle Fertigstellung der IK 6-Boote (Klasse 202) nicht mehr zu denken. Am 13. April 1959 wurde bei einer Besprechung unter der Leitung von Min.Dirigent Dr. Fischer (TV) entschieden, daß die Klasse 202 amagnetisch gebaut werden, jedoch nur noch als Versuchs-U-Boote (VUB) für die Panorama-Sonaranlage und kurze U-Jagdtorpedos dienen sollte.

Am 9./14. Juli 1959 erhielten die Atlas-Werke einen Konstruktionsauftrag für drei VUB, die dann auch bei dieser Werft gebaut werden sollten. Die Atlas-Werke wiesen dabei auf die Möglichkeit hin, das dritte VUB für die Borderprobung der geplanten Walter-Antriebsanlage zu nutzen. Es kam deshalb zu Besprechungen zwischen Walter, den Atlas-Werken und dem IKL
In einer Besprechungsnotiz über das Zusammentreffen mit Hellmuth. Walter am 1. Februar 1960 führte Dr. Maaß aus:

Auf Veranlassung der Abteilung T VI,6 des BMVg hatte ich nach einer Vorbesprechung am 12.1.1960 mit Herrn Kruska, Walterwerk Kiel, und Dipl.-Ing. Gabler, Lübeck, am 1.2 eine Unterredung. mit Herrn Walter, an der wieder die Herren Kruska und Gabler teilnahmen.
Herr Walter erläuterte eingehend seine Überlegungen für die Entwicklung eines verbesserten Walter-Antriebes insbesondere für U-Boote und Torpedos mit einem gegenüber den früheren Verhältnissen herabgesetzten Brennstoffverbrauch. Nach eingehenden Erörterungen zu denen Herr Walter in den USA bei der US Navy Gelegenheit hatte, geht er davon aus, daß es für lange Zeit nicht möglich sein wird, mit dem Atomantrieb unter eine Tonnage von 500 t zu kommen. Andererseits ist es aus verschiedenen Gründen, von denen einige bereits in unserer Studie Jäger-U-Boote vom Juli 1956 näher ausgeführt wurden, dringend erwünscht, dem U-Boot die Möglichkeit zu geben, eine hohe ↓-Geschwindigkeit auch über längere Zeit aufrecht zu erhalten. Ich erläuterte Herrn Walter unsere Überlegungen zum Jäger-U-Boot, bei denen wir als Nahziel mit den zur Verfügung stehenden Antrieben ein für viele Aufgaben voll brauchbares U-Boot kleiner Tonnage mit begrenzter Höchstgeschwindigkeit herausgearbeitet, dabei als Fernziel die Entwicklung leistungsfähiger Antriebe zur Ausrüstung eines schnellen U-Jägers mit gleichfalls geringer Tonnage vorgeschlagen haben. Ich erklärte Herrn Walter, daß wir an seiner Mitwirkung für diese Lösung dieser vordringlichen Aufgabe äußerst interessiert seien, um unter Ausnutzung unserer guten Verbindungen zu fremden Marinestäben auch für einen solchen Typ gute Exportmöglichkeiten sehen.
Herr Walter erörterte mit Herrn Gabler ausführlich seine Überlegungen bezüglich der Formgebung der äußeren Hülle, wobei ihm eine Unterbringung des Treibstoffes kreisringförmig zwischen dem zylindrischen Druckkörper und einer konzentrisch angeordneten äußeren Hülle vorschwebt. Herr Gabler würde lieber den Druckkörper exzentrisch nach unten verlagern und den Treibstoff oberhalb des Druckkörpers anordnen. Dies hätte den Vorteil, daß man das Rumpfgebilde eines Turms fast völlig in die Bootslinien mit einbeziehen könnte. Ich erläuterte darauf den Herren im einzelnen, welche vordringlichen Gesichtspunkte von der Akustik her bei dem Entwurf eines derartig schnellen Bootes mitsprechen und gab einen Überblick über die unvermeidlich weitere Steigerung von Abmessungen und Gewicht der Anlagen, wenn diese auch bei erhöhten Eigenfahrtstörpegel noch voll wirksam sein sollen. Da anzunehmen ist, daß mit den Entwicklungsarbeiten zum verbesserten Antrieb noch einige Zeit vergeht, ist für einen geplanten U-Bootentwurf von uns auch der Vergleich der Weitsonar- mit der KUBA-Panoramaanlage in Betracht zu ziehen. Für den erheblichen Raumbedarf beider Anlagen erscheint es uns notwendig, einseitig am Druckkörper und zwar entweder oben oder unten genügend Raum in Bugnähe vorzusehen. Schon aus diesem Grunde bevorzugen wir den Vorschlag von Herrn Gabler.
Wir verblieben zum Abschluß der Aussprache so, daß Prof. Walter, der sich noch etwa 14 Tage in Deutschland aufhalten wird, nochmals mit uns zusammentrifft. Herr Gabler wird hierzu noch weitere Überlegungen für einen Vorentwurf anstellen. Im einzelnen wies ich zur Antriebsfrage darauf hin, daß es nicht genügt, den Bereich der normalen Schleichfahrt bis 6 kn mit einem elektrischen Schleichfahrtmotor zu erfassen und oberhalb von 6 kn bereits mit dem Walter-Antrieb einzusetzen, wenn hier nicht wenigstens zwischen 6 und 12 kn eine relativ hohe Geräuscharmut des Antriebs gesichert ist. Ich erläuterte, daß wir versuchen, durch eine große Schraube geringerer Drehzahl und wie wir hoffen vernachlässigbarer Modulationen die Schleichfahrtgrenze erheblich heraufzusetzen. Daß unser Versuch aber wirkungslos ist, wenn im Bereich von 6 bis 12 kn bereits die Maschinenanlage laut wird. Für die geplante Höchstfahrt von 20-30 kn ist dagegen die Kavitation der Schraube unvermeidbar, und auch relativ laute Maschinenaggregate können deshalb für diese Fahrtstufe unbedenklich in Kauf genommen werden. Es kommt also in der Hauptaufgabe in Betracht, den Bereich von 6 bis 15 kn als Marschfahrtbereich mit einem relativ leisen Antrieb zu erfassen, voraussichtlich also eine Dreiteilung zu erhalten: Schleichfahrt 0–6 kn, Marschfahrt 6–15 kn, Schnellfahrt 25–30 kn.

Am 24. März 1960 erteilte das BWB den Atlas-Werken einen Bauauftrag für drei Boote der Klasse 202, die als Versuchs-U-Boote (VUB) zu bauen seien. Davon sollten das zweite und dritte Boot eine Panorama-Anlage erhalten. Die Abteilungen H und FüM im BMVg hatten dagegen vorgeschlagen, auf diesen U-Boottyp ganz zu verzichten und alle Arbeiten an diesem teuren Objekt einzustellen; überdies seien in der NATO-Planungsrichtlinie MC 70 Klein-U-Boote nicht enthalten. Das BWB widersprach und setzte in der Besprechung vom 31. August 1960 durch, die begonnenen VUB weiterzubauen.

In einer Sitzung am 1. Juni 1960 unter dem Vorsitz von Min. Dirigent Dr. Fischer wurde für eine mögliche Ausrüstung des 3. oder evt. noch in Auftrag zu gebenden 4. VUB mit einem nichtkonventionellen Sonderantrieb auch die Verwendbarkeit eines von der schwedischen Marine entwickelten H_2O_2–Antriebsaggregates für Torpedos in der abgeänderten Form einer Doppelanlage als Bootsantrieb diskutiert. Zur Vorklärung dieser Einzelfrage hatte bereits ein Besuch der Herren Min. Rat Kurzak und Dr. Maaß im Juni vorigen Jahres bei der Erprobungsstelle Motala stattgefunden.

Am 22. September 1960 wurde dann vom BWB an T V der Vorschlag unterbreitet, das dritte VUB der Klasse 202, zu annullieren oder wenigstens dessen Weiterbau zu stoppen. Dr. Fischer, ein starker Fürsprecher des Walter-Antriebs, erklärte dazu:

1. Aus dem Verzicht des Baus von zwölf 100 ts Küsten-U-Boote [KUB - Klasse 202] im 3. Schiffbauprogramm kann nicht gefolgert werden, daß die Marine im Endziel auf kleine U-Boote keinen Wert legt.
2. Es besteht Übereinstimmung zwischen FüM und T, daß der sofortige Bau von zwei 100 ts-Boote gemäß dem am 25.11.58 von FüM mitgezeichneten und am 24.1.59 vom Minister genehmigten Typentwurf notwendig ist
   Diese Boote stellen einen ersten Entwicklungsschritt für den Bau eines mit einer Walter-Anlage anzutreibenden Bootes dar. Ein sofortiger Übergang auf Walter-Antrieb ist nicht möglich, da die Entwicklung nicht kurzfristig durchgeführt werden kann. Sofortige Versuche über das Geräuschverhalten und die Aktivortung sind jedoch notwendig, um mit den zu schaffenden Walter-U-Booten einen Prototyp für ein Kampf-U-Boot zu erhalten.
3. Die Entwicklung des dritten mit Walter-Antrieb auszustattenden Küsten-U-Bootes wird jetzt begonnen. Der Bau dieses Bootes im Rahmen des abgeschlossenen Bauvertrages wäre nicht zu annullieren, sondern zu stornieren. Finanzielle Nachteile entstehen dem Bund nicht, da die bereits geleistete Anzahlung von 10% der Bausumme auf Boot 1 und 2 verrechnet werden kann.
4. Wenn der Bundesminister der Finanzen und die Abteilung H Anweisung gegeben hat, daß die zunächst im Haushalt 1958 unter Kapitel 1402 Titel 309a (Entwicklung) beantragten und genehmigten drei U-Boote unter Kapitel 1418 Titel 975 (Schiffe der Bundesmarine) aufzuführen sind, so hat sich trotzdem an meiner Einstellung, daß es sich um Versuchsboote handelt, nichts geändert, wobei einschränkend zu bemerken ist, daß das 3. Boot auf Grund der Erfahrungen mit dem 1. und 2. Boot sich weitgehend den Erfordernissen eines Kampfbootes nähern wird.
5. Der Verteidigungsausschuß des Bundestages hat in seiner Sitzung vom 26.11.58 den Bau von drei Küsten-U-Booten genehmigt und gefordert, den Bau mit aller größter Beschleunigung durchzuführen.
6. Die US-Navy und andere NATO-Marinen haben größtes Interesse an diesem Bootstyp gezeigt. Man erwartet von uns, daß wir nicht nur Hilfestellung seitens der US-Navy annehmen, sondern auch selbst einen Beitrag für die Verteidigung der westlichen Welt leisten. Aus diesem Grund ist das 100 ts-Küsten-U-Boot-Projekt in das MWD-Programm aufgenommen und die BRD als Pilotland festgelegt worden. ...

Erst die Versuchsergebnisse mit den drei Prototypen können zu einer endgültigen Formulierung der militärischen Forderungen und damit zum Bau einer Serie dieser Boote führen. Hierbei kann es sich durchaus ergeben, daß das KUB ein größeres Typdeplacement von etwa 150 ts erhält.

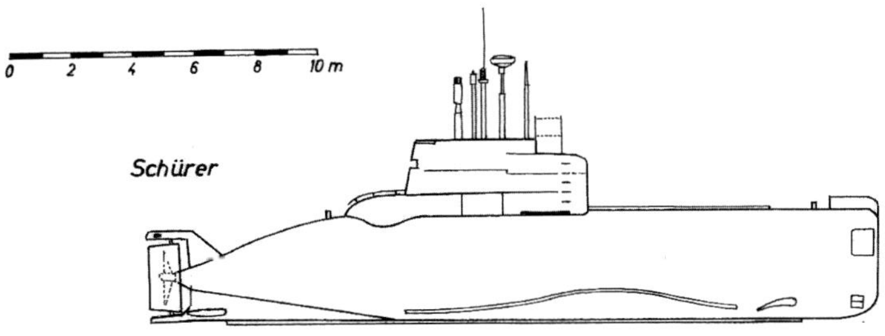

Das 2. KUB der Klasse 202 FRIEDRICH SCHÜRER.

Ich halte es deshalb aus wirtschaftlichen Gründen für richtig, den Bau der drei Boote in zwei Entwicklungsabschnitten durchzuführen, um auf Grund der notwendigen Erprobungen zu zweckvollen Kampfbooten zu kommen.

Am 3. Februar 1961 erhielt das IKL vom BMVg den Entwicklungsauftrag für ein kleines U-Boot mit einem 3000 PS-Walter-Antrieb. Er wurde beim IKL als Art.Nr. IK 13 und amtlicherseits als Klasse 204 geführt. Bei Zugrundelegung der KUB-Ausführung (KUB 3) bekam das Projekt die Bezeichnung IK 13A. Am 16. November 1961 fand beim IKL eine Besprechung über die Realisierungmöglichkeit. von IK 13A statt. Am 30. Mai 1962 legte das IKL einen Übersichtsplan für das IK 13-Projekt vor. Ein Konstruktionsauftrag für IK 13 wurde dem IKL am 10. Dezember 1962 erteilt.

IKL-Bericht vom 17.März 1964 über die Arbeit an einer Marschanlage für Projekt IK 13.

In der Zeit vom Dezember 1962 bis jetzt wurden hier im Hause Untersuchungen für eine Marschmotorenanlage für das Projekt IK 13 angestellt. Es wurde noch einmal eingehend untersucht, ob eine besondere Marschanlage für ein U-Boot, das ohne Verbindung mit der Außenluft fahren muß, notwendig ist. Dabei ergab sich erneut, daß die Walter-Anlage, die als Hauptanlage für dieses Projekt vorgesehen ist, als Marschanlage untauglich ist. Die von der Firma Walter in Kiel angestrebte Nennleistung für ihre Turbine ist 3 - 4000 PS. Für eine Marschanlage wird eine Leistung benötigt, die zwischen 1/10 bis 1/20 der Nennleistung liegt. In diesem Leistungsbereich arbeitet die Hauptmaschine sehr unwirtschaftlich. Als neue Marschanlage wurde die Eignung eines von der holländischen Firma Philips entwickelten Heißgasmotors [Stirling-Motor] untersucht. Am 13./14.12.1962 wurde dieser Motor uns in Amsterdam vorgeführt. Dieser Motor hat einige Eigenschaften, die ihn als für ein U-Boot geeignet erscheinen lassen. Er läuft sehr geräuscharm, und seine Regelbarkeit genügt allen Anforderungen. Besonders untersucht werden muß in einem größeren Umfang die Frage, ob dieser Motor für eine Kombination mit dem Walter-Verfahren geeignet ist. In dieser Hinsicht wurden auch bei uns Überlegungen angestellt. Dabei wurden verschiedene Möglichkeiten in Erwägung gezogen. ....

Am 3. Februar 1960 hatte die H. Walter GmbH vom BWB einen Entwicklungsauftrag (MS II/01/M082/00/8) für die Herstellung einer Walter-Austauschanlage mit einer 3000 PS-Turbine erhalten. Am 10. Oktober 1960 legte die Firma Walter ein Angebot vor, daß den Bau von zwei Versuchsanlagen vorsah. Die erste sollte, in einer Wanne offen ausgeführt, die Funktionsweise des Verfahrens demonstrieren, die zweite, in einem geschlossenen U-Bootschuß eingebaut, dann den Nachweis über die im Angebot genannten Leistungen und Eigenschaften erbringen. Am 17. Januar 1961 erhielt dafür die H.Walter GmbH den Auftrag A 15 A 102.

Nach der Erteilung des Entwicklungsauftrages holte die Firma Walter für die wichtigen Bestandteile der Dampferzeugungsanlage, das Getriebe und die Turbine Angebote von geeigneten Firmen ein. Für die 3000 PS-Turbine gingen im September/Oktober Angebote von der Hamburger Turbinenfabrik GmbH, Nürnberg, der Gutehoffnungshütte Sterkrade AG und Wagner-Hochdruck-Dampfturbinen GmbH, Hamburg, (Wahodag) ein. Das Wahodag-Angebot besaß die günstigsten Eigenschaften (1,5 t Gewicht, 3,25 kg/PSh Dampfverbrauch für 3000 PS bei 16000 U/Min), hatte jedoch den höchsten Preis (235000 DM). Für die zweite Turbine war die Fa. AEG-Kanis vorgesehen.
Planetengetriebe wurden angeboten von der Friedrich Krupp Maschinenfabrik, Essen, der Fa. Renk AG, Augsburg, und der Fa. Bayr. Berg-Hütten- und Salzwerke AG Sonthofen. Das Getriebe der Fa. Maag war als Stirnradgetriebe für die Wahodag-Turbine vorgesehen.
Für die Getriebe wurden dann die Fa. Renk und die Sonthofener Firma ausgewählt, da für sie der für die Konstruktion von Planetengetrieben von Walter-U-Boote sehr erfahrene Ingenieur Stoeckicht arbeitete.

Wärmetauscher wurden im November 1960 bei der Fa. Essener Apparatebau GmbH, Augsburg, und GGH, Oberhausen-Sterkrade, bestellt. Die Dreistoffpumpe sollte von der Firma Bran & Lübke geliefert werden. Der Zersetzer wurde in eigener Fertigung der Fa. Walter hergestellt.
Die Brennkammer der W 15-Anlage war von der des U-Boottyps XVII abgeleitet worden. Für beide wurden zum Vergleich folgende Angaben genannt:

Bezeichnung	Frühere Typ 17-Ausführung	Neue W 15-Ausführung	Verhältnis
Durchsatz	9,18 kg/s	3,33 kg/s	ca. 3 : 1
Brennkammer-Inhalt	73,19 l	7,11 l	ca. 10 : 1
Brennkammer ∅	340 mm	160 mm	ca. 2 : 1
Brennkammer-Fläche	9,05 dm^2	2,0 dm^2	ca. 4 : 1
Druckkörper-Werkstoff	St. 52 MKM	W.Nr. 4571	

Auszugsweise Wiedergabe der Beschreibung und Arbeitsweise der Brennkammer:

Der T-Stoff tritt am Brennkammmerkopf-Flansch ein und wird durch einen Ringkanal zu den 6 Brennstoffdüsen geleitet. Um die Brennkammer zu zünden, wird am T-Stoff-Dampfeintritt ein Teil T-Stoff-Dampf abgezweigt und in die Zünddüse geleitet.
Nach kurzer Vorwärmung der Brennkammer und Zünddüse wird das Zünd-Treiböl zugeschaltet und die Zündung des Gemisches durch die Zündkerze eingeleitet.
Nach erfolgter Zündung der Brennkammer werden die 6 Treiböl-Düsen zugeschaltet und die Zünd-Treibölleitung abgeschaltet. Der Zünd-T-Stoff ist nicht abschaltbar und hat die Aufgabe, die Zünddüse innen und außen zu kühlen.
Um eine gute Verwirbelung des T-Stoff-Dampfes mit dem Treiböl zu erreichen, sind die Öldurchführungen am Brennkammereintritt mit schräggestellten Flügeln versehen, die eine Rotation des T-Stoff-Dampfstromes herbeiführen sollen. In diesem T-Stoff-Dampfstrom wird durch die Bohrungen der Öldurchführungen das Treiböl gespritzt. Die Brennkammereinspritzdüsen sind um 20° tangential zur Brennkammerachse geneigt, um in der Brennkammer eine gute Verwirbelung und Ausbildung des Flammenkerns zu erreichen.
Da im Flammenkern Temperaturen um 2100°C herrschen, ist eine intensive Kühlung der Brennkammer nötig. Der Kühlwassereintritt ist am unteren waagerecht liegenden Flansch. Das Kühlwasser umspült als erstes den Austrittsstutzen und steigt dann zwischen Druckkörper und Kühlmantel zum Brennerkopf hoch. Durch Bleche an der Düsenaufnahme wird das Kühlwasser an den Brennkammerkopf geleitet. Der eigentliche Brennkammerraum wird durch die Kühlwendel abgeschlossen, die außen mit einer Wendel in der Art eines 6-gängigen Trapezgewindes versehen ist. Dadurch soll dem Kühlwasser eine Geschwindigkeit erteilt werden, die ein Entwickeln von Dampfblasen verhindert. Eine stehende Dampfblase an der Brennkammerwand würde eine örtliche Überhitzung bzw. ein Durchbrennen verursachen.
Das Kühlwasser wird je nach Zusammenstellung der Brennkammer durch die Kalte Platte bzw. die Ringdüse in den Verbrennungsraum gespritzt, um die Gastemperatur von ca. 2100°C auf eine Endtemperatur von 600°C herabzusetzen.

Die Bearbeitung und Montage der eintreffenden Geräte für die W 15-Anlage begannen etwa 1962 in einer Halle der H. Walter GmbH. Sie erfolgten unter der Leitung der Direktoren Petersen und Kruska. Hellmuth Walter, der zu dieser Zeit Vice-President for Research and Development der Worthington Corporation war, kam als Berater beim Bau der Antriebsanlage in dieser Zeit öfter nach Kiel.

Die erste Anlage mit der AEG-Dampfturbine und dem Stoeckicht-Getriebe der Sonthofener Firma war Anfang 1964 aufgebaut und konnte am 12. März 1964 vorgeführt werden. Anschließend wurde diese Anlage z.T. abgebaut und erhielt eine Wahodag-Dampfturbine und das Renk Getriebe. Die Wanne wurde zu einem abgeschlossenen Raum mit der Form einer U-Bootsektion erweitert.

Die erste 3000 PS Walter-Anlage in der Montagehalle der H. Walter GmbH. In der Mitte sind der große Einspritzkondensator, links davor das Turbinengehäuse und rechts hinten der Ölkühler zu erkennen. Vor dem Schott mit den Bedienungsgeräten fehlen Zersetzer und Brennkammer.

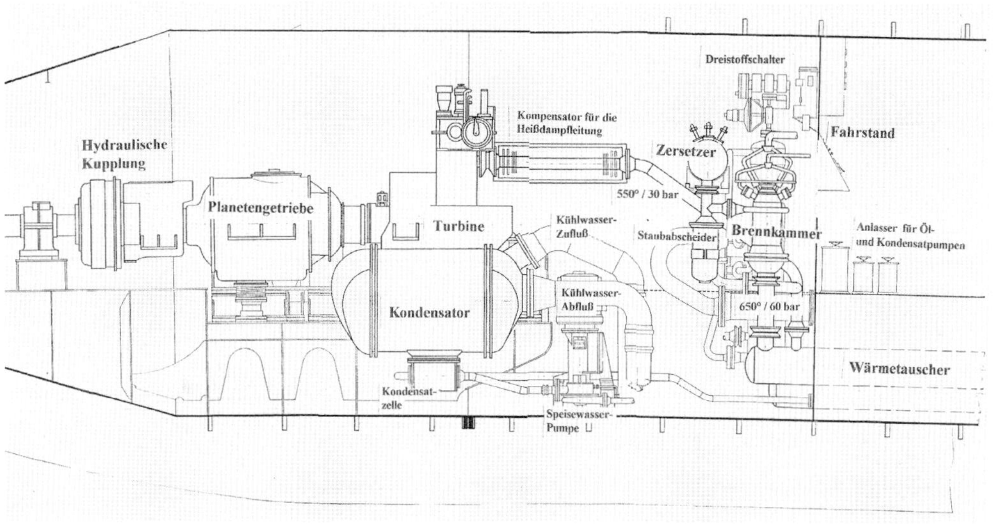

Ausführung 2 (W 15) für das Walter-Austauschverfahren.

Fahrstand der 2. Ausführung der W 15-Anlage.

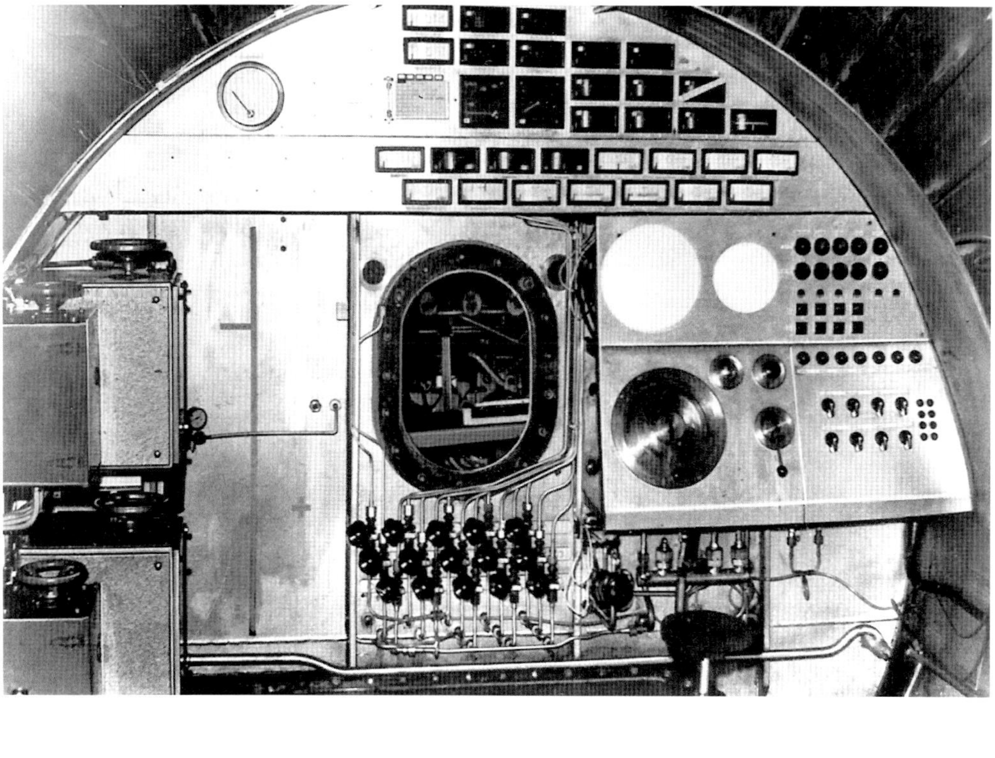

Blick auf den Getriebe- und Turbinenblock der 2. Ausführung der W 15-Anlage.

Zersetzer (links) und Brennkammer (rechts) der 2. Ausführung der W 15-Anlage.

Die vorgesehenen Meßversuche erfolgten am 28. September 1965 in Anwesenheit von Reg.B.Dir. Stößel vom BMVg. Über den Ablauf wurde protokolliert:

Nach 1'26" Zündung des Brennstoffes in der Brennkammer.
Nach 4'39" Schaltung auf den Wärmetauscher. Druck im Primärkreis 60 ata.
Nach 5'12" Druck im Sekundärkreis 30 ata.
Nach 8'6" Versuchsbeginn. Turbine wird hochgefahren.
Von 60' bis 69' wurden 3000 WPS an der Bremse gefahren und 3170 WPS an der Turbinenkupplung.

Gemessene Werte:
Zersetzer 70 ata; 610°C; Brennkammer 68 ata; 610°C.
Wärmetauscher Primärkreis: Eintritt 68 ata; 615°C – Austritt 64 ata; 160°C.
Sekundärkreis: Eintritt 39 ata; 53°C; - Austritt 35 ata; 505°C
Dampf vor der Turbine: 31,5 ata; 500°C
Dampf hinter der Turbine: 0,28 ata; 122°C
Drehzahl der Turbine 15300 U/Min; Drehzehl an der Bremse 410 U/Min.
Kraft an der Bremse: 750 kp; Leistung an der Bremse: 3075 PS.
Abgasanalyse: CO_2 = 92%; O_2 = 0%; CO = 0%; H_2 = 8%.
T-Stoff (85% H_2O_2)-Verbrauch: 3760 l/h bzw. 5150 kg/h.
Brennstoff (ATF 650)-Verbrauch: 810 l/h bzw. 640 kg/h.
Spez. T-Stoff-Verbrauch: 1,370 kg/dm³ bzw. 1,43 kg/s bzw. 1,620 kg/PS h
Spez. Brennstoffverbrauch: 0,79 kg/dm³ bzw. 0,178 kg/s

Der benutzte T-Stoff wurde von den Firmen Elektrochemische Werke München AG und DEGUSSA, Frankfurt/M., geliefert. Der benutzte Brennstoff ATF 650 kam von der Fa. SHELL.

Damit waren die Vertragsbedingungen erfüllt und die H. Walter GmbH erhielt die vereinbarte Summe von 1% der Vertragssumme als Prämie. Für die Weiterentwicklung stand eine Verbesserung der T-Stoff-Förderung und –Dosierung im Vordergrund. Die benutzte handelsübliche Kolbenpumpe der Fa. Bran und Lübke förderte nicht gleichmäßig genug. Das konnte auch durch eine nachgeschaltete Membranpumpe und den Einbau von Druck- und Saugwindkesseln nicht ganz beseitigt werden. Deshalb erhielt die Fa. Walter den Auftrag zu untersuchen, wie diese Pumpe verbessert werden könnte. Sie hielt die Entwicklung von fünf Kolben-

Geöffnetes Turbinengehäuse einer MAN-Turbine für die W 15-Anlage.

Taumelscheibenpumpen in Anlehnung an die Bauart Clevite-Ordnance-Pumpe am aussichtsreichsten. Dem BWB erschienen jedoch die Kosten und die Entwicklungszeit dafür "ziemlich aufwendig". Es stellte deshalb im April 1966 seine Unterstützung für eine Verbesserung der T-Stoffpumpe ein.
Die Versuchsanlage W 15 war Ende 1965 den Atlas-Werken für eine dreimonatige Erprobung zur Verfügung gestellt worden. Die Firma Atlas in Bremen sollte eine Reihe von Versuchen durchführen mit dem Ziel, die Eignung für einen Bordbetrieb zu untersuchen und mögliche Verbesserungen dafür vorzuschlagen. Dazu gehörten die Anfahrprozedur und das Verhalten der Anlageteile bei längeren Betriebszeiten. Ein Schwerpunkt dieser Erprobungen bildete die Aufbewahrung des T-Stoffes in einem Kunststoffbeutel und die Förderung daraus beim Fahren der Anlage.

1965 war Hellmuth Walter aus der Worthington Corporation ausgeschieden. Er blieb zwar als Berater mit dieser Firma verbunden, widmete sich in erster Linie aber der Vermarktung seines U-Bootantriebes. Jedoch fiel gerade jetzt der wichtigste Partner dafür aus. Durch die Verwendung des ungeeigneten amagnetischen Stahls beim Bau der ersten Serie von 12 U-Booten der 350 ts-Klasse 201/205 ergaben sich hohe Mehrkosten und Verzögerungen für den Neubau von 6 Booten mit neuem Stahlmaterial und die Schutzmaßnahmen für die restlichen im Dienst verbliebenen Booten U 4 – U 8. Die zweite Serie 12 Booten sollte nun in verbesserter Ausführung sofort einsatzfähig sein. Alle Anstrengungen waren auf dieses Ziel ausgerichtet. Für Sonderantriebe und die damit verbundene langfristige Planung war kaum noch Geld vorhanden. Auch die beiden Versuchs-U-Boote der Klasse 202, mit denen die Marine nichts anfangen konnte, jedoch Personal dafür abzustellen hatte, wurden bereits wenige Monate nach ihrer Indienststellung stillgelegt. Das dritte VUB wurde annulliert.

Für die W 15-Anlage wurde vom BMVg festgelegt:

Gemäß Schlußnachtrag vom 28.9.66 zum Entwicklungsauftrag .... ist die Weiterentwicklung von Dreistoffpumpen als abgeschlossen anzusehen. Die Firma Walter hat nach meiner Weisung die Arbeit an der Anlage nach der Vorstellung der zweiten Anlage (28.9.65) und die Weiterentwicklung von Dreistoffpumpen (im Rahmen des Vertrages vom 3.2.60) im April 1966 eingestellt.
Die Fa. Atlas-Werke AG in Bremen hat die zeitlich auf drei Monate begrenzte Weiterentwicklung der zweiten Anlage aufgrund der ihr gem. Entw. Anweisung T 510 B–503 von mir erteilten Auftrages vom 27.10.65 nach der Vorstellung der weiterentwickelten Anlage am 27.5.66 eingestellt.

Zwar legte das IKL im Februar 1968 noch einen Einrichtungsplan für ein U-Boot von der Größe und Form der Klasse 206, jedoch mit einem zusätzlichen Walter-Antrieb, unter der Projektbezeichnung IK 13B vor, doch gelangte kein Walter-U-Boot mehr in die U-Bootplanung der Bundesrepublik Deutschland, auch wenn der Walter-Antrieb bei den Überlegungen für den Bau von 6 größeren U-Booten (Klasse 208) für die U-Bootjagd außerhalb der Ostsee immer wieder kurz diskutiert wurde. Insbesondere die Marine war an diesem komplizierten Antrieb für hohe Unterwassergeschwindigkeiten nicht interessiert. Der große Fürsprecher für U-Boote mit Walter-Antrieb, Dr. Karl Fischer, zuletzt Leiter der Abt. T, schied 1969 aus dem BMVg aus, und die kleine Firma Walter fand auch in der deutschen Industrie keine Unterstützung.
Am 10. März 1970 notierte das KW-Büro von HDW:

"Nach Informationen aus BMVg, EBA-U-Boote und IKL sollen die nächsten U-Boote [Klasse 208] unbedingt einen Außenluft unabhängigen Antrieb erhalten. Nach Lage der Dinge kommt dafür in erster Linie der Walter-Antrieb in Frage. Das Walterwerk in Tannenberg ist anscheinend personell und materiell am Ende, so daß Überlegungen angestellt werden, ob nicht eine andere Firma diese Entwicklung und den Bau der Walter-Antriebsanlage übernehmen soll. Im Gespräch sind MaK und Siemens. Es wird gebeten, zu prüfen, ob nicht HDW sich ebenfalls für eine Übernahme dieser Aufgabe interessieren soll."

Doch die dominante Elektroindustrie und auch MaK und HDW hatten kein Interesse an diesem thermodynamischen U-Bootantrieb.
1975 erklärte der andere früher starke Befürworter der Walter-U-Boote, Dr.-Ing. E.h. Waas, der 1966 als Min.Dirigent der Unterabteilung TV im BMVg vorstand, in einem Interview, daß in dieser Zeit von der Marine kein Bedarf an einer Serie von U-Booten mit außenluftunabhängigen (Air Independent Propulsion = AIP) -Antrieb vorgelegen habe. Wenn damals eine massive Forderung nach einem derartigen Antrieb bestanden hätte, würde er sich zu Gunsten des Walter-Antriebes entschieden haben.

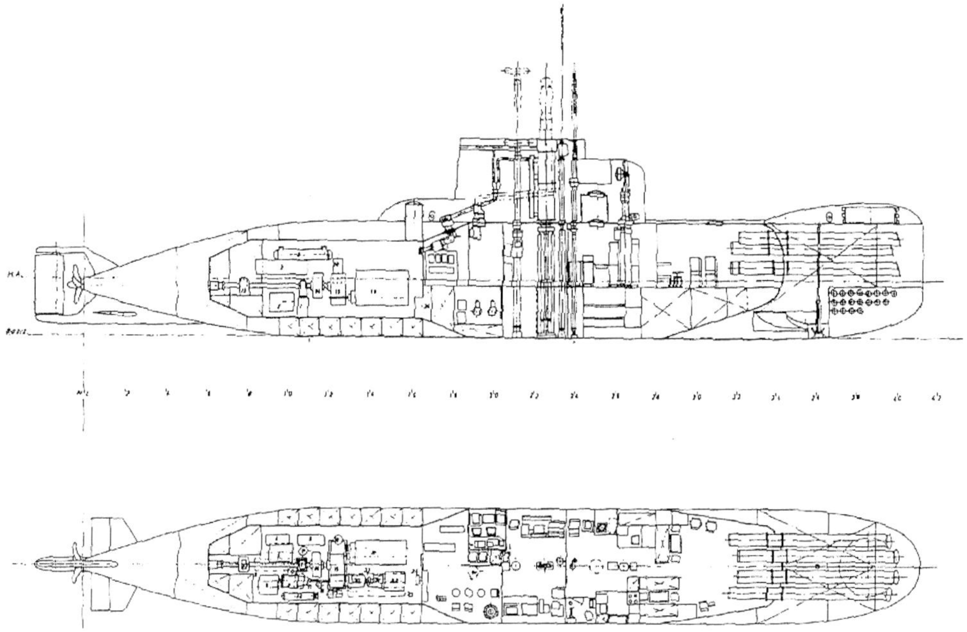

Übersichtsskizze für das IKL-Projekt 13B 121 mit einem Walter-Antrieb.

Bei den theoretischen Untersuchungen für einen AIP-U-Bootantrieb wurden im BMVg auch die Brennstoffzellen- (BZ-) und Kernkraftnutzung diskutiert, obwohl deren Realisierung damals nicht abzusehen war. 1968 war von der Abteilung RüV4 eine Realisierbarkeitsuntersuchung für einen BZ-Antrieb an die Arbeitsgruppe Siemens-Varta vergeben worden.

Aber erst durch die Eigeninitiative von HDW, IKL und Ferrostaal, die Ende 1979 die Anpassung der inzwischen von den Firmen Siemens AG und Daimler Benz für den Fahrzeugantrieb geschaffenen BZ-Anlage für den U-Bootantrieb vorsah und in den folgenden Jahren realisierte, stand der Marine wieder ein AIP-Antrieb zur Verfügung, der wegen seiner Geräuscharmut besonders für den minengefährdeten Flachwassereinsatz in der Ostsee geeignet war. Die in den BZn erzeugte relativ geringe Leistung, die bei AIP-Fahrt nur eine relativ kleine Geschwindigkeit zuließ, bedeutete in dem eingeschränkten Seegebiet der Ostsee und ihrer Ausgänge keinen größeren Nachteil. Deshalb wurde beschlossen, daß der Nachfolgetyp für die 450 ts-Boote der Klasse 206/206A eine BZ-Anlage erhalten sollte. Dieser geplante Typ hatte 1982 die Bezeichnung Klasse 212 erhalten. 1985 erklärte die U-Bootflottille dazu:

"Aus taktisch-operativen Gründen hält die UFltl die Forderung nach außenluftunabhängigen Ubooten aufrecht. Als aussichtsreichste Lösung gilt z.Zt. die Brennstoffzelle."

Bei der Tagung der Schiffbautechnischen Gesellschaft im Herbst 1989 wurde von Firmenvertretern des IKL, von HDW und den Nordseewerken in einem Vortrag über AIP-Möglichkeiten für U-Boote die Brennstoffzelle besonders herausgestellt, der Walter-Antrieb jedoch ignoriert. Deshalb meldete sich bei den "Erörterungen" Dr. Waas zu Wort und führte dabei u.a. aus:

"Die größte Überraschung [bei den Erprobungen der Walter-U-Boote] war, daß die Boote auch bei Höchstfahrt weder von der Seite noch von hinten akustisch zu orten waren. Die hydrodynamische Führung des mit CO_2 angereicherten Wasseraustritts war die Ursache dieser Eigenschaft. Sie hätte den Kampfwert dieses Boottyps spektakulär erhöht. Dieses Ergebnis hat Bedeutung für die Zukunft."

Eine Stellungnahme der Vortragenden dazu unterblieb, abgesehen von der Bemerkung, daß es sich beim Walter-Antrieb um eine "historische Entwicklung" handele, auf deren Behandlung in dem Vortrag verzichtet worden sei.

Der Nachteil der von dem Firmenkonsortium benutzten BZ bestand in den mit der praktischen Handhabe des Elektrolyts Kalilauge verbundenen Schwierigkeiten und ihrem hohen Raumanspruch. Inzwischen war in den USA für die Raumfahrt ein neues BZ-Prinzip entwickelt worden, bei dem ein Feststoffelektrolyt benutzt wurde. Da diese BZ einfacher im Aufbau und bei der Wartung war und wesentlich geringere Volumenansprüche erwarten ließ, war Anfang der 80er Jahre im Auftrag des BMVg zwischen der US-Firma General Electric und Siemens ein Vertrag über die Nutzung dieses Prinzips abgeschlossen worden. Bei der Fa. Siemens wurde daraus ab Mitte der 80er Jahre unter der Leitung von Dipl.-Ing. Strasser ein für den U-Bootantrieb brauchbarer 'Polymer Elektrolyt Membran' BZ-Modul von 34 kWh entwickelt, der für die U-Bootklasse 212 geeignet war.

Die Konstruktion der Klasse 212 wurde anfangs nur sehr schleppend betrieben, da keine Dringlichkeit bestand und wohl zuerst die Erprobung der BZ-Testanlage abgewartet werden sollte. Nach dem Verzicht auf die Beschaffung eines größeren U-Boottyps für die Nordflankenverteidigung (Klasse 208, 210 und 211) änderte sich dies aber. 1987 wurde beschlossen, daß die Boote der Klasse 212 weitgehend auch deren Aufgabe erfüllen sollten. Gegenüber der Klasse 206 wuchs die Verdrängung des neuen U-Bootes um das Dreifache, während durch eine sehr gedrungene Rumpfform die Länge nur gering zunahm.
Die Konstruktion für die Klasse 212 erfolgte in den Jahren 1987 bis 1989 in einer Arbeitsgemeinschaft, an der das IKL und die vorgesehenen Baufirmen HDW und Nordseewerke Emden beteiligt waren. Nun sollten die Bauaufträge für 6 U-Boote, deren Ablieferung ab 1995 geplant war, vergeben werden. *(Nähere Angaben dazu in dem Buch des Verfassers „Die neuen deutschen U-Boote", 2. Auflage Bonn 2009)*

Inzwischen hatten bedeutende politischen Veränderungen, die Auflösung des Ostblocks und der DDR, zur Entspannung der Ostwest-Konfrontation geführt. Dadurch hatten sich die Aufgaben für die Deutsche Marine in der NATO wesentlich geändert, und die sehr aufwendige Klasse 212 war dafür eigentlich nicht erforderlich. Für die weltweite Präsenz bei der Krisenbewältigung, der Terrorismusbekämpfung und dem Schutz gegen Piraterie würde eher ein U-Boot mit großem Fahrbereich und relativ hoher Marschgeschwindigkeit gebraucht, das schnell vor Ort sein konnte, um hier durch seine Tauchfähigkeit unbemerkt Aufklärungs- und Sicherungsaufgaben auszuführen. Die amagnetische Klasse 211 und die für Israel in dieser Zeit auf deutschen Werften gebauten ferritischen U-Boote des DOLPHIN-Typs waren vermutlich für diese Aufgaben besser geeignet.

Doch waren die Konstruktion und die Bauvorbereitungen für die AIP-Klasse 212 so weit fortgeschritten und ihre Bedeutung als Exportmuster für die deutschen Werften so groß, daß es kein zurück mehr gab und vier Boote, allerdings mit langen Bauzeiten an HDW und Nordseewerke Emden in Auftrag gegeben wurden. Zwei weitere Boote werden 2012 folgen.

Für die neuen Aufgaben wäre möglicherweise auch ein entsprechend großes Hybrid-U-Boot mit einem Walter-Antrieb und H_2O_2-Treibstoff, dessen Unterbringung bei einem U-Boot immer noch am günstigsten ist, geeignet gewesen. Bei Vollast dürfte sein ↓-Fahrbereich etwa dem des erheblich langsameren BZ-Bootes entsprechen. Es würde also wesentlich schneller, jedoch mit größerem Geräuschpegel das Ziel erreichen. Die Nachteile, die damit verbunden sind, daß bei dem Walter-Boot neben der Turbine auch noch eine besonderer Antrieb für die Marschfahrt vorhanden sein muß, hätten sich vermutlich bei gezielter Entwicklungsarbeit inzwischen wesentlich reduzieren lassen. Für die Ostsee hätte dann aber nach dem Verbrauch der Klasse 206A ein neues kleineres Boot geschaffen werden müssen.

Doch zurück zum Ende der 60er Jahre. Hellmuth Walter und seine H.Walter GmbH versuchten damals vergeblich, mit dem Projekt des kleinen Tiefsee-Arbeits-Unterseebootes STINT für wissenschaftliche und wirtschaftliche ozeanografische Anwendungen und eines Mehrzweck-Unterwasserschiffes MONITOR neue Interessenten und Kunden für seinen Antrieb zu werben. Bei der Ausstellung INTEROZEAN 1970 stellten sie die Anlage W 15 und Pläne von STINT aus, ohne jedoch Abschlüsse tätigen zu können. Auch die Versuche von Walter 1968 in USA, mit Lockhead Ocean Laboratory in San Diego, das sich anfangs sehr interessiert an seinen Vorschlägen zeigte, ins Geschäft zu kommen, blieben ohne Erfolg. Es wurde auch für Walter immer deutlicher, daß seine Firma mit diesem Produktionszweig nicht mehr zu halten war. 1975 beschloß er, die Maschinenfabrik Paul Seifert GmbH in die Fa. Walter zu übernehmen, und deren Geschäftsaktivitäten auf dem Gebiet des Maschinenbaus, insbesondere für die Glas- und Holzbearbeitung und die Waffelproduktion, als Hauptaufgabe fortzusetzen. Dadurch konnte der Bestand einer Firma mit dem Namen Walter gesichert und weitergeführt werden. Walter starb kurz nach der Vollendung seines 80. Geburtstages am 16. Dezember 1980 in seinem Heim in Upper Montclair. Die Geschäftsanteile von ihm und seiner Frau an der Firma wurden 1986 und 1988 an den Geschäftsführer Gerhard Fröhler übertragen. Seit 1993 wird die Firma unter der neuen Bezeichnung Walterwerk Kiel GmbH & Co KG weitergeführt.

Im Sommer 1991 wurde von Mitarbeitern der Fa. Walter dem Deutschen Schiffahrtsmuseum in Bremerhaven das Angebot unterbreitet, die in einer U-Bootsektion eingebaute W 15-

Die W 15 Anlage auf dem Freigelände des Deutschen Schiffahrtsmuseums in Bremerhaven.

Anlage auf dem Museumsgelände aufzubewahren und auszustellen. Bei einer Besichtigung des angebotenen Objektes stellte sich heraus, daß die Anlage starke Rostschäden aufwies. Es gelang dem Museum im Rahmen eines Arbeitsbeschaffungsprogramms für die Rostocker Neptun-Werft, die W 15-Anlage äußerlich restaurieren und für Austellungszwecke herrichten zu lassen. Am 3. Mai 1993 konnte sie dann im neuen Glanz auf dem Freigelände des Schiffahrtsmuseum abgestellt und den Besuchern durch eine angesetzte Rampe zugänglich gemacht werden.

V 80-Modell von Uwe Falkenstein.

Modelle der Wa 201-U-Boote U 792 (vorn) von Lothar Mentz und U 793 (hinten) von Uwe Falkenstein.

Zum 100. Geburtstag von Hellmuth Walter am 26. August 2000 gab es zwar keine schnellen Unterseeboote mit Walter-Antrieb mehr, doch hatten inzwischen die Schiffsmodellbauer die Walter-U-Boote als ideale Vorbilder für schnelle und wendige Modellunterseeboote entdeckt, die ferngesteuert über und unter Wasser bei ihren Vorführungen die Zuschauer faszinieren.
Bei der Sonderausstellung des Deutschen Schiffahrtsmuseums „Hellmuth Walter (1900 – 1980)“ im August 2000 wurden Modelle der ‘Rekord-U-Boote‘ V 80, U 792, U 793 und U 794 ausgestellt.

Modell des Walter-U-Bootes U 793 (Wa 201) von Uwe Falkenstein.

Modell des Walter-U-Bootes U 794 (Wk 202) mit offener Brücke von Alex Spörl.

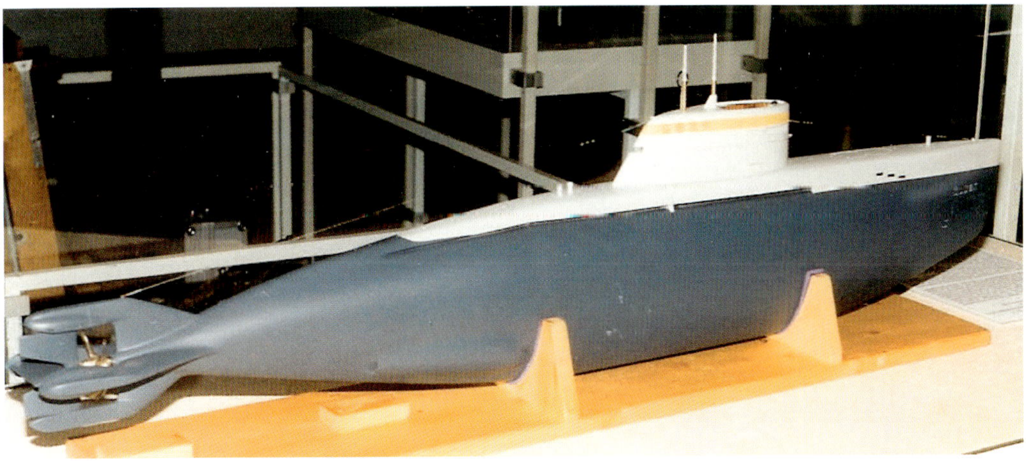

Literatur

Kruska, E. Das Walter-Verfahren, ein Verfahren zur Gewinnung von Antriebsenergie, in: VDI Z.97 (1955), S. 65-70, 271-277, 709-713, 823-829.
Neuzeitliche U-Bootsantriebe, in: Wehrtechnik 12 (1969), S. 456-461.
Hellmuth Walter, in: Jahrbuch der DGLR 2 (1980), S. 37-78.
Kruska, E. / Rössler, E. Walter-Uboote, München 1969.
McKee, L. Hydrogen Peroxide for Propulsive Power – Production and Use by the Germans during World War II, Mechanical Engineering 12 (1946), S. 1045-1048..
Möller, E. Marine Geheimprojekte - Hellmuth Walter und seine Entwicklungen, Stuttgart 2000.
Rössler, E U-Bootantriebe heute und morgen, in: Marine Rundschau 4 (1970), S. 218-226
Erprobung des Walter-U-Bootes U 792, in: Marine Rundschau 12 (1971), S. 740-749.
Die Bauvorbereitungen für den Walter-Uboottyp XXVI, in: Marine Rundschau 9 (1972)
V 80 – The first Walter submarine, in: Aviation & Marine intern.2 (1974), S. 103-108.
Das Walter-Verfahren, in: Marine Rundschau 2 (1981), S. 98-102.
Geschichte des deutschen Ubootbaus, 2.Aufl. Bd. 2, Koblenz 1987.
Die deutschen Uboote und ihre Werften, Koblenz 1990
Die deutschen Uboot-Konstruktionsbüros, in: Dt. Schiffahrtsarchiv 20 (1997), S. 297-340.
Vom Original zum Modell: Die großen Walter-Uboote Typ XVIII und Typ XXVI, Bonn 1998.
Hellmuth Walter, in: Biogr. Lexikon für Schleswig Holstein u. Lübeck, 11. Bd. Lübeck 2000 und in: Kieler Lebensläufe, Neumünster 2006.
Zum Gedenken an Hellmuth Walter, in: Schiff & Hafen 8 (2000), S. 60-62.
U-Boottyp XXI, 5. Aufl., Bonn 2000.
Die Torpedos der deutschen U-Boote, 2. Aufl., Hamburg 2005.
Höhepunkte in der 100-jährigen deutschen U-Bootentwicklung, in: Koehlers Flottenkalender 2007/2008, S. 94-102.
Die neuen deutschen U-Boote, 2.Aufl., Bonn 2009
Rössler, E. / Köhl, F. Vom Original zum Modell: Uboottyp XVII – Walter Uboote, Bonn 1995
Rössler, E. / Scholl, L.U. Hellmuth Walter (1900 – 1980). Seine Unterseeboote und ihre Hochleistungsantriebe, DSM Bremerhaven 2000.
Simard, Dr. R. Hydrogen Peroxide as a Source of Power, a Report on War-time Developments in Germany, in: The Engineering Journal 4 (1948), S. 219-225.
Spachmann, F. Versuchskommando 456. in: Marine Rundschau 3 (1970), S. 129-151.
Stokes, P.R. Hydrogen Peroxide for Power and Propulsion: The HTP Power Era 1931-1971, Paper for the Newcomen Society, London 1998.
Strecker, K.G. Der Walter-Antrieb, in: Marineforum 5 (1992).
Waas, H. Zeitzeuge zum Walter-U-Boot-Bau und zu den Laconia-Fall-Folgen, Schiff und Zeit 26, Herford 1987, S.19-27.
Walter, H. Experiences with the application of hydrogen peroxide for production of power, Paper No. 120-53 Worthington Pump & Machinery Corp. Harrison, N.J.;
Jet Propulsion 24 (1954), S. 166-171.

Personenregister

Weitere Veröffentlichungen des Autors

Eberhard Rössler
Die neuen deutschen U-Boote
2., aktualisierte Auflage.
232 Seiten, 230 Farb- und S/W-Abbildungen.
Geb. € (D) 24,-
ISBN 978-3-7637-6258-3
Die U-Boote der Bundesrepublik Deutschland: Entstehung, Bedeutung, Einsatz.

Eberhard Rössler
U-Boottyp XXI
7. Auflage. 229 Seiten, 130 Abbildungen.
Geb. € (D) 16,-
ISBN 978-3-7637-6218-7
Das Buch über die modernsten und einsatzfähigsten Unterseeboote ihrer Zeit.

Rössler, Eberhard
Die Sonaranlagen der deutschen Unterseeboote
Entwicklung, Erprobung, Einsatz und Wirkung akustischer Ortungs- und Täuschungseinrichtungen der deutschen Unterseeboote
2006. 212 Seiten, zahlreiche Farb- und Schwarzweißfotos und Zeichnungen.
Geb. € (D) 24,-
ISBN 978-3-7637-6272-9

Die Begegnungen des Autors mit der Maya-Kultur vermitteln die starke Anziehungskraft dieser untergegangenen Zivilisation – 25 Maya-Zentren im subtropischen Regenwald Guatemalas und in angrenzenden Gebieten werden beschrieben und mit über 300 Farbfotos dokumentiert. Spannend wird vom Auffinden der Ruinenstätten und der mühevollen Entschlüsselung der hier stattgefundenen historischen Ereignisse berichtet.

RÖSSLER, EBERHARD
Begegnungen mit der Maya-Kultur – Pyramiden und Paläste im tropischen Regenwald
ISBN 978-3-8334-8787-3, HC, 176 S., € 34,00

Rössler, Eberhard
Die deutschen U-Kreuzer und Transport-U-Boote
2003. 256 Seiten, 128 Abbildungen (Fotos und Skizzen).
Geb. € (D) 19,90
ISBN 978-3-7637-6246-0

Rössler, Eberhard
U-Boottyp XXIII
2., erweiterte Auflage.
2002. 200 Seiten,117 Fotos und Skizzen.
Geb. € (D) 16,-
ISBN 978-3-7637-6236-1